西门子

PLC工业通信
完全精通教程

向晓汉　主编　　苏高峰　副主编

化学工业出版社

·北京·

本书结合工程应用案例，详细介绍了西门子PLC工业通信网络应用技术，包括：西门子PLC的自由口通信、西门子PLC与变频器的USS通信、西门子PLC的Modbus通信、西门子PLC的PPI通信、西门子PLC的MPI通信、西门子PLC的PROFIBUS通信、工业以太网通信、第三方网关模块的使用、OPC通信、工业物联网应用等内容。书中所有的例子都是经过实践检验的，每个例子都包含软硬件的配置方案图、接线图和程序。对于比较复杂的例子，本书配有专门的操作视频和程序源代码，读者用手机扫描前言中的二维码即可下载学习。

本书可供PLC应用技术人员学习使用，也可供大中专院校相关专业师生参考使用。

图书在版编目（CIP）数据

西门子PLC工业通信完全精通教程/向晓汉主编. —北京：化学工业出版社，2013.2（2024.1重印）
ISBN 978-7-122-16005-8

Ⅰ. ①西⋯　Ⅱ. ①向⋯　Ⅲ. ①PLC 技术-应用-通信网-教材　Ⅳ. ①TN915

中国版本图书馆 CIP 数据核字（2012）第 295516 号

责任编辑：李军亮　　　　　　　　　　装帧设计：尹琳琳
责任校对：陈　静

出版发行：化学工业出版社（北京市东城区青年湖南街 13 号　邮政编码 100011）
印　　装：北京盛通数码印刷有限公司
787mm×1092mm　1/16　印张 22　字数 547 千字　2024 年 1 月北京第 1 版第 10 次印刷

购书咨询：010-64518888　　　　　　售后服务：010-64518899
网　　址：http://www.cip.com.cn

凡购买本书，如有缺损质量问题，本社销售中心负责调换。

定　　价：68.00 元

前 言

随着计算机技术的发展，以可编程序控制器、变频器调速和计算机通信等技术为主体的新型电气控制系统已经逐渐取代传统的继电器电气控制系统，并广泛应用于各行业。由于西门子 PLC 具有的卓越的性能，因此在工控市场占有非常大的份额，应用十分广泛。PLC 通信和张力控制是 PLC 控制中公认的难点，对于那些西门子 PLC 刚入门的读者来说就更是如此，因此，为了使读者能更好地掌握西门子的网络通信技术，我们在总结长期的教学经验和工程实践的基础上，联合相关企业人员，编写了《西门子 PLC 工业通信网络应用案例精讲》一书，此书出版后，深受读者欢迎，很多读者发来邮件交流学习体会，并提出了一些意见。我们认真吸取了读者的意见，并结合这两年 PLC 网络通信技术的发展，又重新编写了本书，并增加了第三方网关模块通信、OPC 通信、工业物联网通信等内容，使本书内容更加全面、更加实用、更加新颖。

本书在编写过程中，将一些生动的操作实例融入到实际中，以提高读者的学习兴趣，本书具有以下特点。

① 用实例引导读者学习。该书的内容全部用精选的例子讲解。例如，用例子说明现场总线通信实现的全过程。

② 所有的例子都包含软硬件的配置方案图、接线图和程序，而且为确保程序的正确性，程序已经在 PLC 上运行通过。

③ 对于比较复杂的例子，本书配有学习资源，包括视频和程序源代码。如工业以太网通信的硬件组态较复杂，就配有视频和程序源代码，读者用手机扫描二维码即可下载视频和程序源代码，方便读者学习。

④ 本书内容实用，实例容易被读者进行模仿学习，直接应用到工程中去。

本书由向晓汉任主编，苏高峰任副主编，第 1 章由无锡雪浪环境科技股份有限公司的王飞飞编写；第 2、3、10 章由无锡小天鹅股份有限公司的苏高峰编写；第 4、7、8 章由无锡职业技术学院的向晓汉编写；第 5 章由无锡雷华科技有限公司的陆彬编写；第 6 章由桂林电子科技大学的向定汉编写；第 9 章无锡雷华科技有限公司的欧阳思惠编写；第 11 章由无锡雪浪环境科技股份有限公司的刘摇摇编写；参加本书编写的还有曹英强、付东升和唐克彬。本书由陆金荣高级工程师主审。

由于编者水平有限，不妥之处在所难免，敬请读者批评指正。

编 者

手机扫描二维码下载操作视频和程序源代码

目 录

第1章

概　述

1.1　通信基础知识

PLC 的通信包括 PLC 之间的通信、PLC 与上位计算机之间的通信以及和其他智能设备之间的通信。PLC 之间通信的实质就是计算机的通信，使得众多的独立的控制任务构成一个控制工程整体，形成模块控制体系。PLC 与计算机连接组成网络，将 PLC 用于控制工业现场，计算机用于编程、显示和管理等任务，构成"集中管理、分散控制"的分布式控制系统（DCS）。

1.1.1　通信的基本概念

（1）串行通信与并行通信

串行通信和并行通信是两种不同的数据传输方式。

并行通信就是将一个 8 位数据（或 16 位、32 位）的每一个二进制位采用单独的导线进行传输，并将传送方和接收方进行并行连接，一个数据的各二进制位可以在同一时间内一次传送。例如，老式打印机的打印口和计算机的通信就是并行通信。并行通信的特点是一个周期里可以一次传输多位数据，其连线的电缆多，因此长距离传送时成本高。

串行通信就是通过一对导线将发送方与接收方进行连接，传输数据的每个二进制位，按照规定顺序在同一导线上依次发送与接收。例如，常用的优盘的 USB 接口就是串行通信。串行通信的特点是通信控制复杂，通信电缆少，因此与并行通信相比，成本低。串行通信是一种趋势，随着串行通信速率的提高，以往使用并行通信的场合，现在完全或部分被串行通信取代，如打印机的通信，现在基本被串行通信取代，再如个人计算机硬盘的数据通信，现在已经被串行通信取代。

（2）异步通信与同步通信

异步通信与同步通信也称为异步传送与同步传送，这是串行通信的两种基本信息传送方式。从用户的角度上说，两者最主要的区别在于通信方式的"帧"不同。

异步通信方式又称起止方式。它在发送字符时，要先发送起始位，然后是字符本身，最后是停止位，字符之后还可以加入奇偶校验位。异步通信方式具有硬件简单、成本低的特点，主要用于传输速率低于 19.2kbit/s 以下的数据通信。

同步通信方式在传递数据的同时，也传输时钟同步信号，并始终按照给定的时刻采集数据。其传输数据的效率高，硬件复杂，成本高，一般用于传输速率高于 20kbit/s 以上的数据通信。

（3）单工、双工与半双工

单工、双工与半双工是通信中描述数据传送方向的专用术语。

① 单工（Simplex）　指数据只能实现单向传送的通信方式，一般用于数据的输出，不可

以进行数据交换。

② 全双工（Full Simplex） 也称双工，指数据可以进行双向数据传送，同一时刻既能发送数据，也能接收数据。通常需要两对双绞线连接，通信线路成本高。例如，RS-422 就是"全双工"通信方式。

③ 半双工（Half Simplex） 指数据可以进行双向数据传送，同一时刻，只能发送数据或者接收数据。通常需要一对双绞线连接，与全双工相比，通信线路成本低。例如，RS-485 只用一对双绞线时就是"半双工"通信方式。

1.1.2 RS-485 标准串行接口

（1）RS-485 接口

RS-485 接口是在 RS-422 基础上发展起来的一种 EIA 标准串行接口，采用"平衡差分驱动"方式。RS-485 接口满足 RS-422 的全部技术规范，可以用于 RS-422 通信。RS-485 接口通常采用 9 针连接器。RS-485 接口的引脚功能参见表 1-1。

表 1-1 RS-485 接口的引脚功能

PLC 侧引脚	信 号 代 号	信 号 功 能
1	SG 或 GND	机壳接地
2	+24V 返回	逻辑地
3	RXD+或 TXD+	RS-485 的 B，数据发送/接收+端
4	请求－发送	RTS（TTL）
5	+5V 返回	逻辑地
6	+5V	+5V，10Ω串联电阻
7	+24V	+24V
8	RXD－或 TXD－	RS-485 的 A，数据发送/接收－端
9	不适用	10 位协议选择（输入）

（2）西门子的 PLC 连线

西门子 PLC 的 PPI 通信、MPI 通信和 PROFIBUS-DP 现场总线通信的物理层都是 RS-485 通信，而且都是采用相同的通信线缆和专用网络接头。西门子提供两种网络接头，即标准网络接头和包括编程端口接头，可方便地将多台设备与网络连接，编程端口允许用户将编程站或 HMI 设备与网络连接，而不会干扰任何现有网络连接。编程端口接头通过编程端口传送所有来自 S7-200 CPU 的信号（包括电源针脚），这对于连接由 S7-200 CPU（例如 SIMATIC 文本显示）供电的设备尤其有用。标准网络接头的编程端口接头均有两套终端螺钉，用于连接输入和输出网络电缆。这两种接头还配有开关，可选择网络偏流和终端。图 1-1 显示了电缆接头的普通偏流和终端状况，将拨钮拨向一侧，电阻设置为"on"，而将拨钮拨向另一侧，则电阻设置为"off"，图中只显示了一个，若有多个也是这样设置。图 1-1 中拨钮在"off"一侧，因此终端电阻未接入电路。

【关键点】 西门子的专用 PROFIBUS 电缆中有两根线，一根为红色，上标有"B"，一根为绿色，上面标有"A"，这两根线只要与网络接头上相对应的"A"和"B"接线端子相连即可（如"A"线与"A"接线端相连）。网络接头直接插在 PLC 的 PORT 口上即可，不需要其他设备。注意：三菱的 FX 系列 PLC 的 RS-485 通信要加 RS-485 专用通信模块和终端电阻。

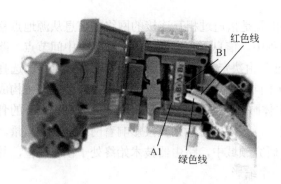
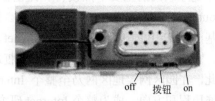

图 1-1　网络接头的终端电阻设置图

1.1.3　PLC 网络的术语解释

PLC 网络中的名词、术语很多，现将常用的予以介绍。

① 站（Station）　在 PLC 网络系统中，将可以进行数据通信、连接外部输入/输出的物理设备称为"站"。例如，由 PLC 组成的网络系统中，每台 PLC 可以是一个"站"。

② 主站（Master Station）　PLC 网络系统中进行数据链接的系统控制站，主站上设置了控制整个网络的参数，每个网络系统只有一个主站，主站号的固定为"0"，站号实际就是 PLC 在网络中的地址。

③ 从站（Slave Station）　PLC 网络系统中，除主站外，其他的站称为"从站"。

④ 远程设备站（Remote Device Station）　PLC 网络系统中，能同时处理二进制位、字的从站。

⑤ 本地站（Local Station）　PLC 网络系统中，带有 CPU 模块并可以与主站以及其他本地站进行循环传输的站。

⑥ 站数（Number of Station）　PLC 网络系统中，所有物理设备（站）所占用的"内存站数"的总和。

⑦ 网关（Gateway）　又称网间连接器、协议转换器。网关在传输层上以实现网络互联，是最复杂的网络互联设备，仅用于两个高层协议不同的网络互联。网关的结构和路由器类似，不同的是互联层。网关既可以用于广域网互联，也可以用于局域网互联。网关是一种充当转换重任的计算机系统或设备。在使用不同的通信协议、数据格式或语言，甚至体系结构完全不同的两种系统之间，网关是一个翻译器。例如 AS-I 网络的信息要传送到由西门子 S7-200 系列 PLC 组成的 PPI 网络，就要通过 CP243-2 通信模块进行转换，这个模块实际上就是网关。

⑧ 中继器（Repeater）　用于网络信号放大、调整的网络互联设备，能有效延长网络的连接长度。例如，以太网的正常传送距离是 500m，经过中继器放大后，可传输 2500m。由于存在损耗，在线路上传输的信号功率会逐渐衰减，衰减到一定程度时将造成信号失真，因此会导致接收错误。中继器就是为解决这一问题而设计的。它完成物理线路的连接，对衰减的信号进行放大，保持与原数据相同。一般情况下，中继器的两端连接的是相同的媒体，但有的中继器也可以完成不同媒体的转接工作。

⑨ 网桥（Bridge）　网桥将两个相似的网络连接起来，并对网络数据的流通进行管理。网桥的功能在延长网络跨度上类似于中继器，然而它能提供智能化连接服务，即根据帧的终点地址处于哪一网段来进行转发和滤除。

⑩ 路由器（Router，转发者） 所谓路由就是指通过相互连接的网络把信息从源地点移动到目标地点的活动。一般来说，在路由过程中，信息至少会经过一个或多个中间节点。路由器是互联网的主要节点设备。路由器通过路由决定数据的转发。转发策略称为路由选择（Routing），这也是路由器名称的由来。作为不同网络之间互相连接的枢纽，路由器系统构成了基于 TCP/IP 的国际互联网络 Internet 的主体脉络，也可以说，路由器构成了 Internet 的骨架。它的处理速度是网络通信的主要瓶颈之一，它的可靠性则直接影响着网络互联的质量。因此，在园区网、地区网乃至整个 Internet 研究领域中，路由器技术始终处于核心地位，其发展历程和方向，成为整个 Internet 研究的一个缩影。

⑪ 交换机（Switch） 交换机是一种基于 MAC 地址识别，能完成封装转发数据包功能的网络设备。交换机可以"学习" MAC 地址，并把其存放在内部地址表中，通过在数据帧的始发者和目标接收者之间建立临时的交换路径，使数据帧直接由源地址到达目的地址。

交换机通过直通式、存储转发和碎片隔离三种方式进行交换。

交换机的传输模式有全双工、半双工和全双工/半双工自适应。

1.1.4 OSI 参考模型

通信网络的核心是 OSI（OSI-Open System Interconnection，开放式系统互联）参考模型。为了理解网络的操作方法，为创建和实现网络标准、设备和网络互联规划提供了一个框架。1984 年，国际标准化组织（ISO），提出了开放式系统互联的七层模型，即 OSI 模型。该模型自下而上分为物理层、数据链接层、网络层、传输层、会话层、表示层和应用层。理解 OSI 参考模型比较难，但了解它，对掌握后续的以太网通信和 PROFIBUS 通信是很有帮助的。

OSI 的上三层通常称为应用层，用来处理用户接口、数据格式和应用程序的访问。下四层负责定义数据的物理传输介质和网络设备。OSI 参考模型定义了大多数协议栈共有的基本框架，如图 1-2 所示。

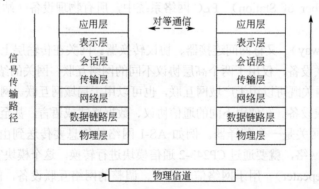

图 1-2 信息在 OSI 模型中的流动形式

① 物理层（Physical Layer） 定义了传输介质、连接器和信号发生器的类型，规定了物理连接的电气、机械功能特性，如电压、传输速率、传输距离等特性。典型的物理层设备有集线器（HUB）和中继器等。

② 数据链路层（Data Link Layer） 确定传输站点物理地址以及将消息传送到协议栈，提供顺序控制和数据流向控制。该层可以继续分为两个子层：介质访问控制层（MAC，Medium Access Control）和逻辑链路层（LLC，Logical Link Control Layer），即层 2a 和 2b。其中 IEEE802.3

（Ethernet，CSMA/CD）就是 MAC 层常用的通信标准。典型的数据链路层的设备有交换机和网桥等。

③ 网络层（Network Layer） 定义了设备间通过逻辑地址（IP-Internet Protocol 因特网协议地址）传输数据，连接位于不同广播域的设备，常用来组织路由。典型的网络层设备是路由器。

④ 传输层（Transport Layer） 建立会话连接，分配服务访问点（SAP-Service Access Point），允许数据进行可靠（TCP，Transmission Control Protocol，传输控制协议）或者不可靠（UDP，User Datagram Protocol，用户数据报协议）的传输。可以提供通信质量检测服务（QOS）。网关是互联网设备中最复杂的，它是传输层及以上层的设备。

⑤ 会话层（Session Layer） 负责建立、管理和终止表示层实体间通信会话，处理不同设备应用程序间的服务请求和响应。

⑥ 表示层（Presentation Layer） 提供多种编码用于应用层的数据转化服务。

⑦ 应用层（Application Layer） 定义用户及用户应用程序接口与协议对网络访问的切入点。目前各种应用版本较多，很难建立统一的标准。在工控领域常用的标准是 MMS（Multimedia Messaging Service 多媒体信息服务），用来描述制造业应用的服务和协议。

数据经过封装后通过物理介质传输到网络上，接收设备除去附加信息后，将数据上传到上层堆栈层。

各层的数据单位一般有各自特定的称呼。物理层的单位是比特（bit）；数据链路层的单位是帧（frame）；网络层的单位是分组（packet，有时也称包）；传输层的单位是数据报（datagram）或者段（segment）；会话层、表示层和应用层的单位是消息（message）。

1.2 现场总线

1.2.1 现场总线的概念

（1）现场总线的诞生

现场总线是 20 世纪 80 年代中后期在工业控制中逐步发展起来的。随着微处理器技术的发展，其功能不断增强，而成本不断下降。计算机技术飞速发展，同时计算机网络技术也迅速发展起来了。计算机技术的发展为现场总线的诞生奠定了技术基础。

另一方面，智能仪表也出现在工业控制中。在原模拟仪表的基础上增加具有计算功能的微处理器芯片，在输出的 4～20mA 直流信号上叠加了数字信号，使现场输入输出设备与控制器之间的模拟信号转变为数字信号。智能仪表的出现为现场总线的诞生奠定了应用基础。

（2）现场总线的概念

国际电工委员会（IEC）对现场总线（Fieldbus）的定义为：一种应用于生产现场，在现场设备之间、现场设备和控制装置之间实行双向、串行、多节点的数字通信网络。

现场总线的概念有广义与狭义之分。狭义的现场总线就是指基于 EIA485 的串行通信网络。广义的现场总线泛指用于工业现场的所有控制网络。广义的现场总线包括狭义现场总线和工业以太网。

工业以太网是用于工业现场的以太网，一般采用交换技术，即交换式以太网技术。工业以太网以 TCP/IP 协议为基础，与串行通信的技术体系是不同的。

在工业控制中，现场总线的概念因场合不同而不同。例如这里讲得"现场总线"是广义的，包括现场总线和工业以太网；而本书后面的章节中，现场总线的概念又是狭义的。读者应根据不同场合加以区别。

1.2.2 主流现场总线的简介

1984 年国际电工技术委员会/国际标准协会（IEC/ISA）就开始制定现场总线的标准，然而统一的标准至今仍未完成。很多公司推出其各自的现场总线技术，但彼此的开放性和相互操作性难以统一。

经过 12 年的讨论，终于在 1999 年年底通过了 IEC61158 现场总线标准，这个标准容纳了 8 种互不兼容的总线协议。后来又经过不断讨论和协商，在 2003 年 4 月，IEC61158 Ed.3 现场总线标准第 3 版正式成为国际标准，确定了 10 种不同类型的现场总线为 IEC61158 现场总线，见表 1-2。2007 年 7 月第四版现场总线增加到 20 种。

表 1-2 IEC61158 的现场总线

类型编号	名 称	发起的公司
Type 1	TS61158 现场总线	原来的技术报告
Type 2	ControlNet 和 Ethernet/IP 现场总线	美国 Rockwell 公司
Type 3	PROFIBUS 现场总线	德国 Siemens 公司
Type 4	P-NET 现场总线	丹麦 Process Data 公司
Type 5	FF HSE 现场总线	美国 Fisher Rosemount 公司
Type 6	SwiftNet 现场总线	美国波音公司
Type 7	World FIP 现场总线	法国 Alstom 公司
Type 8	INTERBUS 现场总线	德国 Phoenix Contact 公司
Type 9	FF H1 现场总线	现场总线基金会
Type 10	PROFINET 现场总线	德国 Siemens 公司

（1）基金会现场总线（Foundation Fieldbus，FF）

这是以美国 Fisher-Rosemount 公司为首的联合了横河、ABB、西门子、英维斯等 80 家公司制定的 ISP 协议和以 Honeywell 公司为首的联合欧洲等地 150 余家公司制定的 World FIP 协议于 1994 年 9 月合并的。该总线在过程自动化领域得到了广泛的应用，具有良好的发展前景。

（2）CAN（Controller Area Network，控制器局域网）

最早由德国 BOSCH 公司推出，它广泛应用于离散控制领域，其总线规范已被国际标准化组织（ISO）制定为国际标准，得到了 Intel、Motorola、NEC 等公司的支持。CAN 协议分为两层：物理层和数据链路层。CAN 的信号传输采用短帧结构，传输时间短，具有自动关闭功能，具有较强的抗干扰能力。CAN 支持多种工作方式，并采用了非破坏性总线仲裁技术，通过设置优先级来避免冲突。通信距离最远可达 10km（5kbit/s），通信速率最高可达 40Mbit/s，网络节点数可达 110 个。目前已有多家公司开发了符合 CAN 协议的通信芯片。

（3）Lonworks

它由美国 Echelon 公司推出，并由 Motorola、Toshiba 公司共同倡导。它采用 ISO/OSI 模型的全部 7 层通信协议，采用面向对象的设计方法，通过网络变量把网络通信设计简化为参数设置。支持双绞线、同轴电缆、光缆和红外线等多种通信介质，通信速率从 300bit/s～

1.5Mbit/s，直接通信距离可达 2700m（78kbit/s），被称为通用控制网络。Lonworks 技术采用的 LonTalk 协议被封装到 Neuron（神经元）的芯片中，并得以实现。采用 Lonworks 技术和神经元芯片的产品，被广泛应用于楼宇自动化、家庭自动化、保安系统、办公设备、交通运输、工业过程控制等领域。

（4）DeviceNet

DeviceNet 既是一种低成本的通信连接，也是一种简单的网络解决方案，有着开放的网络标准。DeviceNet 具有的直接互联性不仅改善了设备间的通信，而且提供了相当重要的设备级诊断功能。DeviceNet 基于 CAN 技术，传输速率为 125～500kbit/s，每个网络的最大节点为 64 个，其通信模式为生产者/客户（Producer/Consumer），采用多信道广播信息发送方式。位于 DeviceNet 网络上的设备可以自由连接或断开，不影响网上的其他设备，而且其设备的安装布线成本也较低。DeviceNet 总线的组织结构是开放式设备网络供应商协会。

（5）HART

HART 是 Highway Addressable Remote Transducer 的缩写，最早由 Rosemount 公司开发。其特点是在现有模拟信号传输线上实现数字信号通信，属于模拟系统向数字系统转变的过渡产品。其通信模型采用物理层、数据链路层和应用层三层，支持点对点主从应答方式和多点广播方式。由于它采用模拟数字信号混合，难以开发通用的通信接口芯片。HART 能利用总线供电，可满足本质安全防爆的要求，并可用于由手持编程器与管理系统主机作为主设备的双主设备系统。

（6）CC-Link

CC-Link 是 Control&Communication Link（控制与通信链路系统）的缩写，在 1996 年 11 月，由以三菱电机公司为主导的多家公司推出，其增长势头迅猛，在亚洲占有较大份额。在其系统中，可以将控制和信息数据同时以 10Mbit/s 高速传送至现场网络，具有性能卓越、使用简单、应用广泛、节省成本等优点。其不仅解决了工业现场配线复杂的问题，同时具有优异的抗噪性能和兼容性。CC-Link 是一个以设备层为主的网络，同时也可覆盖较高层次的控制层和较低层次的传感层。2005 年 7 月，CC-Link 被中国国家标准化管理委员会批准为中国国家标准指导性技术文件。

（7）INTERBUS

INTERBUS 是德国 Phoenix 公司推出的较早的现场总线，2000 年 2 月成为国际标准 IEC61158。INTERBUS 采用国际标准化组织（ISO）的开放化系统互联（OSI）的简化模型（1层、2层和7层），即物理层、数据链路层和应用层，具有强大的可靠性、可诊断性和易维护性。其采用集总帧型的数据环通信，具有低速度、高效率的特点，并严格保证了数据传输的同步性和周期性。该总线的实时性、抗干扰性和可维护性也非常出色。INTERBUS 广泛地应用到汽车、烟草、仓储、造纸、包装、食品等工业领域，成为国际现场总线的领先者。

1.2.3　现场总线的特点

现场总线系统打破了传统控制系统，采用按控制回路要求设备一对一的分别进行连线的结构形式。把原先 DCS 中处于控制室的控制模块、各输入输出模块放入现场设备，加上现场设备具有通信能力，因而控制系统功能能够不依赖控制室中的计算机或控制仪表，直接在现场完成，实现了彻底的分散控制。

现场总线控制系统既是一个开放通信网络，又是一种全分布控制系统，把作为网络节点的智能设备连接成自动化网络系统，实现基础控制、补偿计算、参数修改、报警、显示、监控、优化的综合自动化功能，是一项以智能传感器、控制、计算机、数字通信、网络为主要内容的综合技术。

现场总线系统具有以下特点：

（1）系统具有开放性和互用性

通信协议遵从相同的标准，设备之间可以实现信息交换，用户可按自己的需要，把不同供应商的产品组成开放互连的系统。系统间、设备间可以进行信息交换，不同生产厂家的性能类似的设备可以互换。

（2）系统功能自治性

系统将传感测量、补偿计算、工程量处理与控制等功能分散到现场设备中完成，现场设备可以完成自动控制的基本功能，并可以随时诊断设备的运行状况。

（3）系统具有分散性

现场总线构成的是一种全分散的控制系统结构，简化了系统结构，提高了可靠性。

（4）系统具有对环境的适应性

现场总线支持双绞线、同轴电缆、光缆、射频、红外线、电力线等，具有较强的抗干扰能力，能采用两线制实现供电和通信，并可以满足安全防爆的要求。

1.2.4　现场总线的现状

（1）多种现场总线并存

目前世界上存在着四十余种现场总线，如法国的 FIP、英国的 ERA、德国西门子公司的 PROFIBUS、挪威的 FINT、Echelon 公司的 Lonworks、Phoenix Contact 公司的 INTERBUS、Rober Bosch 公司的 CAN、Rosemount 公司的 HART、Carlo Garazzi 公司的 Dupline、丹麦 Process Data 公司的 P-net、Peter Hans 公司的 F-Mux、ASI（Actratur Sensor Interface）、MODBus、SDS、Arcnet、国际标准组织-基金会现场总线 FF（Field Bus Foundation，WorldFIP）、BitBus、美国的 DeviceNet 与 ControlNet 等。这些现场总线用于过程自动化、医药、加工制造、交通运输、国防、航天、农业和楼宇等领域，不到 10 种类型的总线占有 80%左右的市场。

（2）各种总线都有其应用的领域

每种总线都有其应用的领域，如 FF 和 PROFIBUS-PA 适用于石油、化工、医药、冶金等行业的过程控制领域；Lonworks、PROFIBUS-FMS 和 DevieceNet 适用于楼宇、交通运输、农业等领域；DeviceNet、PROFIBUS-DP 适用于加工制造业。这些划分也不是绝对的，每种现场总线都力图将其应用领域扩大，彼此渗透。

（3）每种现场总线都有其国际组织和支持背景

大多数的现场总线都有一个或几个大型跨国公司为背景并成立相应的国际组织，力图扩大自己的影响，得到更多的市场份额，如 PROFIBUS 以 Siemens 公司为主要支持，并成立了 PROFIBUS 国际用户组织；World FIP 以 Alstom 公司为主要支持，成立了 World FIP 国际用户组织。

（4）多种总线成为国家和地区标准

为了加强自己的竞争能力，很多总线都争取成为国家或者地区的标准，如 PROFIBUS 已成为德国标准，World FIP 已成为法国标准等。

（5）设备制造商参与多个总线组织

为了扩大自己产品的使用范围，很多设备制造商往往参与多个总线组织。

（6）各个总线彼此协调共存

由于竞争激烈，而且还没有哪一种或几种总线能一统市场，很多重要企业都力图开发接口技术，使自己的总线能和其他总线相连，在国际标准中也出现了协调共存的局面。

1.2.5 现场总线的发展

现场总线技术是控制、计算机和通信技术的交叉与集成，几乎涵盖了连续和离散工业领域，如过程自动化、制造加工自动化、楼宇自动化、家庭自动化等。

它的出现和快速发展体现了控制领域对降低成本、提高可靠性、增强可维护性和提高数据采集智能化的要求。现场总线技术的发展趋势体现在四个方面。

（1）统一的技术规范与组态技术是现场总线技术发展的一个长远目标

IEC61158 是目前的国际标准。然而由于商业利益的问题，该标准只做到了对已有现场总线的确认，从而得到了各个大公司的欢迎。但是却给用户带来了使用的困难。当需要用一种新的总线的时候，学习的过程是漫长的。从长远来看，各种总线的统一是必由之路。目前主流现场总线都是基于 EIA485 技术或以太网技术，有了统一的硬件基础；组态的过程与操作是相似的，有了统一的用户基础。

（2）现场总线系统的技术水平将不断提高

随着电子技术、网络技术和自动控制技术的发展，现场总线设备将具备更强的性能、更高的可靠性和更好的经济性。

（3）现场总线的应用将越来越广泛

随着现场总线技术的日渐成熟，相关产品的性价比越来越高，更多的技术人员将掌握现场总线的使用方法，现场总线的应用将越来越广泛。

（4）工业以太网技术将逐步成为现场总线技术的主流

虽然基于串行通信的现场总线技术在一段时期之内还会大量使用，但是从发展的眼光来看，工业以太网具有良好的适应性、兼容性、扩展性以及与信息网络的无缝连接等特性，必将成为现场总线技术的主流。

1.3 SIMATIC NET 工业通信网络

SIMATIC NET 是西门子工业网络通信解决方案的统称。

1.3.1 工业通信网络结构

企业网是对工业企业的计算机与控制网络的统称。企业网从结构上可以分为信息网络和控制网络两个层次，如图 1-3 所示。

信息网络是指用于企业内部的信息通信与管理的局域网。信息网络目前的主要应用是办公自动化。信息网络是接入互联网的，并且很多应用也是基于互联网技术的。

控制网络是指工业企业生产现场的通信网络。控制网络既可以是现场总线，也可以是工业以太网。控制网络主要实现现场设备之间、现场设备与控制器之间、现场设备与监控设备之间的通信。

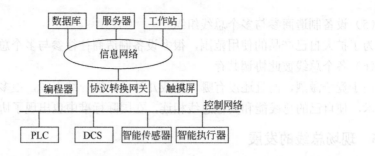

图 1-3　企业网的结构

网络化控制的功能模型是从功能的角度对基于网络的自动控制系统进行分层，简称网络控制模型。网络控制模型分为现场设备层、监控层和管理层，如图 1-4 所示。

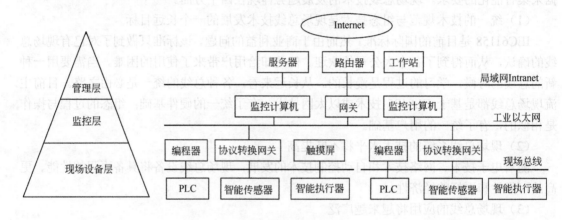

图 1-4　网络控制模型

（1）管理层

为企业提供生产、管理和经营数据，通过数据化的方式优化企业资源，提高企业的管理水平。这个层中，IT 技术得到了广泛的应用，如 Internet 和 Intranet。

（2）监控层

介于管理层和现场层之间。其主要功能是解决车间内各需要协调工作的不同工艺段之间的通信。监控层要求能传递大量的信息数据和少量控制信息，而且要求具备较强的实时性。这个层主要使用工业以太网。

（3）现场设备层

处于工业网络的最底层，直接连接现场的各种设备，包括 I/O 设备、变频与驱动、传感器和变送器等，由于连接的设备千差万别，因此所使用的通信方式也比较复杂。又由于现场级通信网络直接连接现场设备，网络上传递的主要是控制信号，因此，对网络的实时性和确定性有很高的要求。

SIMATIC NET 中，现场级通信网络中主要使用 PROFIBUS。同时 SIMATIC NET 也支持 AS-Interface、EIB 等总线技术。

1.3.2　西门子通信网络技术说明

（1）MPI 通信

MPI（Multi-Point Interface，即多点接口）协议，用于小范围、少点数的现场级通信。MPI 是为 S7/M7/C7 系统提供接口，它设计用于编程设备的接口，也可用于在少数 CPU 间传递少量的数据。

（2）PROFIBUS 通信

PROFIBUS 符合国际标准 IEC61158，是目前国际上通用的现场总线中 8 大现场总线之一，并以独特的技术特点、严格的认证规范、开放的标准和众多的厂家支持，成为现场级通信网络的优秀解决方案，目前其全球网络节点已经突破 1000 万个。

从用户的角度看，PROFIBUS 提供三种通信协议类型：PROFIBUS-FMS、PROFIBUS-DP 和 PROFIBUS-PA。

① PROFIBUS-FMS （Fieldbus Message Specification，现场总线报文规范），主要用于系统级和车间级的不同供应商的自动化系统之间传输数据，处理单元级（PLC 和 PC）的多主站数据通信。

② PROFIBUS-DP（Decentralized Periphery，分布式外部设备），用于自动化系统中单元级控制设备与分布式 I/O（例如 ET 200）的通信。主站之间的通信为令牌方式，主站与从站之间为主从方式，以及这两种方式的混合。

③ PROFIBUS-PA（Process Automation，过程自动化）用于过程自动化的现场传感器和执行器的低速数据传输，使用扩展的 PROFIBUS-DP 协议。

（3）工业以太网

工业以太网符合 IEEE802.3 国际标准，是功能强大的区域和单元网络，是目前工控界最为流行的网络通信技术之一。

（4）点对点连接

严格地说，点对点（Point-to-Point）连接并不是网络通信。但点对点连接可以通过串口连接模块实现数据交换，应用比较广泛。

（5）AS-Interface

传感器/执行器接口用于自动化系统最底层的通信网络。它专门用来连接二进制的传感器和执行器，每个从站的最大数据量为 4bit。

以上西门子网络技术在后续章节还会详细介绍。

第2章

西门子 PLC 的自由口通信

2.1 自由口通信概述

S7-200 的自由口通信是基于 RS-485 通信基础的半双工通信，西门子 S7-200 系列 PLC 拥有自由口通信功能，顾名思义，就是没有标准的通信协议，用户可以自己规定协议。第三方设备大多支持 RS-485 串口通信，西门子 S7-200 系列 PLC 可以通过自由口通信模式控制串口通信。最简单地使用案例就是只用发送指令（XMT）向打印机或者变频器等第三方设备发送信息。不管任何情况，都通过 S7-200 系列 PLC 编写程序实现。

自由口通信的核心就是发送（XMT）和接收（RCV）两条指令，以及相应的特殊寄存器控制。由于 S7-200 CPU 通信端口是 RS-485 半双工通信口，因此发送和接收不能同时处于激活状态。RS-485 半双工通信串行字符通信的格式可以包括一个起始位、7 或 8 位字符（数据字节）、一个奇/偶校验位（或者没有校验位）、一个停止位。

自由口通信的波特率可以设置为 1200、2400、4800、9600、19200、38400、57600 或 115200。凡是符合这些格式的串行通信设备，理论上都可以和 S7-200 CPU 通信。自由口模式可以灵活应用。STEP7-Micro/WIN 的两个指令库（USS 和 Modbus RTU）就是使用自由口模式编程实现的。

S7-200 CPU 使用 SMB30（对于 Port0）和 SMB130（对于 Port1）定义通信口的工作模式，控制字节的定义如图 2-1 所示。

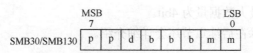

图 2-1 控制字节的定义

① 通信模式由控制字的最低的两位"mm"决定。

- mm=00：PPI 从站模式（默认这个数值）。
- mm=01：自由口模式。
- mm=10：PPI 主站模式。

所以，只要将 SMB30 或 SMB130 赋值为 2#01，即可将通信口设置为自由口模式。

② 控制位的"pp"是奇偶校验选择。

- pp=00：无校验。
- pp=01：偶校验。
- pp=10：无校验。
- pp=11：奇校验。

③ 控制位的 "d" 是每个字符的位数。

- d=0：每个字符 8 位。
- d=1：每个字符 7 位。

④ 控制位的 "bbb" 是波特率选择。

- bbb=000：38400bit/s。
- bbb=001：19200bit/s。
- bbb=010：9600bit/s。
- bbb=011：4800bit/s。
- bbb=100：2400bit/s。
- bbb=101：1200bit/s。
- bbb=110：115200bit/s。
- bbb=111：57600bit/s。

（1）发送指令

以字节为单位，XMT 向指定通信口发送一串数据字符，要发送的字符以数据缓冲区指定，一次发送的字符最多为 255 个。

发送完成后，会产生一个中断事件，对于 Port0 口为中断事件 9，而对于 Port1 口为中断事件 26。当然也可以不通过中断，而通过监控 SM4.5（对于 Port0 口）或者 SM4.6（对于 Port1 口）的状态来判断发送是否完成，如果状态为 1，说明完成。XMT 指令缓冲区格式见表 2-1。

表 2-1 XMT 指令缓冲区格式

序　号	字节编号	内　容
1	T+0	发送字节的个数
2	T+1	数据字节
3	T+2	数据字节
⋮	⋮	⋮
256	T+255	数据字节

（2）接收指令

以字节为单位，RCV 通过指定通信口接收一串数据字符，接收的字符保存在指定的数据缓冲区，一次接收的字符最多为 255 个。

接收完成后，会产生一个中断事件，对于 Port0 口为中断事件 23，而对于 Port1 口为中断事件 24。当然也可以不通过中断，而通过监控 SMB86（对于 Port0 口）或者 SMB186（对于 Port1 口）的状态来判断发送是否完成，如果状态为非零，说明完成。SMB86 和 SMB186 含义见表 2-2，SMB87 和 SMB187 含义见表 2-3。

表 2-2 SMB86 和 SMB186 含义

对于 Port0 口	对于 Port1 口	控制字节各位的含义
SM86.0	SM186.0	为 1 说明奇偶校验错误而终止接收
SM86.1	SM186.1	为 1 说明接收字符超长而终止接收
SM86.2	SM186.2	为 1 说明接收超时而终止接收
SM86.3	SM186.3	为 0

对于 Port0 口	对于 Port1 口	控制字节各位的含义
SM86.4	SM186.4	为 0
SM86.5	SM186.5	为 1 说明是正常收到结束字符
SM86.6	SM186.6	为 1 说明输入参数错误或者缺少起始和终止条件而结束接收
SM86.7	SM186.7	为 1 说明用户通过禁止命令结束接收

表 2-3 SMB87 和 SMB187 含义

对于 Port0 口	对于 Port1 口	控制字节各位的含义
SM87.0	SM187.0	0
SM87.1	SM187.1	1 使用中断条件，0 不使用中断条件
SM87.2	SM187.2	1 使用 SM92 或者 SM192 时间段结束接收 0 不使用 SM92 或者 SM192 时间段结束接收
SM87.3	SM187.3	1 定时器是信息定时器，0 定时器是内部字符定时器
SM87.4	SM187.4	1 使用 SM90 或者 SM190 检测空闲状态 0 不使用 SM90 或者 SM190 检测空闲状态
SM87.5	SM187.5	1 使用 SM89 或者 SM189 终止符检测终止信息 0 不使用 SM89 或者 SM189 终止符检测终止信息
SM87.6	SM187.6	1 使用 SM88 或者 SM188 起始符检测起始信息 0 不使用 SM88 或者 SM188 起始符检测起始信息
SM87.7	SM187.7	0 禁止接收，1 允许接收

与自由口通信相关的其他重要特殊控制字/字节见表 2-4。

表 2-4 其他重要特殊控制字/字节

对于 Port0 口	对于 Port1 口	控制字节或者控制字的含义
SMB88	SMB188	信息字符的开始
SMB89	SMB189	信息字符的结束
SMW90	SMW190	空闲线时间段，按毫秒设定。空闲线时间用完后接收的第一个字符是新消息的开始
SMW92	SMW192	中间字符/消息定时器溢出值，按毫秒设定。如果超过这个时间段，则终止接收消息
SMW94	SMW194	要接收的最大字符数（1～255 字节）。此范围必须设置为期望的最大缓冲区大小，即使不使用字符计数消息终端

RCV 指令缓冲区格式见表 2-5。

表 2-5 RCV 指令缓冲区格式

序　号	字节编号	内　容
1	T+0	接收字节的个数
2	T+1	起始字符（如果有）
3	T+2	数据字节
4	T+3	数据字节
⋮	⋮	⋮
256	T+255	结束字符（如果有）

2.2　S7-200 系列 PLC 之间的自由口通信

以下以两台 S7-200 CPU 之间的自由口通信为例介绍 S7-200 系列 PLC 之间的自由口通信的编程实施方法。

【例 2-1】 有两台设备，控制器都是 CPU 226CN，两者之间为自由口通信，要求实现设备 1 对设备 1 和 2 的电动机，同时进行启停控制，请设计方案，编写程序。

【解】

（1）主要软硬件配置

① 1 套 STEP7-Micro/WIN V4.0 SP7；

② 2 台 CPU 226CN；

③ 1 根 PROFIBUS 网络电缆（含 2 个网络总线连接器）；

④ 1 根 PC/PPI 电缆。

自由口通信硬件配置如图 2-2 所示，两台 CPU 的接线如图 2-3 所示。

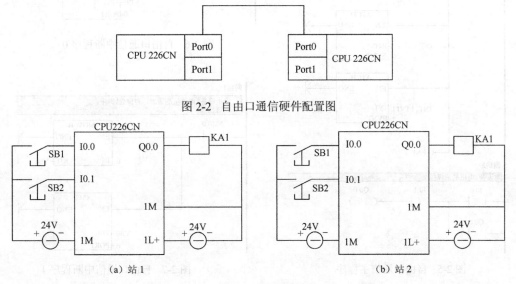

图 2-2　自由口通信硬件配置图

图 2-3　接线图

【关键点】　自由口通信的通信线缆最好使用 PROFIBUS 网络电缆和网络总线连接器，若要求不高，为了节省开支可购买市场上的 DB9 接插件，再将两个接插件的 3 和 8 角对连即可，如图 2-4 所示。

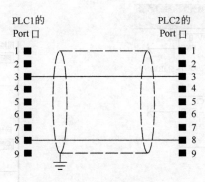

图 2-4　自由口通信连线的另一种方案

（2）编写设备 1 的程序

设备 1 的主程序如图 2-5 所示。

设备 1 的中断程序 0 如图 2-6 所示。

设备 1 的中断程序 1 如图 2-7 所示。

15

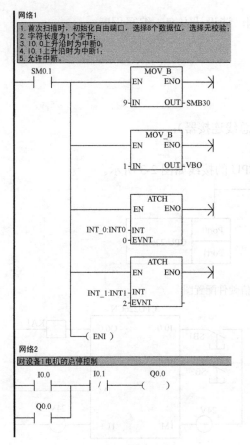

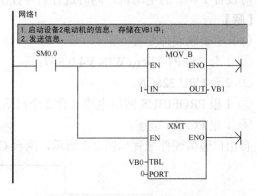

图 2-6　自由口通信中断程序 0

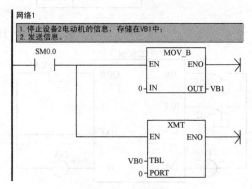

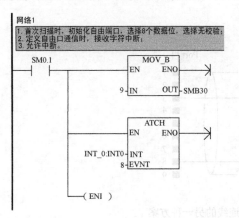

图 2-5　自由口通信主程序

图 2-7　自由口通信中断程序 1

（3）编写设备 2 的程序

设备 2 的主程序如图 2-8 所示。

设备 2 的中断程序 0 如图 2-9 所示。

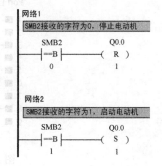

图 2-8　自由口通信主程序

图 2-9　自由口通信中断程序 0

（4）方法 2

① 设备 1 程序　设备 1 的主程序如图 2-10 所示。

设备 1 的子程序如图 2-11 所示。

设备 1 的中断程序如图 2-12 所示。

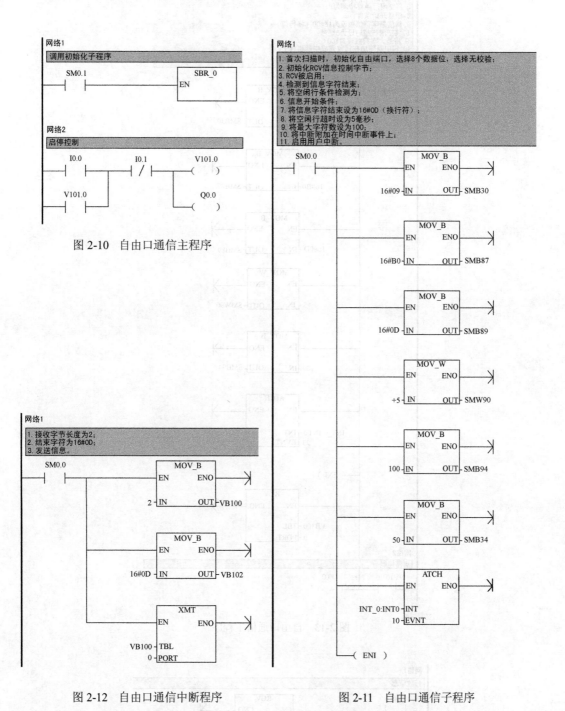

图 2-10 自由口通信主程序

图 2-12 自由口通信中断程序　　　　图 2-11 自由口通信子程序

② 设备 2 程序　设备 2 的主程序如图 2-13 所示。

设备 2 的中断程序如图 2-14 所示。

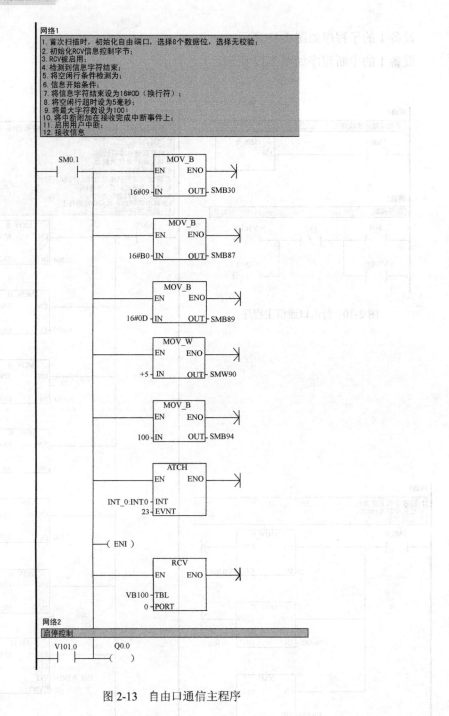

图 2-13　自由口通信主程序

图 2-14　自由口通信中断程序

2.3　S7-200 PLC 与个人计算机的自由口通信

除了 S7-200 系列 PLC 之间可以进行自由口通信外，S7-200 系列 PLC 还可以与计算机进行通信，以下以 CPU 226CN 与计算机的自由口通信为例，讲解个人计算机与 S7-200 系列 PLC 之间的自由口通信。

2.3.1　S7-200 PLC 与超级终端的自由口通信

【例 2-2】　用一台个人计算机的 Hyper Terminal（超级终端）接收来自 1 台 CPU 226CN 发送来的数据，并进行显示。

（1）主要软硬件配置

① 1 套 STEP7-Micro/WIN V4.0 SP7；

② 1 台 CPU 226CN；

③ 1 根 PC/PPI 电缆（本例的计算机端为 RS-232C 接口）；

④ 1 台计算机。

自由口通信硬件配置如图 2-15 所示。

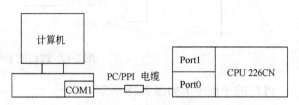

图 2-15　自由口通信硬件配置

（2）编写 PLC 的程序

PLC 的主程序如图 2-16 所示。

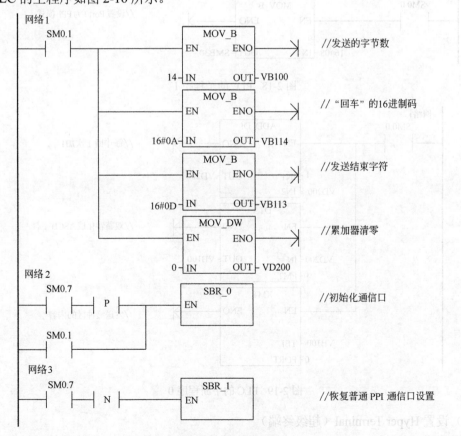

图 2-16　PLC 的主程序

PLC 的子程序 0 如图 2-17 所示。

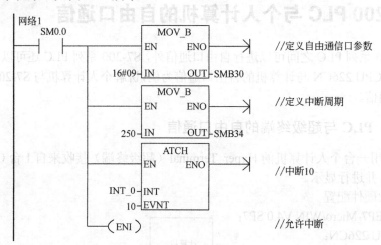

图 2-17 PLC 的子程序 0

PLC 的子程序 1 如图 2-18 所示。

PLC 的中断程序 0 如图 2-19 所示。

网络1

SM0.0 ——| |——| |—— MOV_B

EN   ENO

16#08 — IN   OUT — SMB30

//设置Port0为PPI 模式

图 2-18 PLC 的子程序 1

网络1

SM0.0

ADD_DI

EN   ENO

1 — IN1   OUT — VD200

VD200 — IN2

//每中断 1 次加1

DTA

EN   ENO

VD200 — IN   OUT — VB100

0 — FMT

//双整转化成ASCII字符

XMT

EN   ENO

VB100 — TBL

0 — PORT

//发送缓冲区的内容

图 2-19 PLC 的中断程序 0

（3）设置 Hyper Terminal（超级终端）

① 打开超级终端。在 Windows 中按照 "所有程序" → "附件" → "通信" → "超级终

端（Hyper Terminal）"打开超级终端，并在如图 2-20 中的界面中指定名称，本例为"xxh"，单击"确定"按钮，弹出"选择串行通信接口"界面，如图 2-21 所示。

② 选择串行通信接口。按照如图 2-21 所示设置（区号和电话号码可以根据实际情况设定），由于本例使用的电脑只配置了 COM1 口，所以只能选择"3"处的"COM1"串口，最后单击"确定"按钮。

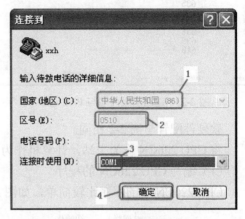

图 2-20 指定连接名称 　　　　　　　　　　图 2-21 选择串行通信接口

③ 设置通信参数。按照图 2-22，设置串行接口通信参数，"1"处为通信的波特率，应与 PLC 编写的程序波特率一致，否则不能通信；将"数据流控制"中的选项改为"无"，最后单击"确定"按钮。

④ 建立超级终端与 PLC 通信。单击图 2-23 所示"1"处的"呼叫"按钮，PLC 向计算机的超级终端发送数据，并显示到超级终端的界面上，数据不断向上自动滚动。

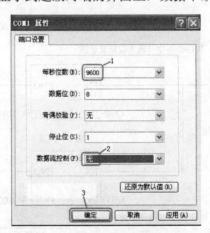

图 2-22 设置通信参数

⑤ 终止超级终端与 PLC 通信。当单击如图 2-24 所示"2"处的"断开"按钮，计算机的超级终端接收数据，显示到超级终端的界面上数据处于静止状态。

2.3.2 　S7-200 PLC 与个人计算机（自编程序）的自由口通信

【例 2-3】 用 Visual Basic 编写程序实现个人计算机和 CPU 226CN 的自由口通信，并显示 CPU 226CN 的 Q1.0~Q1.2 状态以及 QB0、QB1 的数值。

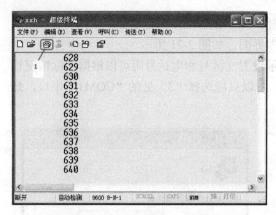

图 2-23 建立超级终端与 PLC 通信　　　　　图 2-24 终止超级终端与 PLC 通信

软硬件配置与例 2-2 相同。

将 CPU 226CN 作为主站，计算机作为从站。

（1）编写 CPU 226CN 的程序

CPU 226CN 中的程序比较简单，如图 2-25 所示。

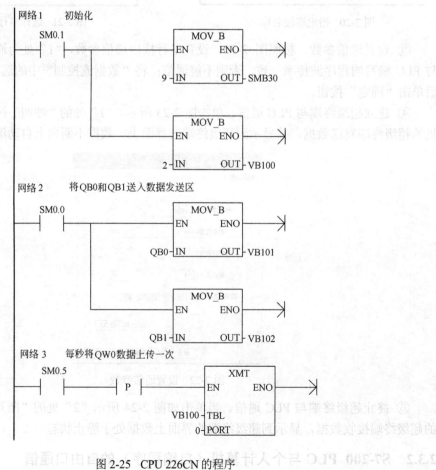

图 2-25 CPU 226CN 的程序

（2）编写计算机的程序

计算机中的程序用 Visual Basic 编写，程序运行界面如图 2-26 所示。

22

```
Option Explicit
Dim p() As Byte
Dim a
Private Sub Form_Load()
    MSComm1.PortOpen = True            '打开串口
    MSComm1.InputMode = 1              '读入字节
    MSComm1.RThreshold = 2             '最少读入字节数
End Sub
Private Sub MSComm1_OnComm()
    Select Case MSComm1.CommEvent
    Case comEvReceive
      p = MSComm1.Input                '读入字节到数组 p(0)和 p(1)
      Text1 = p(1)
      Text2 = p(0)
      a = Val(Text1)
      Select Case a
      Case 0
        Shape1.BackColor = vbBlack     '当 QB0=0 时，三盏灯都不亮
        Shape2.BackColor = vbBlack
        Shape3.BackColor = vbBlack
      Case 1
        Shape1.BorderColor = vbRed     '当 QB0=1 时，第一盏灯亮
        Shape2.BackColor = vbBlack
        Shape3.BackColor = vbBlack
      Case 2
         Shape1.BackColor = vbBlack    '当 QB0=2 时，第二盏灯亮
         Shape2.BackColor = vbRed
         Shape3.BackColor = vbBlack
      Case 3
        Shape1.BackColor = vbRed       '当 QB0=3 时，第一、二盏灯亮
        Shape2.BackColor = vbRed
        Shape3.BackColor = vbBlack
      Case 4
        Shape1.BackColor = vbBlack     '当 QB0=4 时，第三盏灯亮
        Shape2.BackColor = vbBlack
        Shape3.BackColor = vbRed
      Case 5
        Shape1.BackColor = vbRed       '当 QB0=5 时，第一、三盏灯亮
        Shape2.BackColor = vbBlack
        Shape3.BackColor = vbRed
```

```
Case 6
    Shape1.BackColor = vbBlack        '当 QB0=6 时，第二、三盏灯亮
    Shape2.BackColor = vbRed
    Shape3.BackColor = vbRed
Case 7
    Shape1.BackColor = vbRed          '当 QB0=7 时，第一、二、三盏灯亮
    Shape2.BackColor = vbRed
    Shape3.BackColor = vbRed
End Select
End Select
End Sub
```

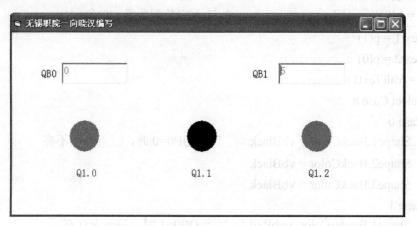

图 2-26　程序运行界面

如图 2-26 所示，当 QB1=5 时，Q1.0 和 Q1.2 两盏灯亮（显示为红色），而 Q1.1 灯灭（显示为黑色），书籍印刷可能无法表示，请读者运行本书附带的程序。

2.4　S7–200 PLC 与三菱 FX 系列 PLC 的自由口通信

除了 S7-200 系列 PLC 之间可以进行自由口通信，S7-200 系列 PLC 还可以与其他品牌的 PLC、变频器、仪表和打印机等进行通信，要完成通信，这些设备应有 RS-232C 或者 RS-485 等形式的串口。西门子 S7-200 与三菱的 FX 系列通信时，采用自由口通信，但三菱公司称这种通信为"无协议通信"，内涵实际上是一样的。

以下以 CPU 226CN 与三菱 FX2N-32MR 自由口通信为例，讲解 S7-200 系列 PLC 与其他品牌 PLC 或者之间的自由口通信。

【例 2-4】 有两台设备，设备 1 的控制器是 CPU 226CN，设备 2 的控制器是 FX2N-32MR，两者之间为自由口通信，实现设备 1 的 I0.0 启动设备 2 的电动机，设备 1 的 I0.1 停止设备 2 的电动机的转动，请设计解决方案。

（1）主要软硬件配置

① 1 套 STEP7-Micro/WIN V4.0 SP7 和 GX Developer 8.6；

② 1 台 CPU 226CN 和 1 台 FX2N-32MR；

③ 1 根屏蔽双绞电缆（含 1 个网络总线连接器）；

④ 1 台 FX2N-485-BD；

⑤ 1 根 PC/PPI 电缆。

两台 CPU 的接线如图 2-27 所示。

【关键点】 网络的正确接线至关重要，具体如下。

① CPU 226CN 的 PORT0 口可以进行自由口通信，其 9 针的接头中，1 号管脚接地，3 号管脚为 RXD+/TXD+（发送+/接收+）公用，8 号管脚为 RXD-/TXD-（发送-/接收-）公用。

② FX2N-32MR 的编程口不能进行自由口通信，因此本例配置了一块 FX2N-485-BD 模块，此模块可以进行双向 RS-485 通信（可以与两对双绞线相连），但由于 CPU 226CN 只能与一对双绞线相连，因此 FX2N-485-BD 模块的 RDA（接收+）和 SDA（发送+）短接，SDB（接收-）和 RDB（发送-）短接。

③ 由于本例采用的是 RS-485 通信，所以两端需要接终端电阻，均为 110Ω，CPU 226CN 端未画出（由于和 PORT0 相连的网络连接器自带终端电阻，有关内容在后面会详细讲解），若传输距离较近时，终端电阻可不接入。

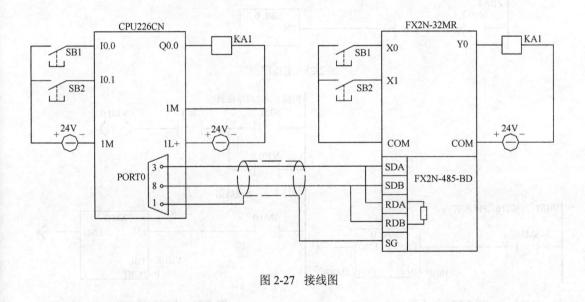

图 2-27 接线图

（2）编写 CPU 226CN 的程序

CPU 226CN 中的主程序如图 2-28 所示，子程序如图 2-29 所示，中断程序如图 2-30 所示。

【关键点】 自由口通信每次发送的信息最少是一个字节，本例中将启停信息存储在 VB101 的 V101.0 位发送出去。VB100 存放的是发送有效数据的字节数。

（3）编写 FX2N-32MR 的程序

① 无协议通信简介

a．RS 指令格式。RS 指令格式如图 2-31 所示。

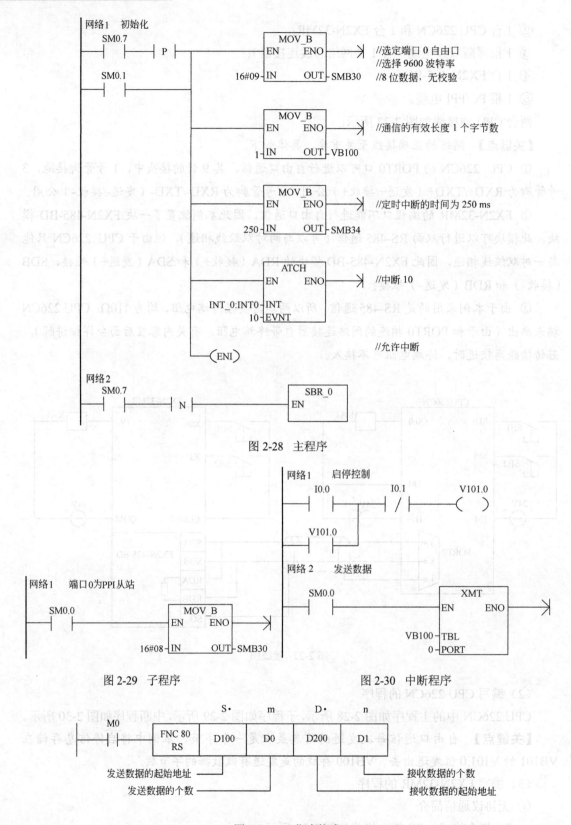

图 2-28 主程序

图 2-29 子程序

图 2-30 中断程序

图 2-31 RS 指令格式

b. 无协议通信中用到的软元件。无协议通信中用到的软元件见表2-6。

表 2-6 无协议通信中用到的软元件

元件编号	名 称	内 容	属 性
M8122	发送请求	置位后，开始发送	读/写
M8123	接收结束标志	接收结束后置位，此时不能再接收数据，需人工复位	读/写
M8161	8位处理模式	在 16 位和 8 位数据之间切换接收和发送数据，为 ON 时是 8 位模式，为 OFF 时为 16 位模式	写

c. D8120 字的通信格式。D8120 的通信格式见表2-7。

表 2-7 D8120 的通信格式

位 编 号	名 称	内 容	
		0（位 OFF）	1（位 ON）
b0	数据长度	7 位	8 位
b1b2	奇偶校验	b2, b1 (0, 0)：无 (0, 1)：奇校验(ODD) (1, 1)：偶校验(EVEN)	
b3	停止位	1 位	2 位
b4b5b6b7	波特率（bps）	b7, b6, b5, b4 (0, 0, 1, 1)：300 (0, 1, 0, 0)：600 (0, 1, 0, 1)：1, 200 (0, 1, 1, 0)：2, 400	b7, b6, b5, b4 (0, 1, 1, 1)：4, 800 (1, 0, 0, 0)：9, 600 (1, 0, 0, 1)：19, 200
b8	报头	无	有
b9	报尾	无	有
b10b11b12	控制线	无协议	b12, b11, b10 (0, 0, 0)：无<RS-232C 接口> (0, 0, 1)：普通模式<RS-232C 接口>(0, 1, 0)：相互链接 模式<RS-232C 接口>
	计算机链接		(0, 1, 1)：调制解调器模式<RS-232C 接口> (1, 1, 1)：RS-485 通信< RS-485/RS-422 接口>
b13	和校验	不附加	附加
b14	协议	无协议	专用协议
b15	控制顺序（CR 、LF）	不使用 CR, LF(格式 1)	使用 CR, LF(格式 4)

② 编写程序 FX2N-32MR 中的程序如图 2-32 所示。

实现不同品牌的 PLC 的通信，确实比较麻烦，要求读者对两种品牌的 PLC 通信都比较熟悉。其中有两个关键点，一是读者一定要把通信线接对，二是与自由口（无协议）通信的相关指令必须要弄清楚，否则通信是很难建立的。

【关键点】 以上的程序是单向传递数据，即数据只从 CPU226CN 传向 FX2N-32MR，因此程序相对而言比较简单，若要数据双向传递，则必须注意 RS-485 通信是半双工的，编写程序时要保证：在同一时刻同一个站点只能接收或者发送数据。

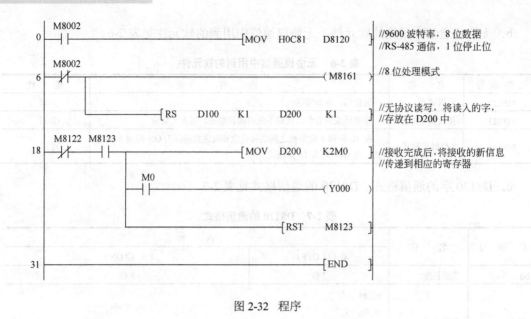

图 2-32　程序

2.5　S7-1200 系列 PLC 与 S7-200 系列 PLC 的自由口通信

【例 2-5】　有两台设备，设备 1 控制器是 CPU 1214C，设备 2 控制器是 CPU 226CN，两者之间为自由口通信，实现设备 2 上采集的模拟量传送到设备 1，请设计解决方案。

（1）主要软硬件配置

① 1 套 STEP7-Micro/WIN V4.0 SP7 和 1 套 STEP7 Basic V10.5；

② 1 根 PC/PPI 电缆（或者 CP5611 卡）和一根网线；

③ 1 台 CPU 226CN；

④ 1 台 CPU 1214C；

⑤ 1 台 EM231；

⑥ 1 台 CM1241（RS-485）。

硬件配置如图 2-33 所示。

图 2-33　硬件配置

（2）编写 CPU226CN 的程序

有关 S7-200 自由口通信的内容在前面的章节已经讲解，程序如图 2-34、图 2-35 所示。

（3）S7-1200 硬件组态

① 新建工程。单击新建工程按钮"　"，新建工程"例 2-5A"，如图 2-36 所示。

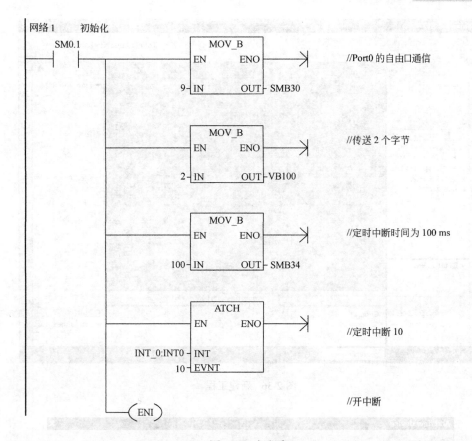

图 2-34　主程序

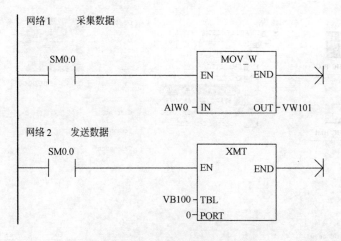

图 2-35　中断程序

② 硬件组态。单击 "Add new device"（添加新设备），如图 2-36 所示，弹出"添加新设备"，如图 2-37 所示，展开 "CPU1214C"，选中将要使用的产品型号（用订货号表示），单击 "OK"（确定）按钮。

选中通信模块的第一个槽位，如图 2-38 所示的标记"A"处，展开"Communication module"（通信模块），双击要选中的模块的型号，本例为 "6ES7 241-CH30-0XB0"，或者将模块直接拖入通信模块的第一槽位。

29

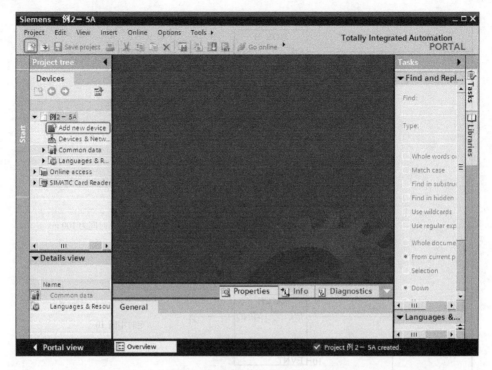

图 2-36 新建工程

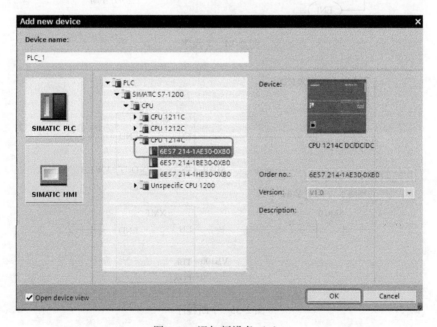

图 2-37 添加新设备（1）

③ 启用系统时钟。先选中 CPU1214C，再选中 "System and clock memory"（系统时钟），勾选 "Enable the use of system memory byte"（使能系统时钟），在后面的方框中输入 20，则 M20.2 位表示始终为 1，相当于 S7-200 中的 SM0.0。如图 2-39 所示。

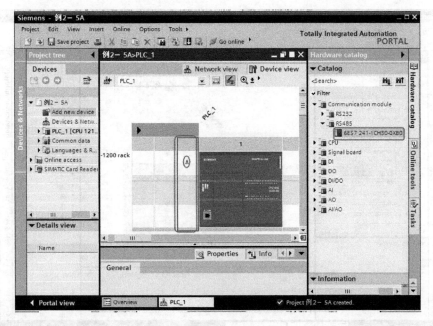

图 2-38　添加新设备（2）

④ 添加数据块。如图 2-40 所示，展开"Program blocks"（程序块），选中"Add new block"（添加新块），弹出界面如图 2-41 所示。选中"Data block"（数据块），命名为"DB2"，去掉"Symbolic access only"（符号寻址）前的"√"，变成绝对寻址，再单击"OK"（确定）按钮。

图 2-39　启用系统时钟

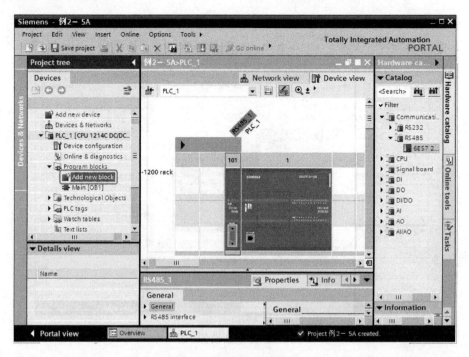

图 2-40　添加数据块（1）

【关键点】　在添加数据块时，一定要将数据块设置成绝对寻址模式，否则通信不能建立。

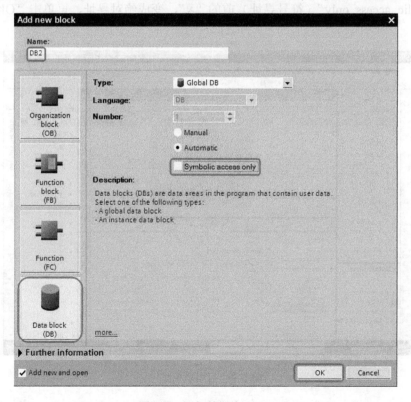

图 2-41　添加数据块（2）

⑤　创建数组。打开数据块，创建数组 A[0..1]，数组中有两个字 A[0] 和 A[1]，如图 2-42

所示。

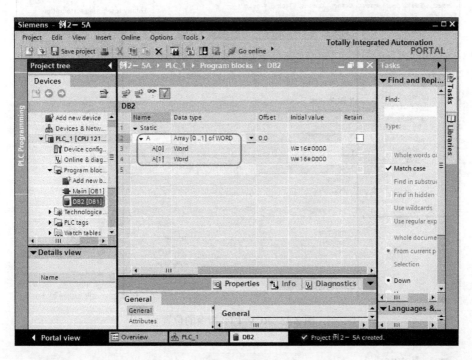

图 2-42　创建数组

（4）编写 S7-1200 的程序

① 指令简介　RCV_PTP 是自由口通信的接收指令，当 EN_R 端为 1 时，通信模块接收消息，接收到的数据传送到数据存储区 BUFFER 中，PORT 中规定使用的是 RS-232 还是 RS-485 模块。RCV_PTP 指令的参数含义见表 2-8。

表 2-8　RCV_PTP 指令的参数含义

LAD	输入 / 输出	说　明	数 据 类 型
"RCV_PTP_DB" RCV_PTP — EN　　ENO — — EN_R　　NDR — — PORT　　ERROR — — BUFFER　　STATUS — 　　　　LENGTH —	EN	使能	BOOL
	EN_R	接收请求信号，高电平有效	BOOL
	PORT	通信模块的标识符，有 RS232_1[CM]和 RS485_1[CM]	端口
	BUFFER	接收数据存放区	VARIANT
	NDR	指示是否接收新数据	BOOL
	ERROR	是否有错	BOOL
	STATUS	错误代码	WORD
	LENGTH	接收到的消息中包含字节数	UINT

RCV_PTP 指令的位置。先打开 OB1 块，在窗口的右侧选择"Instructions"→"Extended instructions"→"Communications"→"Point to point"→"RCV_PTP"，如图 2-43 所示。

② 编写程序　S7-1200 中的程序如图 2-44 所示。

运行程序后，打开数组，如图 2-42 所示，再打开监控（按下监控按钮 ），可以看到数组 A[0]的数据的变化。

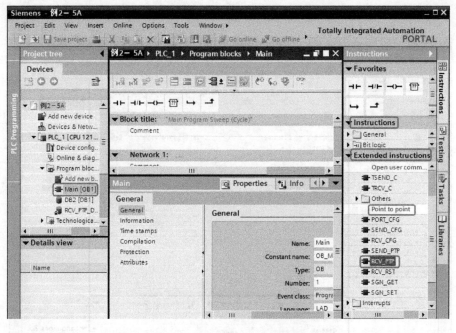

图 2-43 RCV_PTP 指令的位置

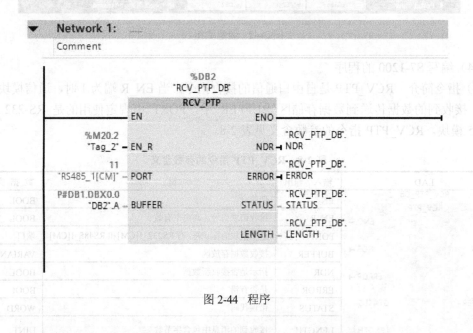

图 2-44 程序

2.6 S7-1200 系列 PLC 之间的自由口通信

很明显，两台 S7-1200 系列 PLC 之间的通信，最低成本的解决方案就是采用以太网通信，有关这方面的内容在后面的章节会介绍，但自由口通信也是可选择的方案，不过需要多配置两台串行通信模块。

【例 2-6】 有两台设备，设备 1 控制器是 CPU 1214C，设备 2 控制器也是 CPU 1214C，两者之间为自由口通信，实现在设备 2 上启停设备 1 上的电动机，请设计解决方案。

（1）主要软硬件配置

① 1 套 STEP7 Basic V10.5；

② 1 根网线；

③ 2 台 CM1241（RS485）；

④ 2 台 CPU 1214C。

硬件配置如图 2-45 所示。

图 2-45　硬件配置

（2）硬件组态

① 新建工程。新建工程"例 2-6"，如图 2-46 所示，添加两台 PLC 和两台 CM1241（RS484）通信模块。

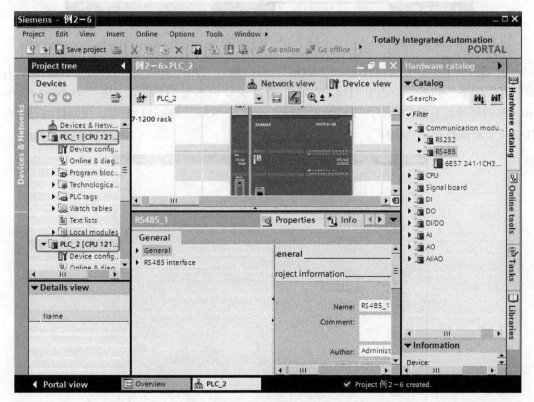

图 2-46　新建工程

② 启用系统时钟。先选中 PLC_2 中的 CPU1214C，再选中"System and clock memory"（系统时钟），勾选"Enable the use of system memory byte"（使能系统时钟），在后面的方框中输入 20，则 M20.2 位表示始终为 1，相当于 S7-200 中的 SM0.0。如图 2-47 所示。用同样的方法启用 PLC_1 中的系统时间，将 M10.5 设置成 1Hz 的周期脉冲。

图 2-47　启用系统时钟

③ 添加数据块。展开"Program blocks"（程序块），选中"Add new block"（添加新块），弹出界面如图 2-48 所示。选中"Data block"（数据块），命名为"DB1"，去掉"Symbolic access only"（符号寻址）前的"√"，变成绝对寻址，再单击"OK"（确定）按钮。用同样的方法在 PLC_1 中添加数据块"DB1"。

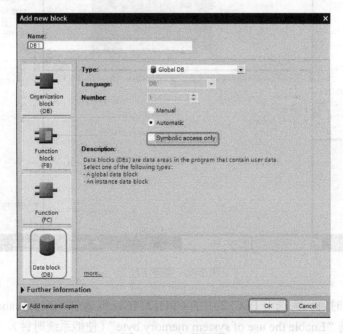

图 2-48　添加数据块

④ 创建数组。打开 PLC_1 中的数据块，创建数组 A[0..1]，数组中有两个字节 A[0]和 A[1]，如图 2-49 所示。用同样的方法在 PLC_2 中创建数组 A[0..1]，如图 2-50 所示。

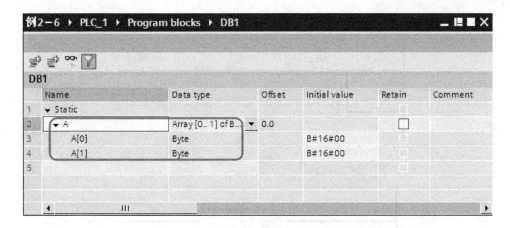

图 2-49　创建数组（PLC_1）

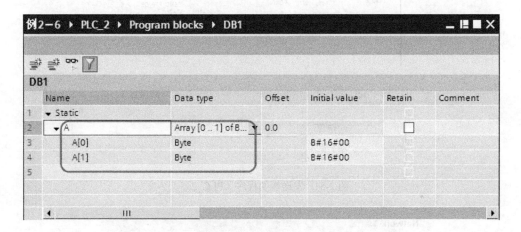

图 2-50　创建数组（PLC_2）

（3）编写 S7-1200 的程序

① 指令简介　SEND_PTP 是自由口通信的发送指令，当 REQ 端为上升沿时，通信模块发送消息，数据传送到数据存储区 BUFFER 中，PORT 中规定使用的是 RS-232 还是 RS-485 模块。SEND _PTP 指令的参数含义见表 2-9。

表 2-9　SEND _PTP 指令的参数含义

LAD	输入/输出	说　　明	数 据 类 型
"SEND_PTP_DB" SEND_PTP — EN　　ENO — — REQ　　DONE — — PORT　ERROR — — BUFFERSTATUS — — PTRCL	EN	使能	BOOL
	REQ	发送请求信号，每次上升沿发送一个消息帧	BOOL
	PORT	通信模块的标识符，有 RS232_1[CM] 和 RS485_1[CM]	端口
	BUFFER	发送数据存放区	VARIANT
	PTRCL	FALSE 表示用户定义协议	BOOL
	ERROR	是否有错	BOOL
	STATUS	错误代码	WORD
	LENGTH	发送的消息中包含字节数	UINT

② 编写程序　发送端的程序如图 2-51 所示，接收端的程序如图 2-52 所示。

37

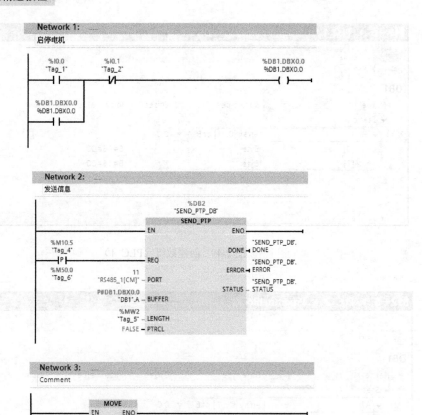

图 2-51 发送端的程序（PLC_2）

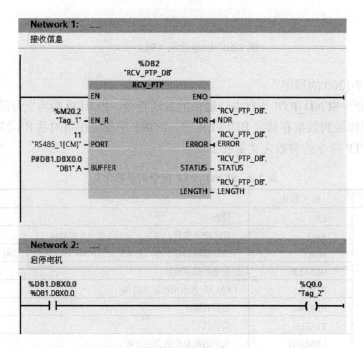

图 2-52 接收端的程序（PLC_1）

2.7 S7-1200 系列 PLC 与 PC 的自由口通信

要实现个人计算机和 S7-1200 的通信，硬件上，除了配置 PC 和 S7-1200 外，还必须配置 RS-485 模块（或者 RS-232）。软件上，可以用 VB、VC 等高级语言编写程序与 S7-1200 通信，但比较方便的方法是用 Windows 操作系统自带的超级终端实现与 S7-1200 通信。以下用一个例子介绍超级终端与 S7-1200 通信实现的方法。

【例 2-7】 请设计一个解决方案，实现 S7-1200 向个人计算机循环发送 "abcde"。

（1）主要软硬件配置

① 1 套 STEP7 Basic V10.5；

② 1 根网线；

③ 1 台 CM1241（RS485）；

④ 1 台 CPU 1214C；

⑤ 个人计算机（带 Windows XP SP2 操作系统）。

硬件配置如图 2-53 所示。

【关键点】 由于 CM1241（RS485）模块不提供+24V 的电源（但 S7-200 的 PORT0 和 PORT1 的第 2 和第 7 脚提供+24V 的电源），因此 PC/PPI 电缆不能正常工作，所以图 2-53 中的 PC/PPI 电缆的 RS-485 侧的第 2 和第 7 脚应外加+24V 的电源，这对于通信成功至关重要。

图 2-53 硬件配置

（2）S7-1200 的硬件组态

① 新建工程。先新建工程，命名为"例 2-7"，添加硬件 CPU 1214C 和 CM1241（RS485），再选中 CPU 1214C，在"System and clock memory"下启用系统时钟字节，此字节为 MB10，所以 M10.5 是周期为 1Hz 的脉冲，如图 2-54 所示。

图 2-54 新建工程

② 创建数据块和数组。先创建数据块 DB3，再创建数组 A[0..4]，数组中有 5 个字节 A[0]～A[4]，如图 2-55 所示。

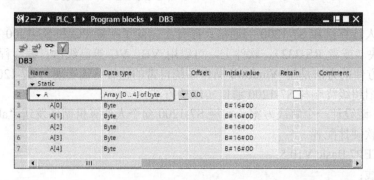

图 2-55　数组

③ 创建状态表。先创建状态表"Watch table_1"，数组 A[0]～A[4]的修改值分别为 a、b、c、d、e，如图 2-56 所示。

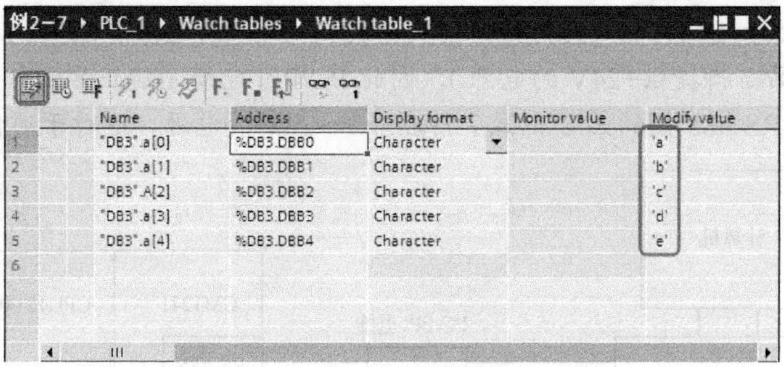

图 2-56　状态表

（3）编写程序

程序如图 2-57 所示。程序的含义每秒钟将 DB3.DBB0 开始的 5 个字节（即 a、b、c、d、e），通过 RS-485 接口传送给通信伙伴，本例为 PC 中超级终端。

完成以上设置和程序编写后，将整个工程下载到 CPU 中，并运行。

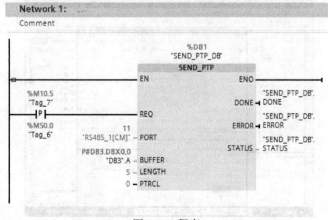

图 2-57　程序

（4）PC 侧超级终端的配置

① 建立连接。选择"开始"→"所有程序"→"附件"→"通信"→"超级终端"选项，打开超级终端，如图 2-58 所示，在名称中输入"xxh1"（由读者自己确定），最后单击"确定"按钮。

② 选择通信接口。选择 PC/PPI 电缆插入的串口，本例为"COM1"，如图 2-59 所示，最后单击"确定"按钮。

③ 设置通信参数。由于本例的 CM1241（RS485）的通信参数设置为"9600，8，N，无校验"，所以超级终端中的通信参数也要这样设置，如图 2-60 所示，最后单击"确定"按钮，弹出"超级终端"界面，如图 2-61 所示。

图 2-58　新建连接

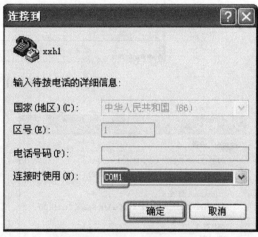

图 2-59　选择通信接口

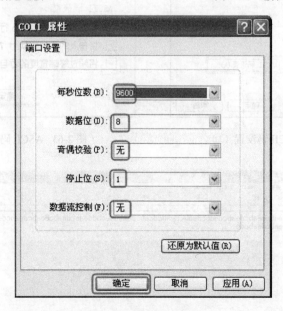

图 2-60　设置通信参数

④ 设置 ASCII 码参数。如图 2-61 所示，选择"文件"→"属性"选项，弹出"ASCII 码设置"界面，如图 2-62 所示，在"设置"选项卡下，单击"ASCII 码设置"按钮，弹出界

面，如图 2-63 所示，勾选"本地回显键入的字符"和"将超过终端宽度的自动换行"，最后单击"确定"按钮。超级终端开始接收 S7-1200 发送来的数据，每秒中发送一串"abcde"，如图 2-64 所示。

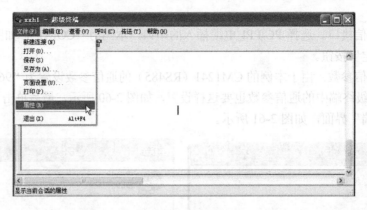

图 2-61　超级终端

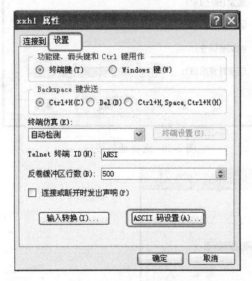

图 2-62　ASCII 码设置（1）

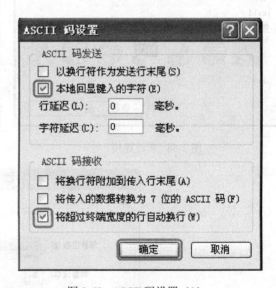

图 2-63　ASCII 码设置（2）

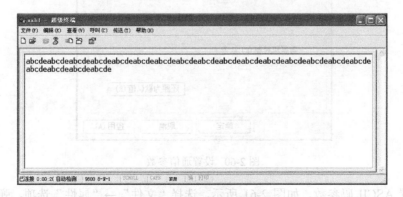

图 2-64　超级终端运行界面

第3章

西门子 PLC 与变频器的 USS 通信

3.1 USS 协议的基本知识

3.1.1 USS 协议简介

USS 协议（Universal Serial Interface Protocol，通用串行接口协议）是 SIEMENS 公司所有传动产品的通用通信协议，它是一种基于串行总线进行数据通信的协议。USS 协议是主-从结构的协议，规定了在 USS 总线上可以有一个主站和最多 31 个从站；总线上的每个从站都有一个站地址（在从站参数中设定），主站依靠它识别每个从站；每个从站也只对主站发来的报文做出响应并回送报文，从站之间不能直接进行数据通信。另外，还有一种广播通信方式，主站可以同时给所有从站发送报文，从站在接收到报文并做出相应的响应后，可不回送报文。

（1）使用 USS 协议的优点

① 对硬件设备要求低，减少了设备之间的布线。

② 无需重新连线就可以改变控制功能。

③ 可通过串行接口设置或改变传动装置的参数。

④ 可实时监控传动系统。

（2）USS 通信硬件连接注意要点

① 条件许可的情况下，USS 主站尽量选用直流型的 CPU（针对 S7-200 系列）。

② 一般情况下，USS 通信电缆采用双绞线即可（如常用的以太网电缆），如果干扰比较大，可采用屏蔽双绞线。

③ 在采用屏蔽双绞线作为通信电缆时，把具有不同电位参考点的设备互连，造成在互连电缆中产生不应有的电流，从而造成通信口的损坏。所以要确保通信电缆连接的所有设备，共用一个公共电路参考点，或是相互隔离的，以防止不应有的电流产生。屏蔽线必须连接到机箱接地点或 9 针连接插头的插针 1。建议将传动装置上的 0V 端子连接到机箱接地点。

④ 尽量采用较高的波特率，通信速率只与通信距离有关，与干扰没有直接关系。

⑤ 终端电阻的作用是用来防止信号反射的，并不用来抗干扰。如果在通信距离很近、波特率较低或点对点的通信的情况下，可不用终端电阻。多点通信的情况下，一般也只需在 USS 主站上加终端电阻就可以取得较好的通信效果。

⑥ 当使用交流型的 CPU22X 和单相变频器进行 USS 通信时，CPU22X 和变频器的电源必须接成同相位。

⑦ 建议使用 CPU226（或 CPU224+EM277）来调试 USS 通信程序。

⑧ 不要带电插拔 USS 通信电缆，尤其是正在通信过程中，这样极易损坏传动装置和 PLC

的通信端口。如果使用大功传动装置，即使传动装置掉电后，也要等几分钟，让电容放电后，再去插拔通信电缆。

3.1.2　通信报文结构

在前面提到 USS 通信是以报文传递信息的。每条报文都是以字符 STX（=02hex）开始，接着是长度的说明（LGE）和地址字节（ADR），然后是采用的数据字符报文以数据块的检验符（BCC）结束。通信报文结构如图 3-1 所示。

图 3-1　通信报文结构

3.1.3　有效数据字符

有效的数据块分成两个区域，即 PKW 区（参数识别 ID-数值区）和 PZD 区（过程数据），有效数据字符如图 3-2 所示。

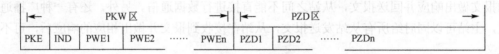

图 3-2　有效数据字符

PKW 区说明参数识别 ID-数值（PKW）接口的处理方式。PKW 接口并非物理意义上的接口，而是一种机理，这一机理确定了参数在两个通信伙伴之间（例如控制器与变频器）的传输方式，例如参数数值的读和写。

PKW 区的结构。PKW 区前两个字（即 PKE 和 IND）的信息是关于主站请求的任务（任务识别标记 ID）或应答报文的类型（应答识别标记 ID ）。PKW 区的第三、第四个字规定了报文中要访问的变频器的参数号（PNU）。PNU 的编号与 MICROMASTER4 的参数号相对应。例如，1082 = P1082 = Fmax。第一个字 PKE 见表 3-1，第二个字 IND 见表 3-2。

表 3-1　第一个字 PKE

第 1 个字（16 位）=PKE=参数识别标记 ID		
位 15-12	AK =任务或应答识别标记 ID	参看下文
位 11	SPM =参数修改报告	不支持（总是 0）
位 10-00	b.PNU =基本参数号	完整的 PNU 由基本参数号与 IND 的 15-12 一起构成

表 3-2　第二个字 IND

第 2 个字（16 位）=IND=参数的下标		
位 15 14 13 12 ($2^0 2^3 2^2 2^1$)	PNU 扩展 PNU 页号	参看下文
位 11-10	备用	未使用
位 09-08	选择文本的类型+文本的读或写	未使用

续表

第 2 个字（16 位）=IND=参数的下标		
位 07-00	下标哪个元素 哪个参数值 哪个元素说明 哪个下标文本是有效的 哪个数值文本是有效的	数值 255=下表参数数值或参数说明的全部元素。只有当 P2013=127 时才有可能

完整的参数号是由参数的任务/应答识别 ID（位 0-10）中的基本参数号和下标（PNU 页号）中的位 12-15 一起产生的。第二个字 IND 参数下标见表 3-3。

表 3-3　第二个字 IND 参数下标

基本参数号（任务/应答识别标记 ID 中的位 10–0）	PNU 页（下标中的位 15-12）	完整的 PNU =基本 PNU+（PNU 页号×2000）
0～1999	0	0～1999
0～1999	1	2000～3999
0～1999	2	4000～5999
…	…	…
0～1999	15	30000～31999

第三和第四个字，PWE1 和 PWE2 是被访问参数的数值。MICROMASTER4 的参数数值有许多不同的类型；整数（单字长或双字长），十进制数（以 IEEE 浮点数的形式给出永远是双字长）以及下标参数（这里称为数组）。参数的含义决定于参数数值的类型和 P2013 的设置。第三个字和第四个字的含义见表 3-4 和表 3-5。

表 3-4　第三个字 PWE1

第三个字＝PWE1=第一个参数数值		
	参数数值的类型	P2013 的设置
位 15-0	=对于非数组参数是参数的数值 =对于数组参数是第 n 个参数的数值和对于第 n 个元素的任务	当 P2013 的值=3（固定长度为 3 个字）或=127（长度可变）以及单字长参数时
	=对于数组参数是第 1 个参数的数值和对于所有元素的任务	当 P2013 的值=127（长度可变）以及单字长参数时
	=0	当 P2013 的值=4（固定长度为 4 个字）以及单字长参数时
	=参数数值的高位字（非数组参数） =对于数组参数是参数数值的高位字和对于第 n 个元素任务的高位字	当 P2013 的值=4（固定长度为 4 个字）或=127（长度可变）以及双字长参数时
	=对于数组参数是第一个参数数值的高位字和对于所有元素任务的高位字	当 P2013 的值=127（长度可变）以及双字长参数时
	错误的数值	从站向主站发送，且应答标记 ID=任务不能执行时

表 3-5　第四个字 PWE2

第四个字＝PWE2=第二个参数数值		
	参数数值的类型	P2013 的设置
位 15-0	=对于数组参数是第 2 个参数数值和对于所有元素的任务	当 P2013 的值=4（固定长度为 4 个字）或=127（长度可变）以及单字长参数时

续表

第四个字＝PWE2=第二个参数数值	
参数数值的类型	P2013 的设置
=参数数值的低位字非数组参数 =对于数组参数是第 n 个参数数值的低位字和对于第 n 个元素任务的低位字	当 P2013 的值=4（固定长度为 4 个字）或=127（长度可变）以及双字长参数时
=对于数组参数是第 1 个参数数值的低位字和对于所有元素任务的低位字	当 P2013 的值=127（长度可变）以及双字长参数时
=下一个要访问的识别符标记 ID	从站向主站传送，且应答识别标记 ID=任务不能执行时。错误的数值=ID 不存在或 ID 不能访问时 当 P2013 的值=127 长度可变时
=下一个或前一个有效的数值 16 位 =下一个或前一个有效的数值 32 位的高位字 根据以下判定条件： 如果新值>实际值，向下一个有效的数值 如果新值<实际值，向前一个有效的数值	从站向主站传送且应答识别标记 ID=任务不能执行时。错误的数值=数值不可接受或有新的最大/最小值存在。当 P2013 的值=127 长度可变时

3.1.4　USS 的任务和应答

参数识别标记 ID（PEK）总是一个 16 位的值，位 0～10（PNU）包括所请求的参数号码，位 11（SPM）用于参数变更报告的触发位，位 12～15（AK）包括任务识别标记 ID 见表 3-6，应答识别标记 ID 见表 3-7。

表 3-6　任务识别标记 ID

任务识别标记 ID	含　义	识别标记 ID	
		正	负
0	没有任务	0	—
1	请求参数数值	1 或 2	7
2	修改参数数值（单字）[只是修改 RAM]	1	7 或 8
3	修改参数数值（双字）[只是修改 RAM]	2	7 或 8
4	请求元素说明	3	7
5	修改元素说明（MICROMASTER4 不可能）	—	—
6	请求参数数值（数组），即带下标的参数	4 或 5	7
7	修改参数数值（数组，单字）[只是修改 RAM]	4	7 或 8
8	修改参数数值（数组，双字）[只是修改 RAM]	5	7 或 8
9	请求数组元素的序号，即下标的序号，"no."	6	7
10	保留备用	—	—
11	存储参数数值（数组，双字）[RAM 和 EEPROM 都修改]	5	7 或 8
12	存储参数数值（数组，单字）[RAM 和 EEPROM 都修改]	4	7 或 8
13	存储参数数值（双字）[RAM 和 EEPROM 都修改]	2	7 或 8
14	存储参数数值（单字）[RAM 和 EEPROM 都修改]	1	7 或 8
15	读出或修改文本（MICROMASTER440 不可能）	—	—

表 3-7 应答识别标记 ID

应答识别标记 ID	含 义	对任务识别标记 ID
0	不应答	0
1	传送参数数值(单)字	1、2 或 14
2	传送参数数值(双字)	1、3 或 13
3	传送说明元素	4
4	传送参数数值(数组,单字)	6、7 或 12
5	传送参数数值(数组,双字)	6、8 或 11
6	传送数组元素的数目	9
7	任务不能执行(有错误的数值)	1~15
8	对参数接口没有修改权	2、3、5、7、8
9~12	未使用	—
13	预留,备用	—
14	预留,备用	—
15	传送文本	15

以上知识点在后续章节中还要用到,请读者注意理解。

3.2 S7-200 与 MM440 变频器的 USS 通信调速

S7-200 利用 USS 通信协议对 MM440 进行调速,STEP7-Micro/WIN V4.0 软件中必须安装指令库,因为指令库不是 STEP7-Micro/WIN V4.0 的标准配置,需要购买。

【例 3-1】用一台 CPU226CN 对变频器进行 USS 无级调速,已知电动机的技术参数,功率为 0.06kW,额定转速为 1440r/min,额定电压为 380V,额定电流为 0.35A,额定频率为 50Hz。请提出解决方案。

(1)软硬件配置

① 1 套 STEP7-Micro/WIN V4.0 SP7(含指令库);

② 1 台 MM440 变频器;

③ 1 台 CPU226CN;

④ 1 台电动机;

⑤ 1 根 PC/PPI 电缆(或者 CP5611 卡);

⑥ 1 根屏蔽双绞线。

硬件配置如图 3-3 所示。

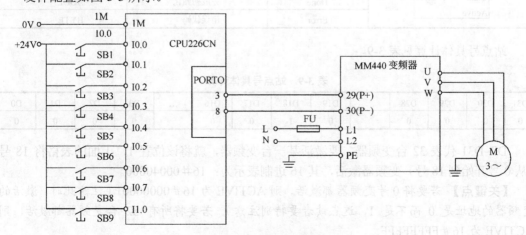

图 3-3 硬件配置图

【关键点】 图 3-3 中，编程口 PORT0 的第 3 脚与 MM440 变频器的 29 脚相连，编程口 PORT0 的第 8 脚与变频器的 30 脚相连，并不需要占用 PLC 的输出点。还有一点要指出，STEP7-Micro/WIN V SP5 以前的版本中，USS 通信只能用 PORT0 口，而 STEP7-Micro/WIN SP5（含）之后的版本，则 USS 通信可以用 PORT0 口和 PORT1 口。调用不同的通信口使用的子程序也不同。

由于网络的物理层是基于 RS-485，PLC 和变频器都在端点，因此在要求较为严格时，端点设备要接入终端电阻，S7-200 端要使用 DP 接头（西门子订货号为 6ES7 972-0BA40-0XA0），使用连接器的端子 A1 和 B1（而非 A2 和 B2），因为这样可以接通终端电阻，方法是将 DP 接头上的拨钮拨到"ON"，即是接入了终端电阻。MM440 变频器侧，按照如图 3-4 所示接线。

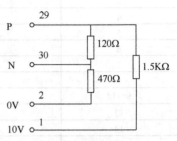

图 3-4 MM440 的通信端子接线图

（2）相关指令介绍

① 初始化指令 USS_INIT 指令用于启用、初始化或禁止驱动器通信。在使用任何其他 USS 协议指令之前，必须执行 USS_INIT 指令，且没有错误。一旦该指令完成，立即设置"完成"位，才能继续执行下一条指令。

EN 输入打开时，在每次扫描时执行该指令。仅限为通信状态的每次改动执行一次 USS_INIT 指令。使用边缘检测指令，以脉冲方式打开 EN 输入。欲改动初始化参数，执行一条新 USS_INIT 指令。"Mode"选择通信协议，为 1 将端口 0 分配给 USS 协议，并启用该协议；为 0 将端口 0 分配给 PPI，并禁止 USS 协议。"Baud"（波特率）将波特率设为 1200、2400、4800、9600、19200、38400、57600 或 115200 波特。

ACTIVE（激活）表示将要激活的驱动器的站号。当 USS_INIT 指令完成时，DONE（完成）输出打开。"错误"输出字节包含执行指令的结果。USS_INIT 指令格式见表 3-8。

表 3-8 USS_INIT 指令格式

LAD	输入/输出	说　明	数据类型
USS_INIT ‐EN ‐Mode　　Done‐ ‐Baud　　Error‐ ‐Active	EN	使能	BOOL
	Mode	模式	BYTE
	Baud	通信的波特率	DWORD
	Active	激活的驱动器	DWORD
	Done	完成初始化	BOOL
	Error	错误代码	BYTE

站点号具体计算见表 3-9。

表 3-9 站点号具体计算

D31	D30	D29	D28	...	D19	D18	D17	D16	...	D3	D2	D1	D0
0	0	0	0		0	1	0	0		0	0	0	0

D0~D31 代表 32 台变频器，要激活某一台变频器，就将该位置 1，上面的表格将 18 号（从 0 号开始到 18 号）变频器激活，其 16 进制表示为：16#00040000。

【关键点】 若要将 0 号变频器都激活，则 ACTIVE 为 16#00000001（注意此时，激活的变频器的地址是 0 而不是 1，这点读者要特别注意）。若要将所有 32 台变频器都激活，则 ACTIVE 为 16#FFFFFFFF。

② 控制指令 USS_CTRL 指令用于控制 ACTIVE（激活）驱动器。USS_CTRL 指令将选择的命令放在通信缓冲区中，然后送至编址的驱动器［DRIVE（驱动器）参数］，条件是已在 USS_INIT 指令的 ACTIVE（激活）参数中选择该驱动器。仅限为每台驱动器指定一条 USS_CTRL 指令。USS_CTRL 指令格式见表 3-10。

具体描述如下。

EN 位必须打开，才能启用 USS_CTRL 指令。该指令应当始终启用。RUN（运行）［RUN/STOP（运行/停止）］表示驱动器是打开（1）还是关闭（0）。当 RUN（运行）位打开时，驱动器收到一条命令，按指定的速度和方向开始运行。为了使驱动器运行，必须符合三个条件，分别是 DRIVE（驱动器）在 USS_INIT 中必须被选为 ACTIVE（激活）；OFF2 和 OFF3 必须被设为 0；FAULT（故障）和 INHIBIT（禁止）必须为 0。

表 3-10 USS_CTRL 指令格式

LAD	输入/输出	说　　明	数据类型
USS_CTRL EN RUN OFF2 OFF3 F_ACK　Resp_R 　　　　Error DIR　　Status 　　　　Speed Drive　Run_EN Type　D_Dir Speed_sp　Inhibit 　　　　Fault	EN	使能	BOOL
	RUN	运行，表示驱动器是 ON（1）还是 OFF（0）	BOOL
	OFF2	允许驱动器滑行至停止	BOOL
	OFF3	命令驱动器迅速停止	BOOL
	F_ACK	故障确认	BOOL
	DIR	驱动器应当移动的方向	BOOL
	Drive	驱动器的地址	BYTE
	Type	选择驱动器的类型	BYTE
	Speed_SP	驱动器速度	REAL
	Resp_R	收到应答	BOOL
	Error	通信请求结果的错误字节	BYTE
	Speed	全速百分比	REAL
	Status	驱动器返回的状态字原始数值	WORD
	D_Dir	表示驱动器的旋转方向	BOOL
	inhibit	驱动器上的禁止位状态	BOOL
	Fault	故障位状态	BOOL

当 RUN（运行）关闭时，会向驱动器发出一条命令，将速度降低，直至电机停止。OFF2 位被用于允许驱动器滑行至停止。OFF3 位被用于命令驱动器迅速停止。Resp_R（收到应答）位确认从驱动器收到应答。对所有的激活驱动器进行轮询，查找最新驱动器状态信息。每次 S7-200 从驱动器收到应答时，Resp_R 位均会打开，进行一次扫描，所有以下数值均被更新。F_ACK（故障确认）位被用于确认驱动器中的故障。当 F_ACK 从 0 转为 1 时，驱动器清除故障。DIR（方向）位表示驱动器应当移动的方向。"驱动器"（驱动器地址）输入是驱动器的地址，向该地址发送 USS_CTRL 命令。有效地址：0 至 31。"类型"（驱动器类型）输入选择驱动器的类型。将 3（或更早版本）驱动器的类型设为 0。将 4 驱动器的类型设为 1。

Speed_SP 是速度设定值，作为全速百分比的驱动器速度。Speed_SP 的负值会使驱动器反向旋转方向。范围：-200.0% 至 200.0%。

Error 是一个包含对驱动器最新通信请求结果的错误字节。USS 指令执行错误标题定义可能因执行指令而导致的错误条件。

Status 是驱动器返回的状态字原始数值。

Speed 是作为全速百分比的驱动器速度。范围：-200.0% 至 200.0%。

Run_EN（运行启用）表示驱动器是运行（1）还是停止（0）。

D_Dir 表示驱动器的旋转方向。

inhibit 表示驱动器上的禁止位状态（0—不禁止，1—禁止）。欲清除禁止位，"故障"位必须关闭，RUN（运行）、OFF2 和 OFF3 输入也必须关闭。

Fault 表示故障位状态（0—无故障，1—故障）。驱动器显示故障代码。欲清除故障位，纠正引起故障的原因，并打开 F_ACK 位。

③ 设置变频器的参数　先查询 MM440 变频器的说明书，再依次在变频器中设定表 3-11 中的参数。

表 3-11　变频器参数表

序号	变频器参数	出厂值	设定值	功 能 说 明
1	P0304	230	380	电动机的额定电压（380V）
2	P0305	3.25	0.35	电动机的额定电流（0.35A）
3	P0307	0.75	0.06	电动机的额定功率（60W）
4	P0310	50.00	50.00	电动机的额定频率（50Hz）
5	P0311	0	1440	电动机的额定转速（1430 r/min）
6	P0700	2	5	选择命令源（COM 链路的 USS 设置）
7	P1000	2	5	频率源（COM 链路的 USS 设置）
8	P2009	0	0	USS 规格化
9	P2010	6	6	USS 波特率（6-9600）
10	P2011	0	18	站点的地址
11	P2012	2	2	USS 协议 PZD 长度
12	P2013	127	127	USS 协议 PKW 长度

【关键点】　P2011 设定值为 18，与程序中的地址一致，正确设置变频器的参数是 USS 通信成功的前提。此外，要选用 USS 通信的指令，只要双击在如图 3-5 所示的库中对应的指令即可。

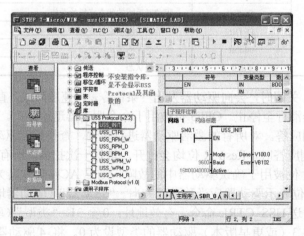

图 3-5　USS 指令库

（3）编写程序

程序如图 3-6 所示。

【关键点】　如果 VD10 中设置的是 50.0，其含义是变频器 50% 的基准频率运行。若变频器的基准频率是 50Hz，那么表示变频器将以 50%×50Hz＝25Hz 运行。此外，VD10 是实数，输入的数据必须要有小数点。

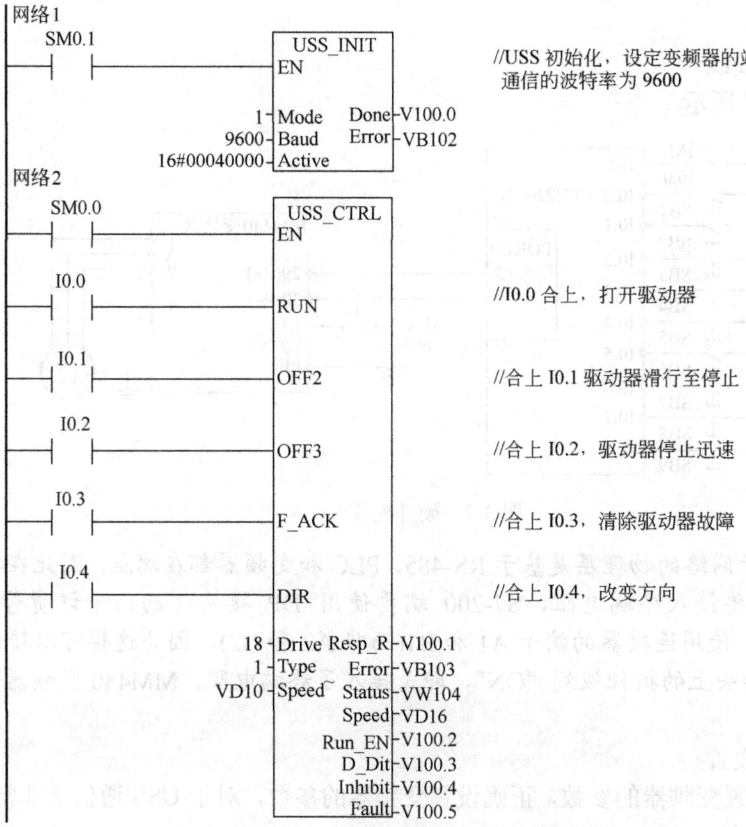

图 3-6 程序

3.3 S7–1200 PLC 与 MM440 的 USS 通信

S7-1200 利用 USS 通信协议对 MM440 进行调速时，要用到 STEP7- Basic V10.5 软件中自带 USS 指令库，不像 STEP7-Micro/WIN V4.0 软件，需要另外安装指令库。

对于第 2 章的自由口通信，可以采用 CM1241（RS485）或者 CM1241（RS232）模块，后续章节的 Modbus 也是如此，虽然 USS 协议通信也是串行通信的一种,但只能使用 CM1241（RS485）模块。USS 协议通信每个 S7-1200 CPU 最多可带 3 个通信模块，而每个 CM1241（RS485）通信模块最多支持 16 个变频器。因此用户在一个 S7-1200 CPU 中最多可建立 3 个 USS 网络，而每个 USS 网络最多支持 16 个变频器，总共最多支持 48 个 USS 变频器。

【例 3-2】用一台 CPU1214C 对 MM440 变频器进行 USS 无级调速，将 P701 的参数改为 1，并读取 P702 参数。已知电动机的技术参数，功率为 0.06kW，额定转速为 1440r/min，额定电压为 380V，额定电流为 0.35A，额定频率为 50Hz。请提出解决方案。

（1）软硬件配置

① 1 套 STEP7- Basic V10.5；

② 1 台 MM440 变频器；

③ 1 台 CPU1214C；

④ 1 台 CM1241（RS485）；

⑤ 1 台电动机；

⑥ 1 根屏蔽双绞线。

原理图如图 3-7 所示。

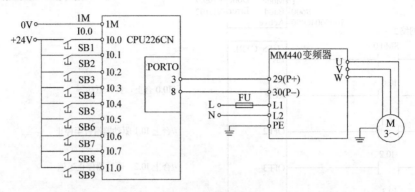

图 3-7 硬件配置

【关键点】 由于网络的物理层是基于 RS-485，PLC 和变频器都在端点，因此在要求较为严格时，端点设备要接入终端电阻，S7-200 端要使用 DP 接头（西门子订货号为 6ES7 972-0BA40-0XA0），使用连接器的端子 A1 和 B1(而非 A2 和 B2)，因为这样可以接通终端电阻，方法是将 DP 接头上的拨钮拨到 "ON"，即是接入了终端电阻。MM440 变频器侧，按照如图 3-4 所示接线。

（2）变频器的设置

按照表 3-12 设置变频器的参数，正确设置变频器的参数，对于 USS 通信是非常重要的。

表 3-12　变频器参数表

序号	变频器参数	出厂值	设定值	功 能 说 明
1	P0304	230	380	电动机的额定电压（380V）
2	P0305	3.25	0.35	电动机的额定电流（0.35A）
3	P0307	0.75	0.06	电动机的额定功率（60W）
4	P0310	50.00	50.00	电动机的额定频率（50Hz）
5	P0311	0	1440	电动机的额定转速（1430 r/min）
6	P0700	2	5	选择命令源（COM 链路的 USS 设置）
7	P1000	2	5	频率源（COM 链路的 USS 设置）
8	P2009	0	0	USS 规格化
9	P2010	6	6	USS 波特率（6-9600）
10	P2011	0	18	站点的地址
11	P2012	2	2	USS 协议 PZD 长度
12	P2013	127	127	USS 协议 PKW 长度

（3）硬件组态

① 新建工程。先新建工程，命名为"例 3-2"，再添加硬件 CPU 1214C 和 CM1241（RS485），如图 3-8 所示。

② 新建循环中断模块。把循环扫描的时间确定为 200ms，如图 3-9 所示。关于循环扫描时间的确定在后面会讲到。

（4）编写程序

① 相关指令简介　USS_PORT 功能块用来处理 USS 网络上的通信，它是 S7-1200 CPU 与变频器的通信接口。每个 CM1241（RS485）模块有且必须有一个 USS_PORT 功能块。USS_PORT 指令可以在 OB1 或者时间中断块中调用。USS_PORT 指令的格式见 3-13。

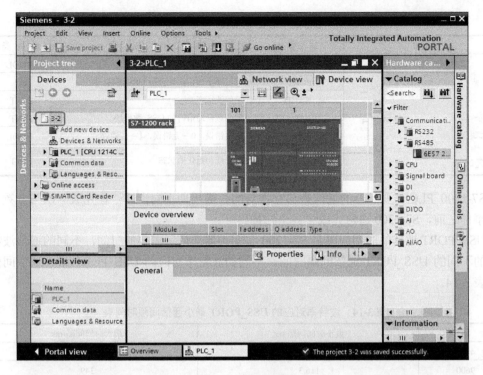

图 3-8　新建工程

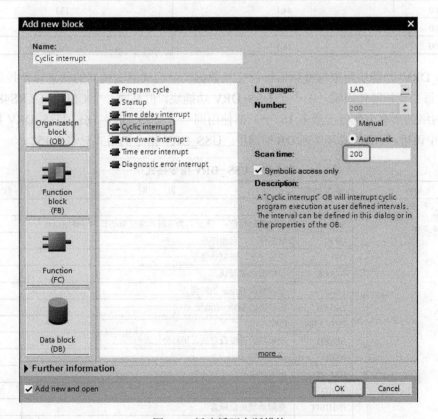

图 3-9　新建循环中断模块

表 3-13 USS_PORT 指令格式

LAD	输入/输出	说 明	数 据 类 型
%FC1070 "USS_PORT" — EN　　　ENO — — PORT　　ERROR ◄ — BAUD 　　　　STATUS — — USS_DB	EN	使能	BOOL
	PORT	通过哪个通信模块进行 USS 通信	端口
	BAUD	通信波特率	DINT
	USS_DB	和变频器通信时的 USS 数据块	DINT
	ERROR	输出错误，0—无错误，1—有错误	BOOL
	STATUS	扫描或初始化的状态	UINT

　　S7-1200 PLC 与变频器的通信是与它本身的扫描周期不同步的，在完成一次与变频器的通信事件之前，S7-1200 通常完成了多个扫描。

　　USS_PORT 通信的时间间隔是 S7-1200 与变频器通信所需要的时间，不同的通信波特率对应的不同的 USS_PORT 通信间隔时间。不同的波特率对应的 USS_PORT 最小通信间隔时间见表 3-14。

表 3-14 波特率对应的 USS_PORT 最小通信间隔时间表

波 特 率	最小时间间隔/ms	最大时间间隔/ms
4800	212.5	638
9600	116.3	349
19200	68.2	205
38400	44.1	133
57600	36.1	109
15200	28.1	85

　　USS_DRV 功能块用来与变频器进行交换数据，从而读取变频器的状态以及控制变频器的运行。每个变频器使用唯一的一个 USS_DRV 功能块，但是同一个 CM1241（RS485）模块的 USS 网络的所有变频器（最多 16 个）都使用同一个 USS_DRV_DB。USS_DRV 指令必须在主 OB 中调用，不能在循环中断 OB 中调用。USS_DRV 指令的格式见表 3-15。

表 3-15 USS_DRV 指令格式

LAD	输入/输出	说 明	数 据 类 型
"USS_DRV_DB" %FB1071 "USS_DRV" — EN　　　ENO — 　　　　NDR — — RUN 　　　　ERROR — — OFF2 　　　　STATUS — — OFF3 　　　　INHIBIT — — F_ACK 　　　　FAULT — — DIR — DRIVE　　SPEED — — PZD_LEN — SPEED_SP	EN	使能	BOOL
	RUN	驱动器起始位：该输入为真时，将使驱动器以预设速度运行	BOOL
	OFF2	紧急停止，自由停车	BOOL
	OFF3	快速停车，带制动停车	BOOL
	F_ACK	变频器故障确认	BOOL
	DIR	变频器控制电机的转向	BOOL
	DRIVE	变频器的 USS 站地址	USINT
	PZD_LEN	PDZ 字长	USINT
	SPEED_SP	变频器的速度设定值，用百分比表示	REAL
	NDR	新数据到达	BOOL
	ERROR	出现故障	BOOL
	STATUS	扫描或初始化的状态	UINT
	INHIBIT	变频器禁止位标志	BOOL
	FAULT	变频器故障	BOOL
	SPEED	变频器当前速度，用百分比表示	REAL

USS_RPM 功能块用于通过 USS 通信从变频器读取参数。USS_WPM 功能块用于通过 USS 通信设置变频器的参数。USS_RPM 功能块和 USS_WPM 功能块与变频器的通信与 USS_DRV 功能块的通信方式是相同的。

USS_RPM 指令的格式见表 3-16 所示，USS_WPM 指令的格式见表 3-17。

表 3-16 USS_RPM 指令格式

LAD	输入/输出	说　明	数 据 类 型
%FC1072 "USS_RPM" — EN　　　ENO — — REQ　　DONE ┤ — DRIVE　ERROR ┤ — PARAM　STATUS — — INDEX　VALUE — — USS_DB	EN	使能	BOOL
	REQ	读取请求	BOOL
	DRIVE	变频器的 USS 站地址	USINT
	PARAM	读取参数号（0~2047）	UINT
	INDEX	参数下标（0~255）	UINT
	USS_DB	和变频器通信时的 USS 数据块	VARIANT
	DONE	1 表示已经读入	BOOL
	ERROR	出现故障	BOOL
	STATUS	扫描或初始化的状态	UINT
	VALUE	读到的参数值	多种类型

表 3-17 USS_WPM 指令格式

LAD	输入/输出	说　明	数 据 类 型
%FC1073 "USS_WPM" — EN　　　ENO — — REQ　　DONE ┤ — DRIVE　ERROR ┤ — PARAM　STATUS — — INDEX — EEPROM — VALUE — USS_DB	EN	使能	BOOL
	REQ	发送请求	BOOL
	DRIVE	变频器的 USS 站地址	USINT
	PARAM	写入参数编号（0~2047）	UINT
	INDEX	参数索引（0~255）	UINT
	EEPROM	是否写入 EEPROM，1—写入，0—不写入	BOOL
	USS_DB	和变频器通信时的 USS 数据块	VARIANT
	DONE	1 表示已经写入	BOOL
	ERROR	出现故障	BOOL
	STATUS	扫描或初始化的状态	UINT
	VALUE	要写入的参数值	多种类型

② 编写程序　循环中断块 OB200 中的程序如图 3-10 所示，主程序块 OB1 中的程序如图 3-11 所示。

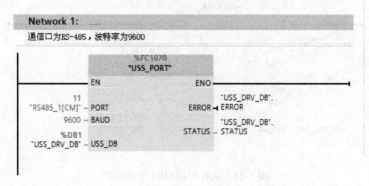

图 3-10　循环中断块 OB200 中的程序

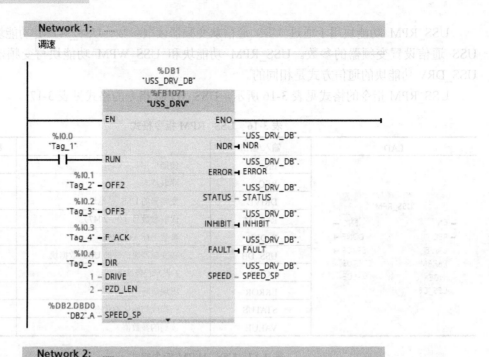

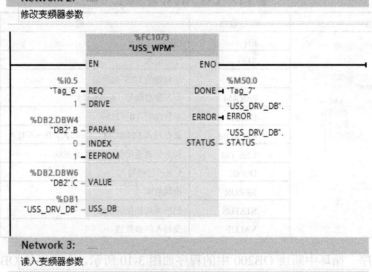

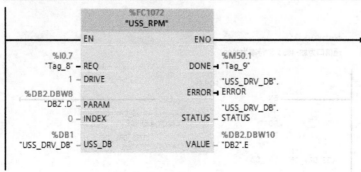

图 3-11　主程序块 OB1 中的程序

【关键点】　①　对写入参数功能块编程时，各个数据的数据类型一定要正确对应。如果需要设置变量进行写入参数值时，注意该参数变量的初始值不能为 0，否则容易产生通信错误。

② 当同一个 CM1241 RS485 模块带有多个（最多 16 个）USS 变频器时，这个时候通信的 USS_DB 是同一个，USS_DRV 功能块调用多次，每个 USS_DRV 功能块调用时，相对应的 USS 站地址与实际的变频器要一致，而其他的控制参数也要一致。

③ 当同一个 S7-1200 PLC 带有多个 CM1241 RS485 模块（最多 3 个）时，这个时候通信的 USS_DB 相对应的是 3 个，每个 CM1241 RS485 模块的 USS 网络使用相同的 USS_DB，不同的 USS 网络使用不同的 USS_DB。

④ 当对变频器的参数进行读写操作时，注意不能同时进行 USS_RPM 和 USS_WPM 的操作，并且同一时间只能进行一个参数的读或者写操作，而不能进行多个参数的读或者写操作。

最终数据量。注意：此接收区的字节个数不能为 0。因此，字符或数据不能为空。

给同一个 CM1241 RS-185 模块最多 8 个（最多 16 个）USB 实例指令，创建了相同 8 个
USS_PORT 指令和相同多个 USB_DRIVE 指令数据块，它们共用相同背景数据块。因此这
些 USS_DRIVE 指令必须共用一个相同背景数据块。

在同一个 S7-1200 PLC 中有 3 个 CM1241 RS485 模块（最多 3 个）时，每个都具有
独立 USS 网络功能的 3 个，每个 CM1241 RS485 模块的 USS 网络连接使用相同的 USS_DB，
对应各 USS 网络也有不同的 USS_DB。

当然主设备与从站上互连接收在标准，是完全不相同的通信结构，这是非重要的。因
此同一个时间段内只能进行一个查询，这样就能知道了多个不同的从站设计的读或写过多。
所以。

第4章

西门子 PLC 的 Modbus 通信

4.1 Modbus 通信概述

4.1.1 Modbus 协议简介

Modbus 协议是应用于电子控制器上的一种通用语言。通过此协议，控制器相互之间、控制器经由网络（例如以太网）和其他设备之间可以通信。它已经成为一种通用工业标准。有了它，不同厂商生产的控制设备可以连成工业网络，进行集中监控。

此协议定义了一个控制器能认识使用的消息结构，而不管它们是经过何种网络进行通信的。它描述了控制器请求访问其他设备的过程，如回应来自其他设备的请求，以及怎样侦测错误并记录。它制定了消息域格局和内容的公共格式。

当在一个 Modbus 网络上通信时，此协议决定了每个控制器须要知道它们的设备地址，识别按地址发来的消息，决定要产生何种行动。如果需要回应，控制器将生成反馈信息并用 Modbus 协议发出。在其他网络上，包含了 Modbus 协议的消息转换，在此网络上使用的帧或包结构。这种转换也扩展了根据具体的网络解决地址、路由路径及错误校验的方法。

（1）在 Modbus 网络上转输

标准的 Modbus 口是使用 RS-232C 兼容串行接口，它定义了连接口的针脚、电缆、信号位、传输波特率、奇偶校验。控制器能直接或经由 Modem 组网。

控制器通信使用主—从技术，即仅一个设备（主设备）能初始化传输（查询），其他设备（从设备）根据主设备查询提供的数据做出相应反应。典型的主设备是主机和可编程仪表。典型的从设备是可编程控制器。

主设备可单独和从设备通信，也能以广播方式和所有从设备通信。如果单独通信，从设备返回一个消息作为回应，如果是以广播方式查询的，则不作任何回应。Modbus 协议建立了主设备查询的格式：设备（或广播）地址、功能代码、所有要发送的数据、错误校验区。

从设备回应消息也由 Modbus 协议构成，包括确认要行动的域、任何要返回的数据、和错误校验区。如果在消息接收过程中发生错误，或从设备不能执行其命令，从设备将建立一个错误消息，并把它作为回应发送出去。

（2）在其他类型网络上转输

在其他网络上，控制器使用对等技术通信，故任何控制器都能和其他控制器的通信。这样在单独的通信过程中，控制器既可作为主设备也可作为从设备。

在消息位，Modbus 协议仍提供了主—从原则，尽管网络通信方法是"对等"。如果控制器发送消息，它只是作为主设备，并期望从设备得到回应。同样，当控制器接收到消息，它将建立从设备回应格式，并返回给发送的控制器。

4.1.2　Modbus 传输模式

控制器可以使用 ASCII 模式或 RTU 模式，在标准的 Modbus 网络上通信。在配置每台控制器时，用户须选择通信模式以及串行口的通信参数（波特率，奇偶校验等）。在 Modbus 总线上的所有设备应具有相同的通信模式和串行通信参数。

（1）ASCII 模式

当控制器以 ASCII 模式在 Modbus 总线上进行通信时，一个信息中的每 8 位字节作为 2 个 ASCII 字符传输的，这种模式的主要优点是允许字符之间的时间间隔长达 1s，也不会出现错误。

ASCII 码每一个字节的格式如下。

编码系统：	16 进制，ASCII 字符 0～9 和 A～F	1 个 16 进制
数据位：	1 起始位	
	7 位数据，低位先送	
	奇/偶校验时 1 位；无奇偶校验时 0 位	
	（LRC）1 位带校验 1 停止位；无校验时 2 位停止位	
错误校验区：	纵向冗余校验	

（2）RTU 模式

控制器以 RTU 模式在 Modbus 总线上进行通信时，信息中的每 8 位字节分成 2 个 4 位 16 进制的字符，该模式的主要优点是在相同波特率下其传输的字符的密度高于 ASCII 模式，每个信息必须连续传输。

RTU 模式中每个字节的格式如下。

编码系统：	8 位二进制，十六进制 0～9 和 A～F
数据位：	1 起始位
	8 位数据，低位先送
	奇/偶校验时 1 位；无奇偶校验时 0 位
	停止位 1 位（带校验）；停止位 2 位（无校验）
	带校验时 1 位停止位；无校验时 2 位停止位
错误校验区：	循环冗余校验（CRC）

4.1.3　Modbus 消息帧

无论是 ASCII 模式还是 RTU 模式，Modbus 信息以帧的方式传输，每帧有确定的起始点和结束点，使接收设备在信息的起点开始读地址，并确定要寻址的设备（广播时对全部设备），以及信息传输的结束时间。可检测部分信息，错误可作为一种结果设定。

对 MAP 或 Modbus 协议，可对消息帧的起始和结束点标记进行处理，也可管理发送至目的地的信息，此时，信息传输中 Modbus 数据帧内的目的地址已无关紧要，因为 Modbus 地址已由发送者或它的网络适配器把它转换成网络节点地址和路由。

（1）ASCII 帧

在 ASCII 模式中，以 "："号（ASCII 的 3AH）表示信息开始，以换行键（CRLF）（ASCII 的 OD 和 OAH）表示信息结束。

对其他的区，允许发送的字符为 16 进制字符 0～9 和 A～F。网络中设备连续检测并接收一个冒号（:）时，每台设备对地址区解码，找出要寻址的设备。

字符之间的最大间隔为 1s，若大于 1s，则接收设备认为出现了一个错误。典型的 ASCII 帧见表 4-1。

表 4-1　典型的 ASCII 帧

开　　始	地　　址	功能码	数　　据	纵向冗余检查	结　　束
1 字符的 ":"	2 字符	2 字符	n 字符	2 字符	2 字符

（2）RTU 帧

在 RTU 模式中，信息开始至少需要有 3.5 个字符的静止时间，依据使用的波特率，很容易计算这个静止的时间（如表 4-2 中的 T1-T2-T3-T4）。接着，第一个区的数据为设备地址。各个区允许发送的字符均为 16 进制的 0～9 和 A～F。

网络上的设备连续监测网络上的信息，包括静止时间。当接收第一个地址数据时，每台设备立即对它解码，以决定是否是自己的地址。发送完最后一个字符号后，也有一个 3.5 个字符的静止时间，然后才能发送一个新的信息。

整个信息必须连续发送。如果在发送帧信息期间，出现大于 1.5 个字符的静止时间时，则接收设备刷新不完整的信息，并假设下一个地址数据。

同样一个信息后，立即发送的一个新信息（若无 3.5 个字符的静止时间）这将会产生一个错误。是因为合并信息的 CRC 校验码无效而产生的错误。典型的 RTU 帧见表 4-2。

表 4-2　典型的 RTU 帧

开　　始	地　　址	功　能　码	数　　据	校　　验	终　　止
T1-T2-T3-T4	8 B 位 S	8 B 位 S	N×8 B 位 S	16B 位 S	T1-T2-T3T-4

（3）功能码设置

消息帧功能代码包括两个字符（ASCII）或 8 位（RTU）。有效码范围 1～247（十进制），其中有些代码适用全部型号的 Modicon 控制器，而有些代码仅适用于某些型号的控制器。还有一些代码留作将来使用。

当主机向从机发送信息时，功能代码向从机说明应执行的动作。如读一组离散式线圈或输入信号的 ON/OFF 状态，读一组寄存器的数据，读从机的诊断状态，写线圈（或寄存器），允许下载、记录、确认从机内的程序等。当从机响应主机时，功能代码可说明从机正常响应或出现错误（即不正常响应），正常响应时，从机简单返回原始功能代码；不正常响应时，从机返回与原始代码相等效的一个码，并把最高有效位设定为 "1"。

如，主机要求从机读一组保持寄存器时，则发送信息的功能码为：

0000 0011（十六进制 03）

若从机正确接收请求的动作信息后，则返回相同的代码值作为正常响应。发现错时，则返回一个不正常响应信息：

1000 0011（十六进制 83）

从机对功能代码作为了修改，此外，还把一个特殊码放入响应信息的数据区中，告诉主机出现的错误类型和不正常响应的原因。主机设备的应用程序负责处理不正常响应，典型处理过程是主机把对信息的测试和诊断送给从机，并通知操作者。

Modbus 功能码与数据类型对应见表 4-3，如果从底层起编写程序，这个表格是十分关键的。

表 4-3　Modbus 功能码与数据类型对应表

代　码	功　能	数　据　类　型
01	读	位
02	读	位
03	读	整型、字符型、状态型、浮点型
04	读	整型、状态型、浮点型
05	写	位
06	写	整型、字符型、状态型、浮点型
08	N/A	重复"回路反馈"信息
15	写	位
16	写	整型、字符型、状态型、浮点型
17	读	字符型

4.2　S7-200 PLC 间 Modbus 通信

4.2.1　使用 Modbus 协议库

STEP7-Micro/WIN 指令库包括专门为 Modbus 通信设计的预先定义的子程序和中断服务程序，使得与 Modbus 设备的通信变得更简单。通过 Modbus 协议指令，可以将 S7-200 组态为 Modbus 主站或从站设备。

可以在 STEP7-Micro/WIN 指令树的库文件夹中找到这些指令。当在程序中输入一个 Modbus 指令时，自动将一个或多个相关的子程序添加到项目中。

西门子指令库以一个独立的光盘销售，在购买和安装了 1.1 版本的西门子指令库后，任何后续的 STEP 7-Micro/WIN V3.2x 和 V4.0 升级都会在不需要附加费用的情况下自动升级指令库（当增加或修改库时）。

【关键点】 STEP7-Micro/WIN V4.0 SP4（含）以前的版本，指令库只有从站指令，之后的版本才有主站指令库，如果需要 SP4（含）以前 S7-200 做主站，读者必须在自由口模式下，按照 Modbus 协议编写程序，这会很麻烦。CPU 的固化程序版本不低于 V2.0 才能支持 Modbus 指令库。

4.2.2　Modbus 的地址

Modbus 地址通常是包含数据类型和偏移量的 5 个字符值。第一个字符确定数据类型，后面四个字符选择数据类型内的正确数值。

（1）主站寻址

Modbus 主站指令可将地址映射到正确功能，然后发送至从站设备。Modbus 主站指令支持下列 Modbus 地址：

00001 到 09999 是离散输出（线圈）；

10001 到 19999 是离散输入（触点）；

30001 到 39999 是输入寄存器（通常是模拟量输入）；

40001 到 49999 是保持寄存器。

所有 Modbus 地址都是基于 1，即从地址 1 开始第一个数据值。有效地址范围取决于从站设备。不同的从站设备将支持不同的数据类型和地址范围。

（2）从站寻址

Modbus 主站设备将地址映射到正确功能。Modbus 从站指令支持以下地址：

00001 至 00128 是实际输出，对应于 Q0.0-Q15.7；

10001 至 10128 是实际输入，对应于 I0.0-I15.7；

30001 至 30032 是模拟输入寄存器，对应于 AIW0 至 AIW62；

40001 至 04XXXX 是保持寄存器，对应于 V 区。

所有 Modbus 地址都是从 1 开始编号的。表 4-4 所示为 Modbus 地址与 S7-200 地址的对应关系。

表 4-4 Modbus 地址与 S7-200 地址的对应关系

序　号	Modbus 地址	S7-200 地址
1	00001	Q0.0
	00002	Q0.1
	…	…
	00127	Q15.6
	00128	Q15.7
2	10001	I0.0
	10002	I0.1
	…	…
	10127	I15.6
	10128	I15.7
3	30001	AIW0
	30002	AIW1
	…	…
	30032	AIW62
4	40001	HoldStart
	40002	HoldStart+2
	…	…
	4xxxx	HoldStart+2×（xxxx–1）

Modbus 从站协议允许对 Modbus 主站可访问的输入、输出、模拟输入和保持寄存器（V 区）的数量进行限定。例如，若 HoldStart 是 VB0，那么 Modbus 地址 40001 对应 S7-200 地址的 VB0。

4.2.3 S7-200 PLC 间 Modbus 通信应用举例

以下以两台 CPU 226CN 之间的 Modbus 现场总线通信为例介绍 S7-200 系列 PLC 之间的 Modbus 现场总线通信。

【例 4-1】 模块化生产线的主站为 CPU 226CN，从站为 CPU 226CN，主站发出开始信号

（开始信号为高电平），从站接收信息，并控制从站的电动机的启停。

（1）主要软硬件配置

① 1 套 STEP7-Micro/WIN V4.0 SP7；

② 1 根 PC/PPI 电缆（或者 CP5611 卡）；

③ 2 台 CPU 226CN；

④ 1 根 PROFIBUS 网络电缆（含两个网络总线连接器）。

Modbus 现场总线硬件配置如图 4-1 所示。

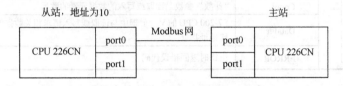

图 4-1　Modbus 现场总线硬件配置

（2）相关指令介绍

① 主设备指令　初始化主设备指令 MBUS_CTRL 用于 S7-200 端口 0（或用于端口 1 的 MBUS_CTRL_P1 指令）可初始化、监视或禁用 Modbus 通信。在使用 MBUS_MSG 指令之前，必须正确执行 MBUS_CTRL 指令，指令执行完成后，立即设定"完成"位，才能继续执行下一条指令。其各输入/输出参数见表 4-5。

表 4-5　MBUS_CTRL 指令的参数表

子　程　序	输入/输出	说　　明	数　据　类　型
MBUS_CTRL –EN –Mode –Baud　　　Done– –Parity　　　Error– –Timeout	EN	使能	BOOL
	Mode	为 1 将 CPU 端口分配给 Modbus 协议并启用该协议。为 0 将 CPU 端口分配给 PPI 协议，并禁用 Modbus 协议	BOOL
	Baud	将波特率设为 1200、2400、4800、9600、19200、38400、57600 或 115200 波特	D WORD
	Parity	0—无奇偶校验；1—奇校验；2—偶校验	BYTE
	Timeout	等待来自从站应答的毫秒时间数	WORD
	ERROR	出错时返回错误代码	BYTE

MBUS_MSG 指令（或用于端口 1 的 MBUS_MSG_P1）用于启动对 Modbus 从站的请求，并处理应答。当 EN 输入和"首次"输入打开时，MBUS_MSG 指令启动对 Modbus 从站的请求。发送请求、等待应答、并处理应答。EN 输入必须打开，以启用请求的发送，并保持打开，直到"完成"位被置位。此指令在一个程序中可以执行多次。其各输入/输出参数见表 4-6。

【关键点】　指令 MBUS_CTRL 的 EN 要接通，在程序中只能调用一次，MBUS_MSG 指令可以在程序中多次调用，要特别注意区分 Addr、DataPtr 和 Slave 三个参数。

② 从设备指令　MBUS_INIT 指令用于启用、初始化或禁止 Modbus 通信。在使用 MBUS_SLAVE 指令之前，必须正确执行 MBUS_INIT 指令。指令完成后立即设定"完成"位，才能继续执行下一条指令。其各输入/输出参数见表 4-7。

表 4-6　MBUS_MSG 指令的参数表

子程序	输入/输出	说　明	数据类型
MBUS_MSG EN First Slave　Done RW　Error Addr Count DataPtr	EN	使能	BOOL
	First	"首次"参数应该在有新请求要发送时才打开,进行一次扫描。"首次"输入应当通过一个边沿检测元素(例如上升沿)打开,这将保证请求被传送一次	BOOL
	Slave	"从站"参数是 Modbus 从站的地址。允许的范围是 0~247	BYTE
	RW	0—读,1—写	BYTE
	Addr	"地址"参数是 Modbus 的起始地址	DWORD
	Count	"计数"参数,读取或写入的数据元素的数目	INT
	DataPtr	S7-200 CPU 的 V 存储器中与读取或写入请求相关数据的间接地址指针	DWORD
	ERROR	出错时返回错误代码	BYTE

表 4-7　MBUS_INIT 指令的参数表

子程序	输入/输出	说　明	数据类型
	EN	使能	BOOL
MBUS_INIT EN Mode　Done Addr　Error Baud Parity Delay MaxIQ MaxAI MaxHold HoldStart	Mode	为 1 将 CPU 端口分配给 Modbus 协议并启用该协议。为 0 将 CPU 端口分配给 PPI 协议,并禁用 Modbus 协议	BYTE
	Baud	将波特率设为 1200、2400、4800、9600、19200、38400、57600 或 115200 波特	D WORD
	Parity	0—无奇偶校验,1—奇校验,2—偶校验	BYTE
	Addr	"地址"参数是 Modbus 的起始地址	BYTE
	Delay	"延时"参数,通过将指定的毫秒数增加至标准 Modbus 信息超时的方法,延长标准 Modbus 信息结束超时条件	WORD
	MaxIQ	参数将 Modbus 地址 0xxxx 和 1xxxx 使用的 I 和 Q 点数设为 0~128 的数值	WORD
	MaxAI	参数将 Modbus 地址 3xxxx 使用的字输入(AI)寄存器数目设为 0~32 的数值	WORD
	MaxHold	参数设定 Modbus 地址 4xxxx 使用的 V 存储器中的字保持寄存器数目	WORD
	HoldStart	参数是 V 存储器中保持寄存器的起始地址	DWORD
	Error	出错时返回错误代码	BYTE

MBUS_SLAVE 指令用于为 Modbus 主设备发出的请求服务,并且必须在每次扫描时执行,以便允许该指令检查和回答 Modbus 请求。在每次扫描且 EN 输入开启时,执行该指令。其各输入/输出参数见表 4-8。

表 4-8　MBUS_SLAVE 指令的参数表

子程序	输入/输出	说　明	数据类型
MBUS_SLAVE EN Done Error	EN	使能	BOOL
	Done	当 MBUS_SLAVE 指令对 Modbus 请求做出应答时,"完成"输出打开。如果没有需要服务的请求时,"完成"输出关闭	BOOL
	Error	出错时返回错误代码	BYTE

【关键点】 MBUS_INIT 指令只在首次扫描时执行一次,MBUS_SLAVE 指令无输入参数。

(3)编写程序

主站和从站的程序如图 4-2 和图 4-3 所示。

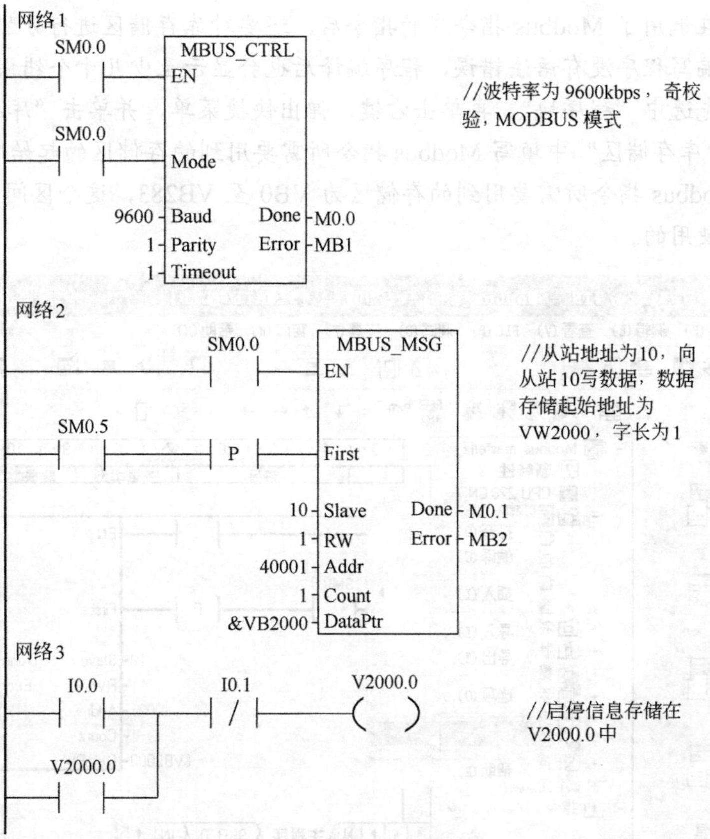

网络1

```
SM0.0        MBUS_CTRL
─┤ ├─────────┤EN
SM0.0
─┤ ├─────────┤Mode
      9600 ─┤Baud      Done├─M0.0
         1 ─┤Parity   Error├─MB1
         1 ─┤Timeout
```

//波特率为 9600kbps，奇校
验，MODBUS 模式

网络2

```
                  SM0.0      MBUS_MSG
            ──────┤ ├────────┤EN
          SM0.5
          ─┤ ├──┤ P ├────────┤First
                         10 ─┤Slave    Done├─M0.1
                          1 ─┤RW      Error├─MB2
                      40001 ─┤Addr
                          1 ─┤Count
                    &VB2000 ─┤DataPtr
```

//从站地址为10，向
从站10写数据，数据
存储起始地址为
VW2000，字长为1

网络3

```
   I0.0        I0.1        V2000.0
  ─┤ ├────────┤/├──────────( )
 V2000.0
  ─┤ ├──
```

//启停信息存储在
V2000.0 中

图 4-2　主站程序

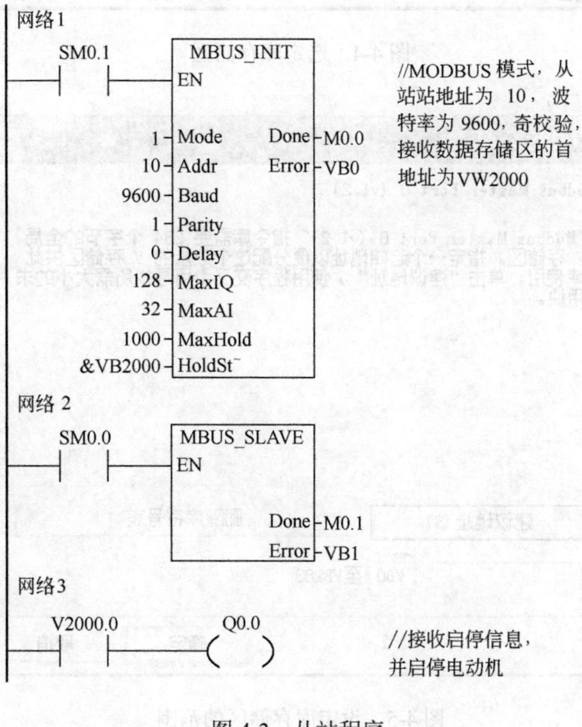

网络1

```
   SM0.1        MBUS_INIT
  ─┤ ├──────────┤EN
           1 ─┤Mode      Done├─M0.0
          10 ─┤Addr     Error├─VB0
        9600 ─┤Baud
           1 ─┤Parity
           0 ─┤Delay
         128 ─┤MaxIQ
          32 ─┤MaxAI
        1000 ─┤MaxHold
     &VB2000 ─┤HoldSt⁻
```

//MODBUS 模式，从
站站地址为 10，波
特率为 9600，奇校验，
接收数据存储区的首
地址为 VW2000

网络 2

```
   SM0.0        MBUS_SLAVE
  ─┤ ├──────────┤EN
                    Done├─M0.1
                   Error├─VB1
```

网络3

```
  V2000.0        Q0.0
 ─┤ ├────────────( )
```

//接收启停信息，
并启停电动机

图 4-3　从站程序

【关键点】 在调用了 Modbus 指令库的指令后，还要对库存储区进行分配，这是非常重要的，否则即使编写程序没有语法错误，程序编译后也会显示至少几十个错误。分配库存储区的方法如下：先选中"程序块"，再单击右键，弹出快捷菜单，并单击"库存储区"，如图 4-4 所示。再在"库存储区"中填写 Modbus 指令所需要用到的存储区的起始地址，如图 4-5 所示。示例中 Modbus 指令所需要用到的存储区为 VB0 至 VB283，这个区间的 V 存储区在后续编程是不能使用的。

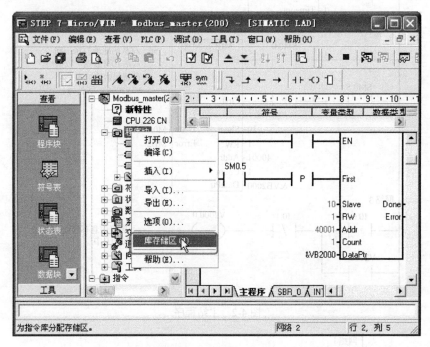

图 4-4 选定库存储区

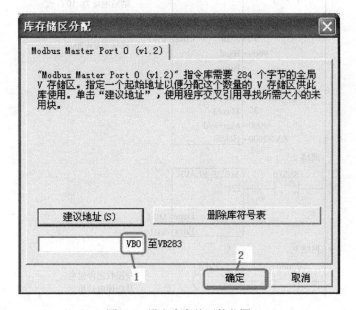

图 4-5 设定库存储区的范围

4.3 S7-200 PLC 与 S7-1200 PLC 间的 Modbus 通信

S7-200 PLC 与 S7-1200 PLC 间的 Modbus 通信，S7-200 PLC 的程序编写的方法与前述的 Modbus 通信的编程方法相似。与 STEP7-Micro/WIN V4.0 一样，S7-1200 PLC 的编译软件 STEP7 Basic V10.5 中也有 Modbus 库，使用方法也有类似之处，以下用一个例子介绍 S7-200 PLC 与 S7-1200 PLC 间的 Modbus 通信。

【例 4-2】 有一台 S7-1200 PLC，为 Modbus 主站，另有一台 CPU 226CN 为从站，要将主站上的两个字（WORD），传送到从站 VW0 和 VW1 中，请编写相关程序。

（1）主要软硬件配置

① 1 套 STEP7-Micro/WIN V4.0 SP7 和 1 套 STEP7 Basic V10.5；

② 1 根 PC/PPI 电缆（或者 CP5611 卡）和一根网线；

③ 1 台 CPU 226CN；

④ 1 台 CPU 1214C；

⑤ 1 台 CM 1241（RS-485）；

⑥ 1 根 PROFIBUS 网络电缆（含两个网络总线连接器）。

Modbus 现场总线硬件配置如图 4-6 所示。

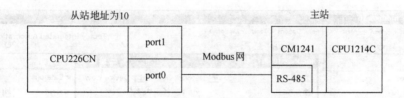

图 4-6　Modbus 现场总线硬件配置

【关键点】 S7-200 作为从站时，只能使用 port0 口，而作为主站时，两个通信口均可使用；S7-1200 只有一个通信口，即 PROFINET 口，因此要进行 Modbus 通信就必须配置 RS-485 模块（如 CM1241 RS-485）或者 RS-232 模块（如 CM1241 RS-232），这两个模块都由 CPU 供电，不需要外接供电电源。

（2）S7-1200 的硬件组态

① 新建工程。首先打开 STEP7 Basic V10.5 软件，选中 "Create new project"（新建工程），再在 "Project name"（工程名称）中输入读者希望的名称，本例为 "Modbus-10"，注意工程名称和保存路径最好都是英文，最后单击 "Create"（创建）按钮，如图 4-7 所示。

② 硬件组态。熟悉 S7-200 的读者都知道，S7-200 是不需要硬件组态的，但 S7-1200 需要硬件组态，哪怕只用一台 CPU 也是如此。先选中 "Device configuration"（硬件组态），再双击将要组态的 CPU（图中的 2 处），接着选中 101 槽位，双击要组态的模块（图中的 3 处），如图 4-8 所示。

③ 保存硬件组态。

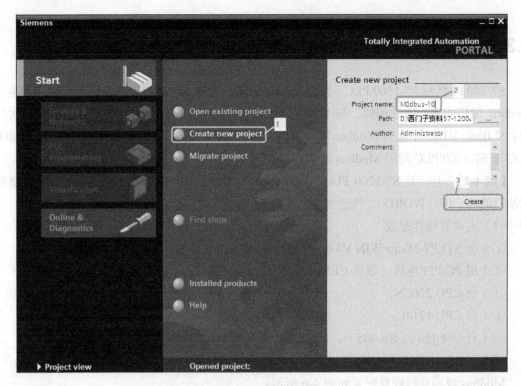

图 4-7　创建新工程

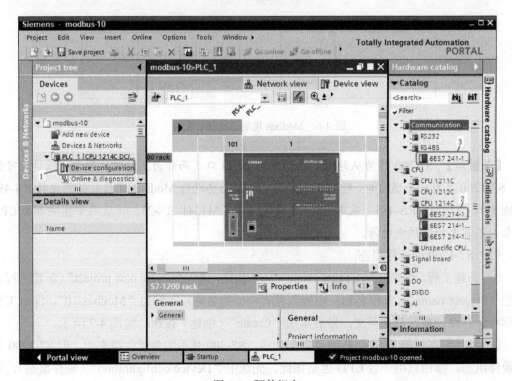

图 4-8　硬件组态

（3）相关指令介绍

MB_COMM_LOAD 指令的功能是将 CM1241 模块（RS-485 或者 RS-232）的端口配置成

Modbus 通信协议的 RTU 模式。此指令只在程序运行时执行一次。其各主要输入/输出参数见表 4-9。

表 4-9 MB_COMM_LOAD 指令的参数表

指　令	输入/输出	说　明	数据类型
"MB_COMM_LOAD_DB" %FB1080 "MB_COMM_LOAD" EN　　　　ENO PORT　　ERROR BAUD　　STATUS PARITY FLOW_CTRL RTS_ON_DLY RTS_OFF_DLY RESP_TO MB_DB	EN	使能	BOOL
	PORT	选用的是 RS-485 还是 RS-232 模块，都有不同的代号，这个代号在下拉帮助框中	UDINT
	BAUD	将波特率设为 1200、2400、4800、9600、19200、38400、57600 或 115200 波特	UDINT
	PARITY	0—无奇偶校验，1—奇校验，2—偶校验	UINT
	MB_DB	MB_MASTER 或者 MB_SLAVE 指令的数据块，可以在下拉帮助框中找到	VARIANT
	ERROR	是否出错；0 表示无错误，1 表示有错误	BOOL
	STATUS	端口组态错误代码	WORD

MB_MASTER 指令的功能是将主站上的 CM1241 模块（RS-485 或者 RS-232）的通信口建立与一个或者多个从站的通信。其各主要输入/输出参数见表 4-10。

表 4-10 MB_MASTER 指令的参数表

指　令	输入/输出	说　明	数据类型
"MB_MASTER_DB_1" %FB1081 "MB_MASTER" EN　　　　ENO REQ　　　DONE MB_ADDR　BUSY MODE　　ERROR DATA_ADDR STATUS DATA_LEN DATA_PTR	EN	使能	BOOL
	REQ	通信请求；0 表示无请求，1 表示有请求；上升沿有效	BOOL
	MB_ADDR	从站站地址，有效值为 0~247	USINT
	MODE	读或者写请求；0—读，1—写	USINT
	DATA_ADDR	从站的 Modbus 起始地址	UDINT
	DATA_LEN	发送或者接收数据的长度（位或字节）	UINT
	DATA_PTR	数据指针	VARIANT
	ERROR	是否出错；0 表示无错误，1 表示有错误	BOOL
	STATUS	执行条件代码	WORD

（4）编写程序

① 编写主站的程序

a. 首先建立数据块 Modbus_Data，并在数据块 Modbus_Data 中创建数组 data，数组的数据类型为字。其中 data[0] 和 data[1]的初始值为 16#ffff，如图 4-9 所示。

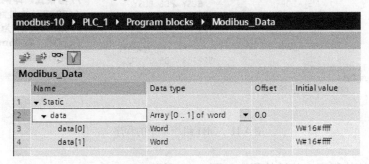

图 4-9 数据块 Modbus_Data 中的数组 data

b. 在 OB100 组织块中编写初始化程序，此程序只在启动时运行一次，如图 4-10 所示。此程序如果编写在 OB1 组织块中，则应在 EN 前加一个首次运行扫描触点。

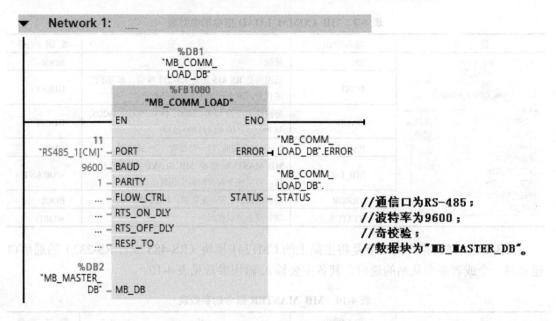

图 4-10 OB100 组织块中的初始化程序

c. 在 OB1 组织块中编写主程序，如图 4-11 所示。此程序的 REQ 要有上升沿才有效，因此，当 M10.1（M10.1 是 5Hz 的方波，设置方法请参考说明书）的上升沿时，主站将数据块 "Modbus_Data" 中的数组 data 的两个字发送到从站 10 中去。具体发送到从站 10 的 V 存储区哪个位置要由从站程序决定。

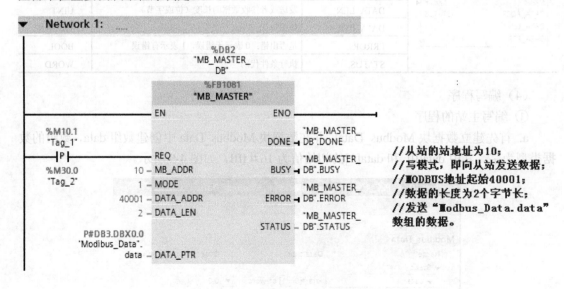

图 4-11 OB1 组织块中的程序

② 编写从站的程序 从站的程序如图 4-12 所示。

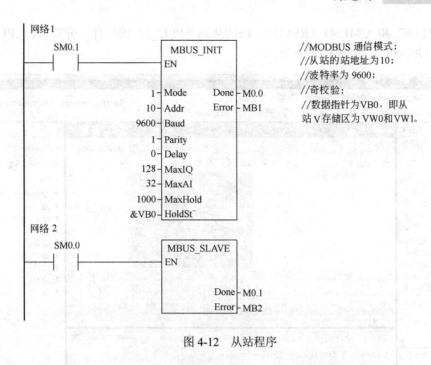

网络1

SM0.1

MBUS_INIT	
EN	
1 — Mode	Done — M0.0
10 — Addr	Error — MB1
9600 — Baud	
1 — Parity	
0 — Delay	
128 — MaxIQ	
32 — MaxAI	
1000 — MaxHold	
&VB0 — HoldSt⁻	

//MODBUS 通信模式;
//从站的站地址为10;
//波特率为 9600;
//奇校验;
//数据指针为VB0，即从
站 V 存储区为 VW0 和 VW1。

网络 2

SM0.0

MBUS_SLAVE	
EN	
	Done — M0.1
	Error — MB2

图 4-12 从站程序

4.4 S7-1200 与 S7-1200 的 Modbus 通信

　　S7-1200 PLC 与 S7-1200 PLC 间的 Modbus 通信，S7-1200 PLC 的程序编写的方法与前述的 Modbus 通信的编程方法相似。以下用一个例子介绍 S7-1200 PLC 与 S7-1200 PLC 间的 Modbus 通信。

　　【例 4-3】 有两台设备，都由 S7-1200 PLC 控制，一台 S7-1200 为 Modbus 从站。主站采集一路模拟量数据，传送到 Modbus 从站中，请编写相关程序。

　　(1) 主要软硬件配置

　　① 1 套 STEP7 Basic V10.5;

　　② 1 根网线;

　　③ 1 根 PROFIBUS 网络电缆（含两个网络总线连接器）;

　　④ 2 台 CPU 1214C;

　　⑤ 2 台 CM 1241（RS-485）。

Modbus 现场总线硬件配置如图 4-13 所示。

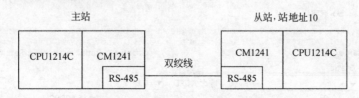

图 4-13　Modbus 现场总线硬件配置

　　(2) 硬件组态

　　① 新建工程，并添加硬件。新建工程，命名为 "4-3"，添加主站（PLC_1）的硬件，分

71

别为：CPU1214C 和 CM1241（RS485）；添加从站（PLC_2）的硬件，分别为：CPU1214C 和 CM1241（RS485），如图 4-14 所示。

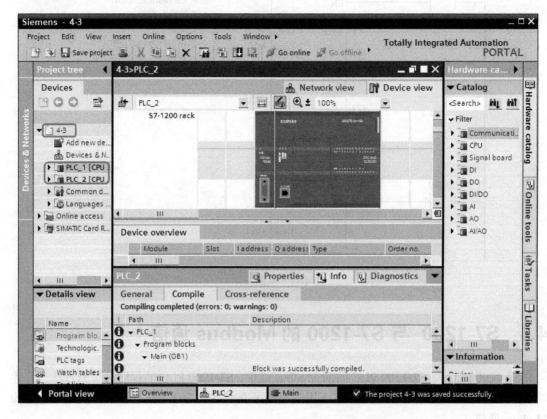

图 4-14　新建工程，并添加硬件

选中主站的 CPU 1214C 模块，打开系统时钟，设置该字节为 MB10，所以 M10.1 是脉冲频率为 5 的脉冲。

【关键点】　主站和从站的硬件可以添加在一个工程中，不必新建两个工程。

② 创建主站和从站的数据块和数组。先在主站中创建数据块，命名为"DB1"，注意 DB1 为绝对寻址方式；再打开数据块 DB1，在数据块中创建数组 A[0..1]，如图 4-15 所示。从站数据块的创建方法和主站完全相同，如图 4-16 所示。

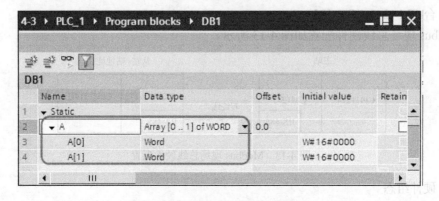

图 4-15　创建主站的数据块和数组

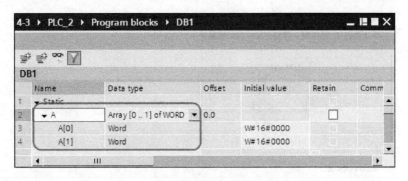

图 4-16　创建从站的数据块和数组

（3）编写程序

① 相关指令简介　MB_SLAVE 指令的功能是将串口作为 Modbus 从站，响应 Modbus 主站的请求。使用 MB_SLAVE 指令，要求每个端口独占一个背景数据块，背景数据块不能与其他的端口共用。MB_SLAVE 指令的输入/输出参数见表 4-11。

表 4-11　MB_SLAVE 指令的参数表

指　　令	输入/输出	说　　明	数 据 类 型
"MB_SLAVE_DB" %FB1082 "MB_SLAVE" EN　　ENO MB_ADDR 　　NDR MB_HOLD_REG 　　DR 　　ERROR 　　STATUS	EN	使能	BOOL
	MB_ADDR	从站地址，有效值为 0～247	USINT
	MB_HOLD_REG	保持存储器数据块的地址	VARIANT
	NDR	新数据是否准备好，0—无数据，1—主站有新数据写入	BOOL
	DR	读数据标志，0—未读数据，1—主站读取数据完成	BOOL
	STATUS	故障代码	WORD
	ERROR	是否出错；0 表示无错误，1 表示有错误	BOOL

② 程序编写　主站程序如图 4-17 和图 4-18 所示。MB_COMM_LOAD 指令只需要首次启动时，运行一次即可。

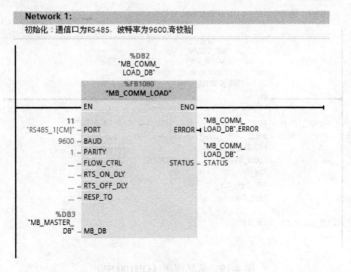

图 4-17　主站程序（OB100 中）

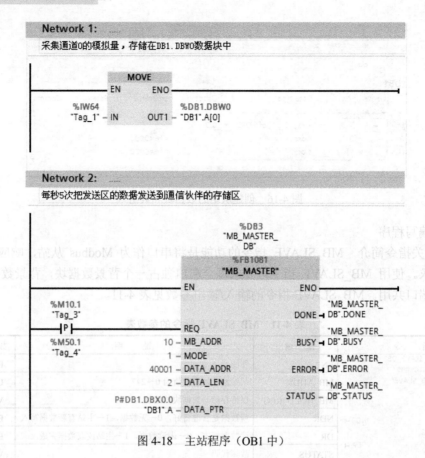

图 4-18 主站程序（OB1 中）

【关键点】 REQ 是上升沿有效，M10.1 是 5Hz 的时间脉冲，也就是每秒产生 5 次脉冲，每秒产生 5 次把数据发送出去。CPU1214C 的集成的模拟量通道有两个，通道 0 的地址是 IW64。

从站程序如图 4-19 和图 4-20 所示。

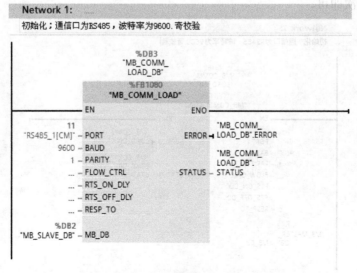

图 4-19 从站程序（OB100 中）

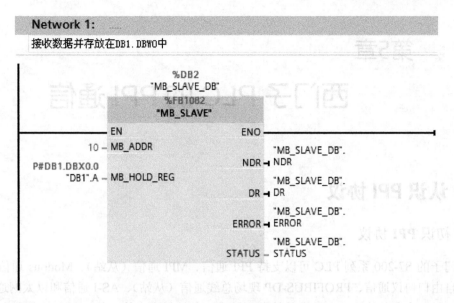

图 4-20 从站程序（OB1 中）

5.1 认识 PPI 协议

5.1.1 初识 PPI 协议

在 S7-200 系列 PLC 中，CPU 集成了可以实现 PPI 通信、自由口通信、MPI 通信、USB 编程口通信以及 PROFIBUS-DP 现场总线通信等。CPU 集成的 S7-200 通信口支持 PPI 协议。

PPI 是一个主从协议。通常一个 S7-200 是一个从站，当然它也可以作主站。PPI 通信是 S7-200 通信最基本的方式，它是通过原来自身的通信端口（PORT0 或 PORT1）进行通信的，是 PPI 主站/从站协议，主站/从站协议进行通信。PPI 的波特率范围是 9.6kb/s、19.2kb/s 和 187.5kb/s。

PPI 协议物理上是基于 RS-485 口，通过屏蔽双绞线就可以实现 PPI 通信，PPI 协议在物理上是符合 RS-485 标准。S7-200 组建常见的通信网络时，PPI 协议是最常用到的。

表 5-1 S7-200 可以使用的通信端口

型　号	P　P　I	波　特　率	型　号	P　P　I	波　特　率
S7-200 PLC		9.6 kbaud, 19.2K baud 187.5 K baud	RS-TTL		
		19.2 kbaud, 19.2K baud 9.6/187.5 baud	28.14		
CM 207 端子		9.6 K baud 19.2 K baud			

当选引用某些专用的 PPI 主站模式，S7-200 CPU 可在 RUN 模式下使能 PPI 主站模式，而且用 PPI 主站模式可使用网络读写（NETR/R 和 NETW/W）指令来读写另一个 S7-200 CPU，同时还可以响应来自 S7-200 的 PG 主站，如编程。这时可用 PPI 模式来访问另一个 S7-200 CPU 通信口。如用 S/ EM277 模块，它就可用 PPI 高级协议。

5.1.2 PPI 主站的定义

PLC 内部存在着特殊寄存器 SMB30 对应 PORT0，以及 SMB130 对应 PORT1。相应方向及定义信息见表 5-1 以及图 5-1 所示。

MSB
0
SM0/SMB130 | d | b | p | p | f | f | b | b

图 5-1 各协议相应的寄存器

（1）第 0 和第 1 位两位控制了自由口波特率 "mm"，等等。
• mm=00，PPI 从站模式（默认方式）。

75

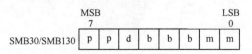

第5章

西门子 PLC 的 PPI 通信

5.1 认识 PPI 协议

5.1.1 初识 PPI 协议

西门子的 S7-200 系列 PLC 可以支持 PPI 通信、MPI 通信（从站）、Modbus 通信、USS 通信、自由口协议通信、PROFIBUS-DP 现场总线通信（从站）、AS-I 通信和以太网通信等。

PPI 是一个主从协议，主站向从站发出请求，从站做出应答。从站不主动发出信息，而是等候主站向其发出请求或查询，要求应答。主站通过由 PPI 协议管理的共享连接与从站通信。PPI 不限制能够与任何一台从站通信的主站数目，但是无法在网络中安装 32 台以上的主站。

PPI 高级协议允许网络设备在设备之间建立逻辑连接。若使用 PPI 高级协议，每台设备可提供的连接数目有限。表 5-1 显示了 S7-200 提供的连接数目。PPI 协议目前还没有公开。

表 5-1　S7-200 提供的连接数目

模　块	端　口	波　特　率	连　接
S7-200 CPU	端口 0	9.6 K baud、19.2 K baud 或 187.5 K baud	4 个
	端口 1	9.6 K baud、19.2 K baud 或 187.5 K baud	4 个
EM 277 模块		9.6 K baud 至 12 M baud	每个模块 6 个

如果在用户程序中启用 PPI 主站模式，S7-200 CPU 可在处于 RUN（运行）模式时用作主站。启用 PPI 主站模式后，可以使用"网络读取"（NETR）或"网络写入"（NETW）指令从其他 S7-200 CPU 读取数据或向 S7-200 CPU 写入数据。可以使用 PPI 协议与所有的 S7-200 CPU 通信。如果与 EM 277 通信，必须启用"PPI 高级协议"。

5.1.2 PPI 主站的定义

PLC 用特殊寄存器的字节 SMB30（对 PORT0，端口 0）和 SMB130（对 PORT1，端口 1）定义通信口。控制位的定义格式如图 5-1 所示。

$$\begin{array}{c}\text{MSB} \qquad\qquad\qquad\qquad \text{LSB} \\ 7 \qquad\qquad\qquad\qquad\qquad 0 \end{array}$$

SMB30/SMB130　| p | p | d | b | b | b | m | m |

图 5-1　控制位的定义格式

（1）通信模式由控制字的最低的两位"mm"决定。

- mm=00：PPI 从站模式（默认值）。

- mm=01：自由口模式。
- mm=10：PPI 主站模式。

所以，只要将 SMB30 或 SMB130 赋值为 2#10，即可将通信口设置为 PPI 主站模式。

（2）控制位的"pp"是奇偶校验选择。

- pp=00：无校验。
- pp=01：偶校验。
- pp=10：无校验。
- pp=11：奇校验。

（3）控制位的"d"是每个字符的数据位选择。

- d=0：每个字符 8 位。
- d=1：每个字符 7 位。

（4）控制位的"bbb"是波特率选择。

- bbb=000：38400bit/s。
- bbb=001：19200bit/s。
- bbb=010：9600bit/s。
- bbb=011：4800bit/s。
- bbb=100：2400bit/s。
- bbb=101：1200bit/s。
- bbb=110：115200bit/s。
- bbb=111：57600bit/s。

5.2 两台 S7-200 系列 PLC 之间的 PPI 通信

PPI 通信的实现比较简单，通常有两种方法，方法 1 是用 STEP7-Micro/WIN 中的"指令向导"生成通信子程序，这种方法比较简单，适合初学者使用。方法 2 是用网络读/网络写指令编写通信程序，相对而言，要麻烦一些。以下用两种方法，介绍两台 PLC 的 PPI 通信。

5.2.1 方法 1——用指令向导

【例 5-1】 某设备的第一站和第二站上的控制器是 CPU 226CN，两个站组成一个 PPI 网络，其中，第一站的 PLC 为主站，第二站的 PLC 为从站。其工作任务是：当按下主站上的按钮 SB1 时，从站上的灯亮；当按下从站上的按钮 SB1 时，主站上的灯亮。请编写程序。

（1）主要软硬件配置

① 1 套 STEP7-Micro/WIN V4.0 SP7；

② 2 台 CPU 226CN；

③ 1 根 PROFIBUS 网络电缆（含两个网络总线连接器）；

④ 1 根 PC/PPI 电缆。

PROFIBUS 网络电缆、PPI 通信硬件配置、主站和从站接线

分别如图 5-2～图 5-4 所示。

图 5-2 PROFIBUS 网络电缆

（2）硬件配置过程

① 选择"NETR/NETW"首先单击工具条中的"指令向导"按钮，弹出"指令向导"

对话框，如图 5-5 所示，选中"NETR/NETW"选项，单击"下一步"按钮。

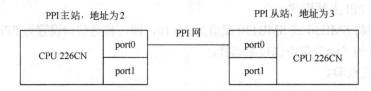

图 5-3　PPI 通信硬件配置

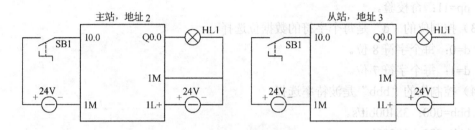

图 5-4　主站和从站接线

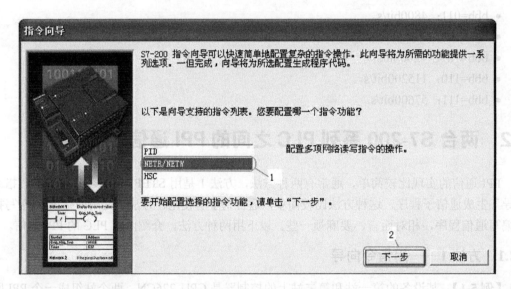

图 5-5　选择"NETR/NETW"

②　指定需要的网络操作数目　在图 5-6 所示的界面中设置需要进行多少次网络读写操作，由于本例有一个网络读取和一个网络写，故设为"2"即可，单击"下一步"按钮。

③　指定端口号和子程序名称　由于 CPU226 有 PORT0 和 PORT1 两个通信口，网络连接器插在哪个端口，配置时就选择哪个端口，子程序的名称可以不作更改，因此在图 5-7 所示的界面中，直接单击"下一步"按钮。

④　指定网络操作　图 5-8 所示的界面相对比较复杂，需要设置 5 项参数。在图中的位置"1"，选择"NETR"（网络读），主站读取从站的信息；在位置"2"输入 1，因为只有 1 个开关量信息；在位置 3 输入 3，因为第三站的地址为"3"；位置"4"和位置"5"输入"VB1"，然后单击"下一项操作"按钮。

如图 5-9 所示，在图中的位置"1"，选择"NETW"（网络写），主站向从站发送信息；

在位置"2"输入 1，因为只有 1 个开关量信息；在位置 3 输入 3，因为第三站的地址为"3"；位置"4"和位置"5"输入"VB0"，然后单击"下一项操作"按钮。

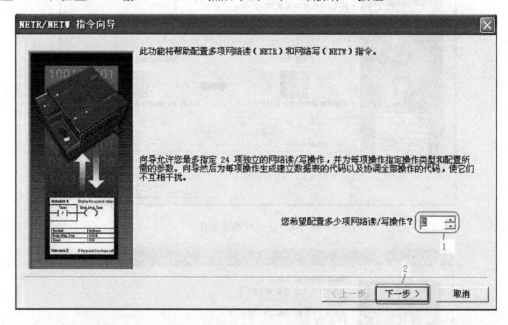

图 5-6 指定需要的网络操作数目

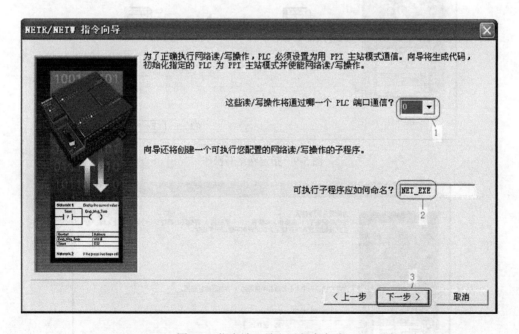

图 5-7 指定端口号和子程序名称

⑤ 分配 V 存储区 接下来在图 5-10 所示的界面中分配系统要使用的存储区，通常使用默认值，然后单击"下一步"按钮。

⑥ 生成程序代码 最后单击"完成"按钮，如图 5-11 所示。至此通信子程序"NET_EXE"已经生成，在后面的程序中可以方便地进行调用。

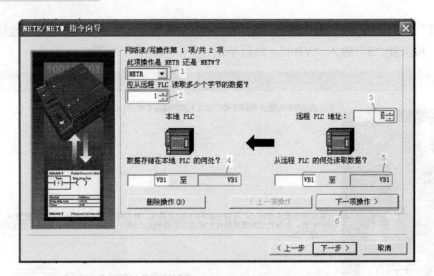

图 5-8　指定网络读操作

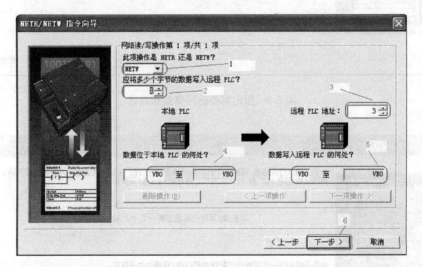

图 5-9　指定网络写操作

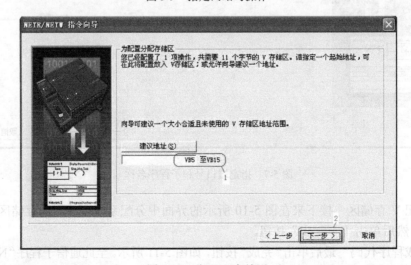

图 5-10　分配 V 存储区

80

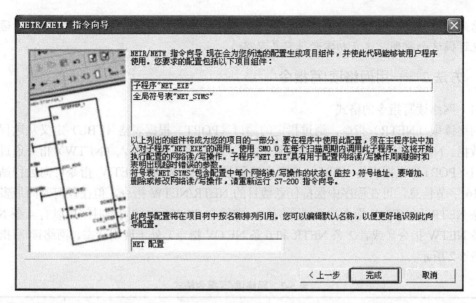

图 5-11　生成程序代码

（3）编写程序

通信子程序只在主站中调用，从站不调用通信子程序，从站只需要在指定的 V 存储单元中读写相关的信息即可。主站和从站的程序，如图 5-12 所示。

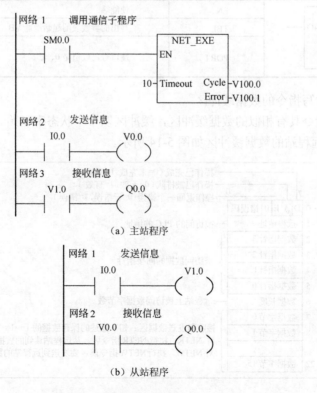

图 5-12　程序

【关键点】本例的主站地址为"2"，在运行程序前，必须将从站的站地址设置成"3"（与图 5-8 中设置一致），此外，本例实际是将主站的 VB0 中数据传送到从站的 VB0 中。此外，要注意站地址和站内地址的区别。主站和从站的波特率必须相等。一般而言，其他的通信方式，也遵循这个原则，这点初学者很容易忽略。

5.2.2 方法 2——用网络读/写指令

（1）网络读写指令的格式

网络读取（NETR）指令，通过指定的端口（PORT）根据表格（TBL）定义从远程设备读取数据。NETR 指令可从远程站最多读取 16 字节信息。网络写入（NETW）指令通过指定的端口（PORT）根据表格（TBL）定义向远程设备写入数据。NETW 指令可向远程站最多写入 16 字节信息。可在程序中保持任意数目的 NETR/NETW 指令，但在任何时间最多只能有 8 条 NETR 和 NETW 指令被激活。例如，在特定 S7-200 中的同一时间可以有 4 条 NETR 和 4 条 NETW 指令（或者 2 条 NETR 和 6 条 NETW 指令）处于现用状态。网络读/写指令格式见表 5-2 所示。

表 5-2 网络读/写指令格式

LAD	参数	说明	数据类型
NETR EN ENO TBL PORT	EN	使能端	BOOL
	TBL	读入的参数表的起始地址 VB	BYTE
	PORT	端口号，取值是 0、1	BYTE
NETW EN ENO TBL PORT	EN	使能端	BOOL
	TBL	写出的参数表的起始地址 VB	BYTE
	PORT	端口号，取值是 0、1	BYTE

（2）网络读写指令的数据缓冲区

网络读写指令具有相似的数据缓冲区，缓冲区以一个状态字起始。主站的数据缓冲区如图 5-13 所示。远程站的数据缓冲区如图 5-14 所示。

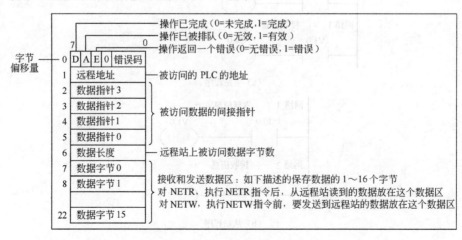

图 5-13 主站的数据缓冲区

首先列出主站发送数据缓冲区和从站接收数据缓冲区，见表 5-3 和表 5-4。

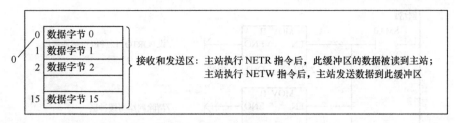

图 5-14 远程站的数据缓冲区

表 5-3 主站发送数据缓冲区

VB200	状 态 字
VB201	从站的地址（3）
VD202	&VB400 从站的接收缓冲区地址
VB206	1（字节）
VB207	主站的 IB0

表 5-4 从站接收数据缓冲区

	启 停 信 息
VB400	主站的 IB0

然后再列出主站接收数据缓冲区和从站发送数据缓冲区，见表 5-5 和表 5-6。

表 5-5 主站接收数据缓冲区

VB300	状 态 字
VB301	从站的地址（3）
VD302	&VB300 从站的发送缓冲区地址
VB306	1（字节）
VB307	从站的 IB0

表 5-6 从站发送数据缓冲区

	启 停 信 息
VB300	从站的 IB0

（3）编写程序

编写程序，如图 5-15～图 5-17 所示。

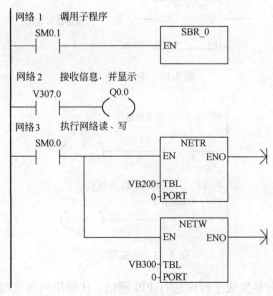

图 5-15 主站主程序

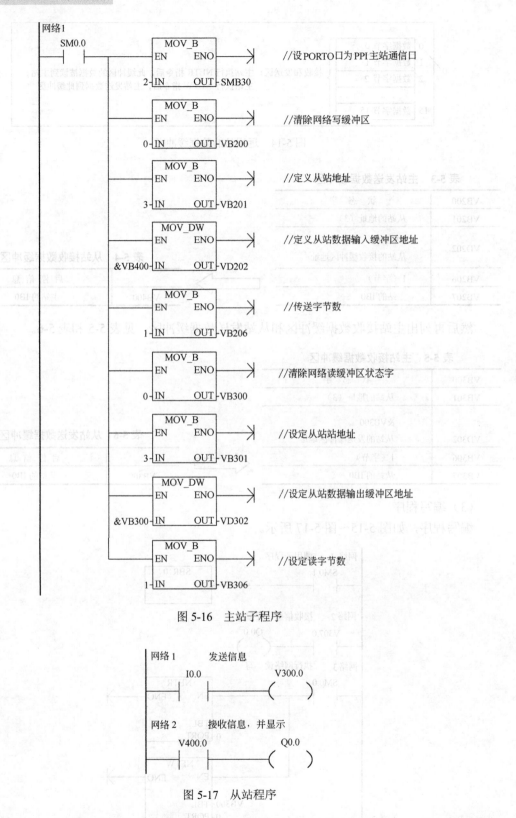

图 5-16　主站子程序

图 5-17　从站程序

由此可见，用指令向导生成子程序进行 PPI 通信，比使用网络读写指令（NETR/NETW）要容易得多。

5.3 多台 S7-200 系列 PLC 之间的 PPI 通信

多台 S7-200 系列 PLC 之间的 PPI 通信与两台 PLC 之间的 PPI 通信很相似的，学会了后者，理解前者就不难了。两台 PLC 通信时，一台 PLC 为主站，另一台为从站，而多台 PLC 通信时，一台为主站，其余的 PLC 为从站，从站之间不直接通信，从站之间的信息沟通都通过主站进行，以下用一个例子说明多台 S7-200 系列 PLC 之间的 PPI 通信是如何进行的。

【例 5-2】 某设备有三台 CPU 226CN，组成一个 PPI 网络，其中，第一站的 PLC 为主站，其余的 PLC 为从站。其工作任务是：当压下主站上的按钮 SB1 时，第二站上的电动机启动，一旦第二站上的电动机启动后停机，则第三站上的报警灯报警。请编写程序。

本例使用指令向导。

（1）主要软硬件配置

① 1 套 STEP7-Micro/WIN V4.0 SP7；

② 3 台 CPU 226CN；

③ 1 根 PROFIBUS 网络电缆（含三个网络总线连接器）；

④ 1 根 PC/PPI 电缆。

PPI 通信硬件配置如图 5-18 所示。

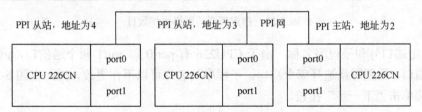

图 5-18　PPI 通信硬件配置

（2）硬件配置过程

① 选择"NETR/NETW"　首先单击工具条中的指令向导按钮，弹出"指令向导"对话框，如图 5-19 所示，选中"NETR/NETW"选项，单击"下一步"按钮。

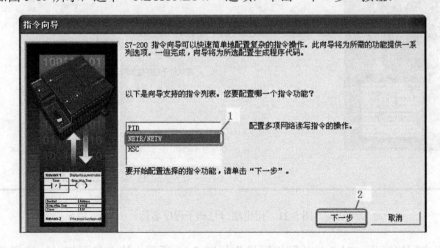

图 5-19　选择"NETR/NETW"

② 指定需要的网络操作数目　在图 5-20 所示的界面中设置需要进行多少次网络读写操作，由于本例要进行三次读写操作，向站 3 读写各 1 次，向站 4 写 1 次，因此设为"3"即可，单击"下一步"按钮。

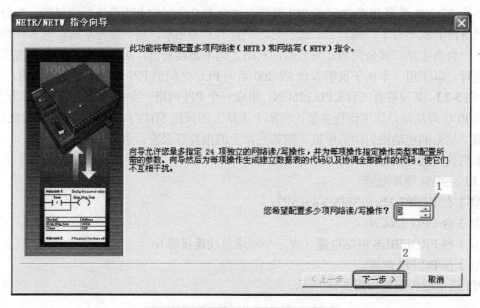

图 5-20　指定需要的网络操作数目

③ 指定端口号和子程序名称　由于 CPU226 有 port0 和 port1 两个通信口，网络连接器插在哪个端口，配置时就选择哪个端口，子程序的名称可以不作更改，因此在图 5-21 所示的界面中直接单击"下一步"按钮。

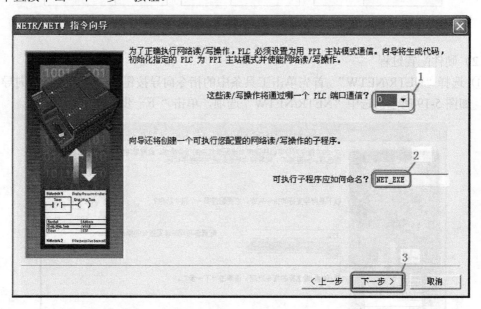

图 5-21　指定端口号和子程序名称

④ 指定网络操作　对 3 站的网络写操作如图 5-22 所示，这个界面相对比较复杂，需要

设置 5 项参数。在图中的位置选择"NETW"（网络写），因为本例中只要求主站把信息送到从站；在位置 2 输入 1，因为只有 1 个开关量信息；在位置 3 输入 3，因为第三站的地址为"3"；位置 4 和位置 5 保持默认值，然后单击"下一项操作"按钮。

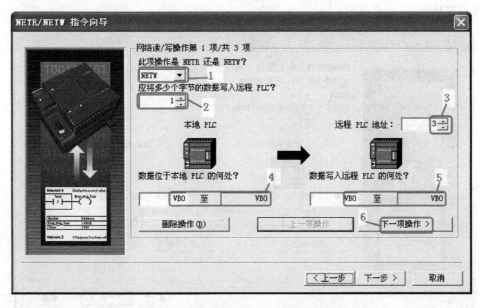

图 5-22　指定网络操作——对 3 站的写操作

对 3 站的网络读操作如图 5-23 所示，在图中的位置选择"NETR"（网络读），因为本例中只要求从站 3 把信息送到主站；在位置 2 输入 1，因为只有 1 个开关量信息；在位置 3 输入 3，因为第三站的地址为"3"；位置 4 和位置 5 输入 VB1，然后单击"下一项操作"按钮。

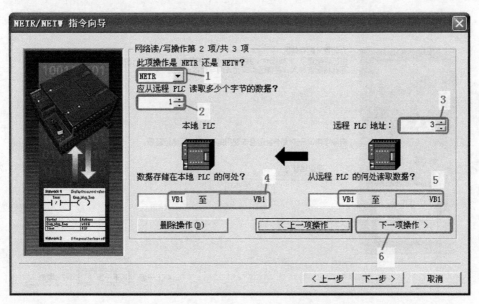

图 5-23　指定网络操作——对 3 站的读操作

对 4 站的网络写操作如图 5-24 所示，在图中的位置选择"NETW"（网络写），因为本例中只要求主站把信息送到从站 4；在位置 2 输入 1，因为只有 1 个开关量信息；在位置 3 输入

4，因为第三站的地址为"4"；位置 4 和位置 5 输入 VB2，然后单击"下一项操作"按钮。

【关键点】 位置 4 和位置 5 输入 VB2，不能是 VB0 和 VB1，因为 VB0 是主站接收从站 3 的传送数据的存储区，而 VB1 主站向从站 3 发送数据的存储区，若将位置 4 和位置 5 输入 VB0 将出现错误。

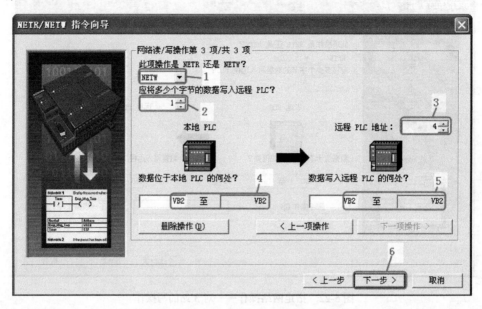

图 5-24　指定网络操作——对 4 站的写操作

⑤ 分配 V 存储区　接下来在图 5-25 所示的界面中分配系统要使用的存储区，通常使用默认值，然后单击"下一步"按钮。

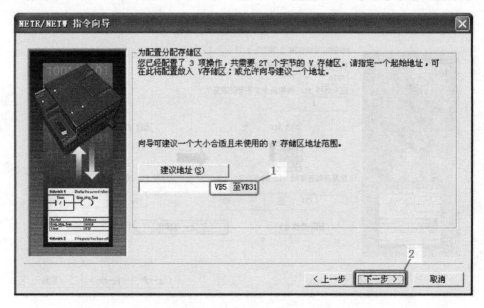

图 5-25　分配 V 存储区

⑥ 生成程序代码　最后单击"完成"按钮，如图 5-26 所示。至此通信子程序"NET_EXE"已经生成，在后面的程序中可以方便地进行调用。

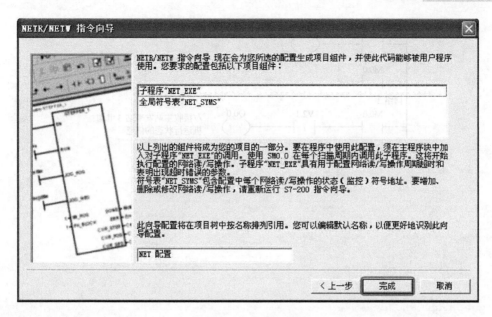

图 5-26 生成程序代码

（3）编写程序

① 编写主站程序，如图 5-27 所示。

```
网络1
  SM0.0          NET_EXE
   ┤├───────────┤EN                        //初始化程序
               1─┤Timeout  Cycle├─V1000.0
                          Error├─V1000.2
网络2
   I0.0            V0.0
   ┤├─────────────( )                       //向站3的电动机发出
                                             启动信号
网络3
  SM0.0            V1.0
   ┤├─────────────( )                       //接收站3电动机运行状
            │                                态信息
            │      V1.0                V2.1
            ├──────┤├─────────────────( )    //向站4发出站3电动机
            │                                运行状态信息
            │      V2.0
            └──────( )
```

图 5-27 主站程序

② 编写从站程序，如图 5-28 和图 5-29 所示。

```
网络1
   V0.0        I0.0          Q0.0
   ┤├─────────┤├───────────( )             //站3的电动机
   │
   │  Q0.0                   V1.0
   ├──┤├───────────────────( )             //向主站发送站3电
                                            动机运行状态
```

图 5-28 从站 3 程序

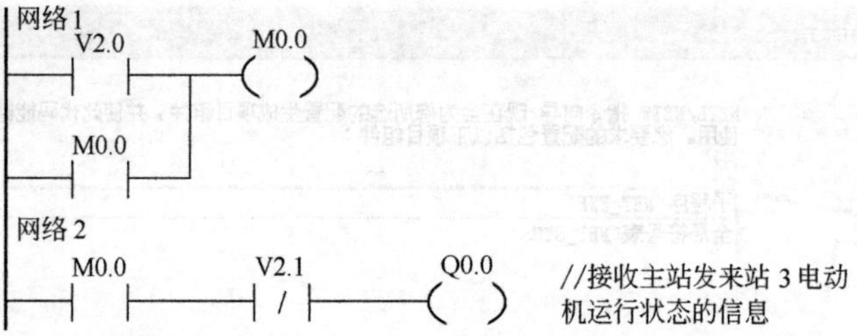

网络1

```
 V2.0        M0.0
──┤├──────┬──( )
            │
 M0.0       │
──┤├────────┘
```

网络2

```
 M0.0        V2.1        Q0.0
──┤├──────────┤/├────────( )      //接收主站发来站3电动
                                    机运行状态的信息
```

图 5-29 从站 4 程序

第6章

西门子 PLC 的 MPI 通信

6.1　MPI 通信概述

　　MPI 网络可用于单元层，它是多点接口（MultiPoint Interface）的简称，是西门子公司开发的用于 PLC 之间通信的保密的协议。MPI 通信是当通信速率要求不高、通信数据量不大时，可以采用的一种简单、经济的通信方式。

　　MPI 通信的主要优点是 CPU 可以同时与多种设备建立通信联系。也就是说，编程器、HMI 设备和其他的 PLC 可以连接在一起并同时运行。编程器通过 MPI 接口生成的网络还可以访问所连接硬件站上的所有智能模块。可同时连接的其他通信对象的数目取决于 CPU 的型号。例如，CPU 314 的最大连接数为 4，CPU 416 为 64。

　　MPI 接口的主要特性为：

- RS-485 物理接口；
- 传输率为 19.2Kbps 或 187.5Kbps 或 1.5Mbps；
- 最大连接距离为 50m（2 个相邻节点之间），有两个中继器时为 1100m，采用光纤和星型耦合器时为 23.8km；
- 采用 PROFIBUS 元件（电缆、连接器）。

MPI 通信有全局数据通信、无组态通信和组态通信三种方式，以下将分别介绍。

6.2　无组态连接通信方式

6.2.1　无组态连接 MPI 通信简介

　　无组态连接 MPI 通信适合 S7-200、S7-300、S7-400 之间的通信，通过调用 SFC65、SFC66、SFC67、SFC68 来实现。无组态通信不能和全局数据方式混合使用。

　　无组态通信分为双边通信方式和单边通信方式。

6.2.2　无组态单边通信方式应用举例

　　单边无组态通信方式只在一方编写通信程序，即客户端和服务器端的访问模式。编写程序的一方为客户端，另一方为服务器端。当 S7-200/300/400 进行单边无组态通信时，S7-300/400 既可作为客户端也可以作为服务器端，但 S7-200 只能作为服务器端。

　　【例6-1】　有两台设备，分别由一台 CPU 314C-2DP 和一台 CPU 226CN 控制，从设备 1 上的 CPU 314C-2DP 发出启/停控制命令，设备 2 的 CPU 226CN 收到命令后，对设备 2 进行启停控制，同时设备 1 上的 CPU 314C-2DP 监控设备 2 的运行状态。

将设备 1 上的 CPU 314C-2DP 作为客户端，客户端的 MPI 地址为 2，将设备 2 上的 CPU 226CN 作为服务器端，服务器端的 MPI 地址为 3。

（1）主要软硬件配置

① 1 套 STEP7 V5.5；

② 1 台 CPU 314C-2DP；

③ 1 台 CPU 226CN；

④ 1 台 EM277；

⑤ 1 根 PC/MPI 适配器（或者 CP5611 卡）；

⑥ 1 根 MPI 电缆（含两个网络总线连接器）；

⑦ 1 套 STEP7-Micro/WIN V4.0 SP7。

MPI 通信硬件配置如图 6-1 所示，PLC 接线如图 6-2 所示。

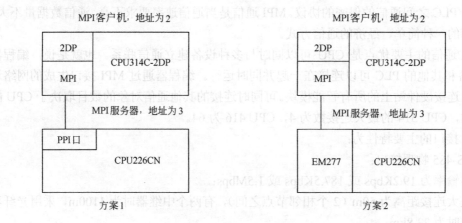

图 6-1　MPI 通信硬件配置

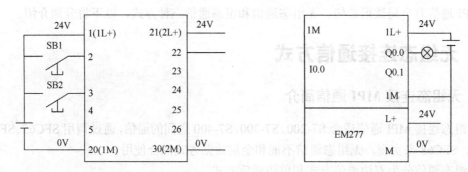

图 6-2　PLC 接线

从图 6-1 可以看出 S7-200 系列 PLC 与 S7-300 系列 PLC 间的 MPI 通信有两种配置方案。方案 1 只要将 MPI 网络电缆（含两个网络总线连接器）连接在 S7-300 系列 PLC 的 MPI 接口和 S7-200 系列 PLC 的编程口上即可，而方案 2 却需要另加一个 EM277 模块，显然成本多一些，但若 S7-200 系列 PLC 的编程接口不够用时，方案 2 是可以选择的配置方案。

（2）硬件组态

S7-200 系列 PLC 与 S7-300 系列 PLC 间的 MPI 通信只能采用无组态通信，无组态通信指通信无须组态，完成通信任务，只需要编写程序即可。只要用到 S7-300 系列 PLC，硬件组态还是不可缺少的，这点读者必须清楚。

　　① 新建工程并插入站点。新建工程，命名为"6-1"，再插入站点，重命名为"Master"，如图 6-3 所示，双击"硬件"，打开硬件组态界面。

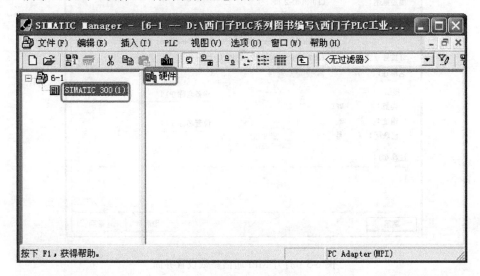

图 6-3　新建工程并插入站点

　　② 组态客户端硬件。先插入导轨，再插入 CPU 模块，如图 6-4 所示，双击"CPU 314C-2DP"，打开 MPI 通信参数设置界面，单击"属性"按钮，如图 6-5 所示。

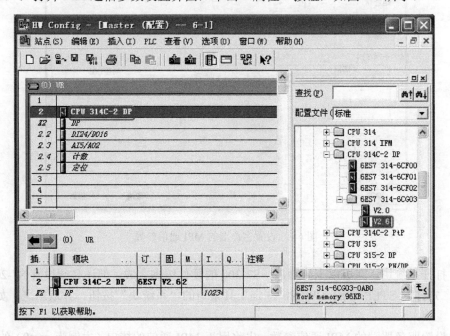

图 6-4　组态客户端硬件

　　③ 设置客户端的 MPI 通信参数。先选定 MPI 的通信波特率为 187.5Kbps，再选定客户端的 MPI 地址为"2"，再单击"确定"按钮，如图 6-6 所示。最后编译保存和下载硬件组态。

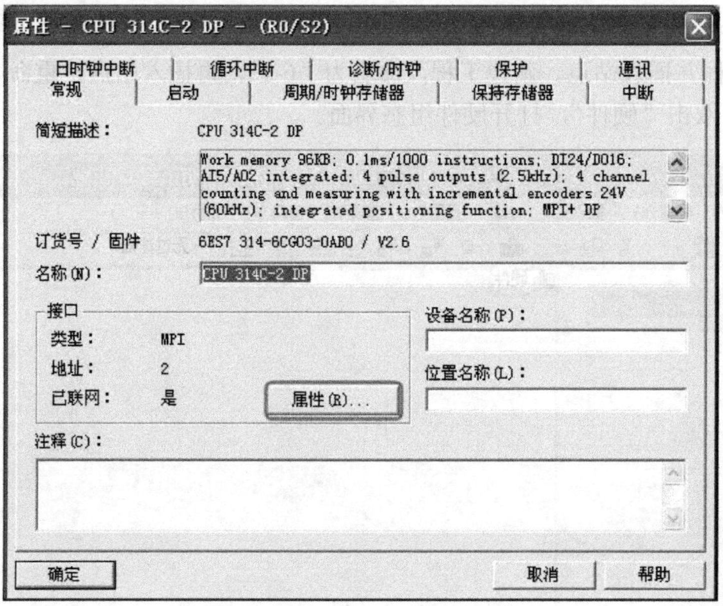

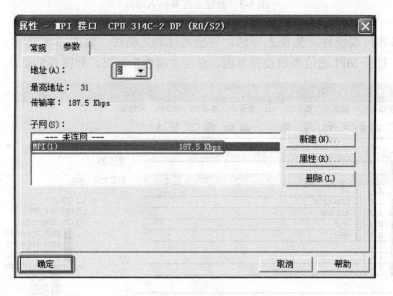

图 6-5　打开 MPI 通信参数设置界面

图 6-6　设置客户端的 MPI 通信参数

④ 打开系统块。完成以上步骤后，S7-300 的硬件组态完成，但还必须设置 S7-200 的通信参数。先打开 STEP7-Micro/WIN，选定工具条中的"系统块"按钮，并双击之，如图 6-7 所示。

⑤ 设置服务器端的 MPI 通信参数。先将用于 MPI 通信的接口（本例为 port0）的地址设置成"3"，一定不能设定为"2"，再将波特率设定为"187.5Kbps"，这个数值与 S7-300 的波特率必须相等，最后单击"确认"按钮，如图 6-8 所示。这一步不少初学者容易忽略，其实这一步非常关键，因为各站的波特率必须相等，这是一个基本原则。系统块设置完成后，还

要将其下载到 S7-200 中，否则通信是不能建立的。

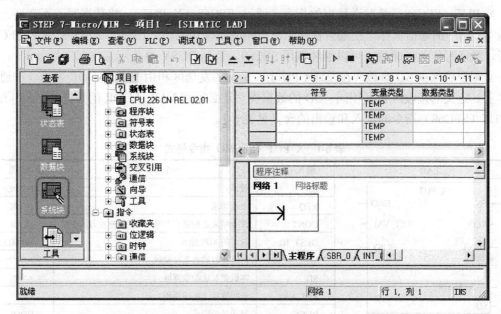

图 6-7　打开系统块

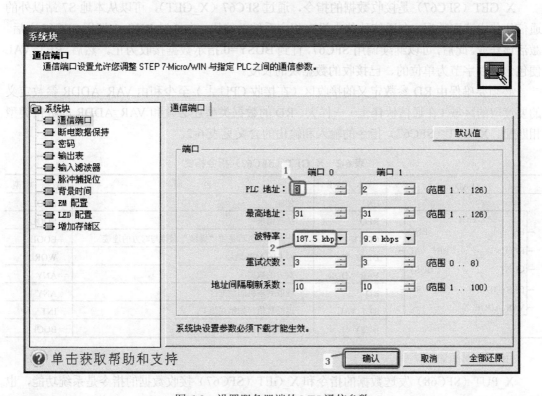

图 6-8　设置服务器端的 MPI 通信参数

【关键点】　硬件组态时，S7-200 和 S7-300 的波特率设置值应相等，此外 S7-300 的硬件组态和 S7-200 的系统块必须下载到相应的 PLC 中才能起作用。

（3）相关指令介绍

X_PUT（SFC68）是发送数据的指令，通过 SFC68（X_PUT），将数据写入不在同一个本地 S7 站中的通信伙伴。在通信伙伴上没有相应系统功能块。在通过 REQ=1 调用 SFC68 之后，激活写作业。此后，可以继续调用 SFC68，直到 BUSY=0 指示接收到应答为止。

必须要确保由 SD 参数（在发送 CPU 上）定义的发送区和由 VAR_ADDR 参数（在通信伙伴上）定义的接收区长度相同。SD 的数据类型还必须和 VAR_ADDR 的数据类型相匹配。X_PUT（SFC68）指令的输入和输出的含义见表 6-1。

表 6-1　X_PUT（SFC68）指令格式

LAD	输入/输出	说　　明	数据类型
"X_PUT" EN　　ENO REQ　　RET_VAL CONT　　BUSY DEST_ID VAR_ADDR SD	EN	使能	BOOL
	REQ	发送请求	BOOL
	CONT	作业结束之后是否"继续"保持与对方的连接	BOOL
	DEST_ID	对方的 MPI 地址	WORD
	VAR_ADDR	对方接收的数据存储区	ANY
	SD	本机要发送的数据区	ANY
	RET_VAL	返回数值（如错误值）	INT
	BUSY	发送是否完成	BOOL

X_GET（SFC67）是接收数据的指令，通过 SFC67（X_GET），可以从本地 S7 站以外的通信伙伴中读取数据。在通信伙伴上没有相应系统功能块。在通过 REQ=1 调用 SFC67 之后，激活该作业。此后，可以继续调用 SFC67，直到 BUSY=0 指示数据接收为止。然后，RET_VAL 便包含了以字节为单位的、已接收的数据块的长度。

必须要确保由 RD 参数定义的接收区（在接收 CPU 上）至少和由 VAR_ADDR 参数定义的要读取的区域（在通信伙伴上）一样大。RD 的数据类型还必须和 VAR_ADDR 的数据类型相匹配。X_GET（SFC67）指令的输入和输出的含义见表 6-2。

表 6-2　X_GET（SFC67）指令格式

LAD	输入/输出	说　　明	数据类型
"X_GET" EN　　ENO REQ　　RET_VAL CONT　　BUSY DEST_ID　　RD VAR_ADDR	EN	使能	BOOL
	REQ	接收请求	BOOL
	CONT	作业结束之后是否"继续"保持与对方的连接	BOOL
	DEST_ID	对方的 MPI 地址	WORD
	VAR_ADDR	对方的数据区	ANY
	RD	读取到本机的数据区	ANY
	RET_VAL	返回数值（如错误值）	INT
	BUSY	接收是否完成	BOOL

（4）程序编写

X_PUT（SFC68）发送数据的指令和 X_GET（SFC67）接收数据的指令是系统功能，也就是系统预先定义的功能，只要将"库"展开，再展开"Standard library（标准库）"，选定"X_PUT"或者"X_GET"，再双击之，"X_PUT"或者"X_GET"就自动在网络中指定的位置弹出，如图 6-9 所示。

客户端的程序如图 6-10 所示，服务器端并不需要编写程序。

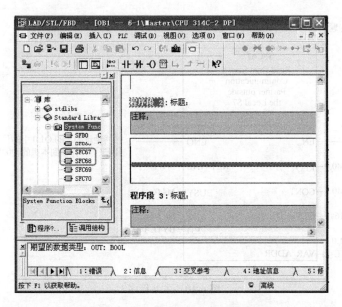

图 6-9 X_PUT 和 X_GET 指令的位置

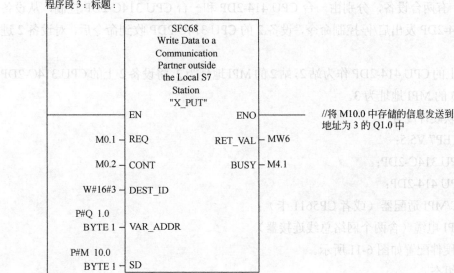

程序段1：标题：

//将 M0.0 和 M0.1 置位，允许
发送和接收

程序段2：标题：

//启动和停止信息

程序段3：标题：

//将 M10.0 中存储的信息发送到
地址为 3 的 Q1.0 中

图 6-10

97

程序段 4：标题：

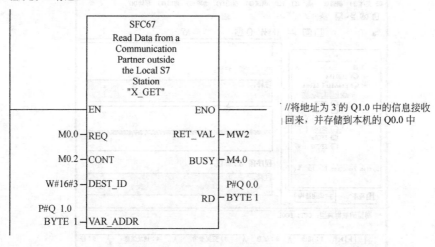

图 6-10　主站程序

【关键点】　本例客户端地址为 "2"，服务器端的地址为 "3"，因此硬件配置采用方案 1 时，必须将 "PPI 口" 的地址设定为 "3"。而采用方案 2 时，必须将 EM277 的地址设定为 "3"，设定完成后，还要将 EM277 断电，新设定的地址才能起作用，方案 2 不用设置波特率。指令 "X_PUT" 的参数 SD 和 VAR_ADDR 的数据类型可以根据实际情况确定，但在同一程序中数据类型必须一致。

6.2.3　无组态双边通信方式应用举例

通信双方都需要通信模块，一方调用发送块 SFC65（X_SEND）发送数据，另一方就要用接收块 SFC66（X_RCV）接收数据。双边通信适用于 S7-300/400 之间的通信。以下用一个例题讲解无组态双边通信的应用。

【例 6-2】　有两台设备，分别由一台 CPU 414-2DP 和一台 CPU 314C-2DP 控制，从设备 1 上的 CPU 414-2DP 发出启/停控制命令，设备 2 的 CPU 314C-2DP 收到命令后，对设备 2 进行启停控制。

将设备 1 上的 CPU 414-2DP 作为站 2，站 2 的 MPI 地址为 2，将设备 2 上的 CPU 314C-2DP 作为站 3，站 3 的 MPI 地址为 3。

（1）主要软硬件配置

① 1 套 STEP7 V5.5；

② 1 台 CPU 314C-2DP；

③ 1 台 CPU 414-2DP；

④ 1 根 PC/MPI 适配器（或者 CP5611 卡）；

⑤ 1 根 MPI 电缆（含两个网络总线连接器）。

MPI 通信硬件配置如图 6-11 所示。

（2）硬件组态

① 新建工程并插入站点。新建工程，命名为 "6-2"，再插入站点，将 SIMATIC 400(1) 重命名为 "Master"，将 SIMATIC 300(1) 重命名为 "Slave"，如图 6-12 所示。选中 "Master"，

双击"硬件",打开硬件组态界面。

图 6-11 MPI 通信硬件配置

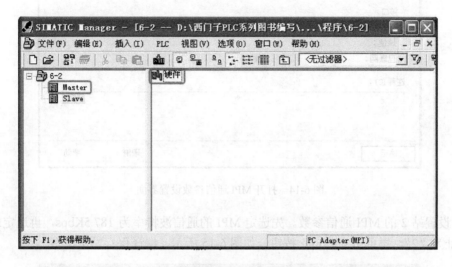

图 6-12 新建工程并插入站点

② 组态站 2 硬件。先插入导轨,再插入 CPU 模块,如图 6-13 所示,双击"CPU 414-2DP",打开 MPI 通信参数设置界面,单击"属性"按钮,如图 6-14 所示。

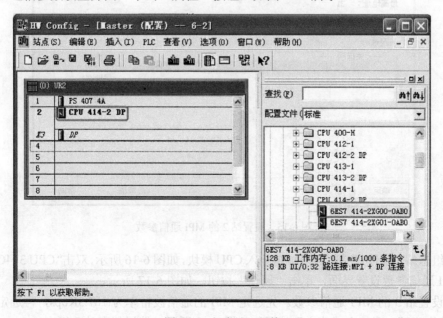

图 6-13 组态站 2 硬件

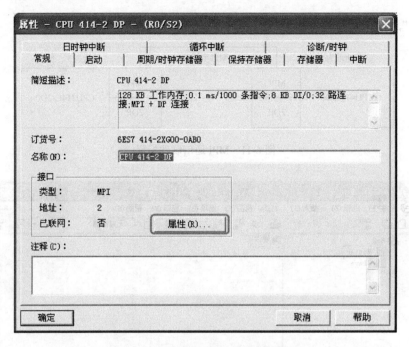

图 6-14　打开 MPI 通信参数设置界面

③ 设置站 2 的 MPI 通信参数。先选定 MPI 的通信波特率为 187.5Kbps，再选定站 2 的 MPI 地址为 "2"，再单击 "确定" 按钮，如图 6-15 所示。编译保存站 2 组态。

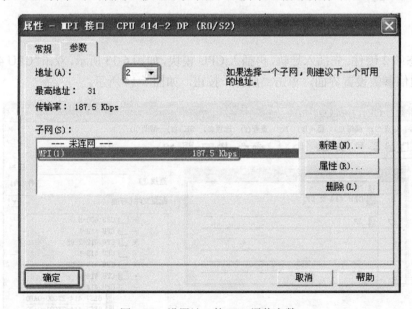

图 6-15　设置站 2 的 MPI 通信参数

④ 组态站 3 硬件。先插入导轨，再插入 CPU 模块，如图 6-16 所示，双击 "CPU 314C-2DP"，打开 MPI 通信参数设置界面，单击 "属性" 按钮，如图 6-17 所示。

⑤ 设置站 3 的 MPI 通信参数。先选定 MPI 的通信波特率为 187.5Kbps，再选定站 3 的 MPI 地址为 "3"，再单击 "确定" 按钮，如图 6-18 所示。编译保存站 3 组态。

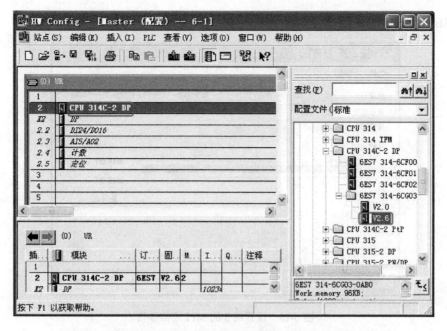

图 6-16　组态站 3 硬件

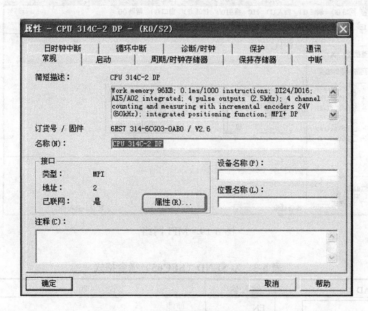

图 6-17　打开 MPI 通信参数设置界面

⑥ 查看网络。回到管理器界面，双击"🖳MPI(1)"图标，展开 MPI 网络，可以看到两台 PLC 已经连成 MPI 网络，如图 6-19 所示。

（3）相关指令介绍

X_SEND（SFC65）是发送数据的指令，通过 SFC65，发送数据到本地 S7 站以外的通信伙伴。在通信伙伴上使用 SFC 66（X_RCV）接收数据。当 REQ=1 时，调用 SFC65，之后再发送数据。必须要确保由参数 SD（在发送 CPU 上）定义的发送区小于或等于由参数 RD（在通信伙伴上）定义的接收区。若 SD 是 BOOL 数据类型，则 RD 必须也是 BOOL 类型。

101

X_SEND（SFC65）指令的输入和输出的含义见表 6-3。

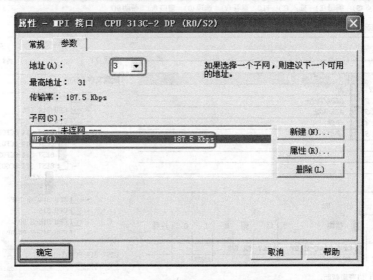

图 6-18　设置站 3 的 MPI 通信参数

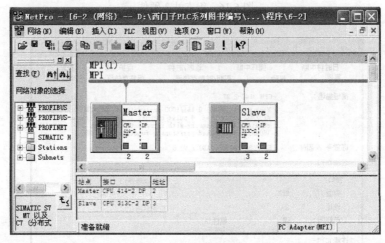

图 6-19　MPI 网络

表 6-3　X_SEND（SFC65）指令格式

LAD	输入/输出	说　　明	数据类型
"X_SEND" EN　　　ENO REQ　　RET_VAL CONT　　BUSY DEST_ID REQ_ID SD	EN	使能	BOOL
	REQ	发送请求	BOOL
	CONT	作业结束之后是否"继续"保持与对方的连接	BOOL
	DEST_ID	对方的 MPI 地址	WORD
	REQ_ID	表示 1 包数据的标识符	DWORD
	SD	本机要发送的数据区	ANY
	RET_VAL	返回数值（如错误值）	INT
	BUSY	发送是否完成	BOOL

X_RCV（SFC66）是接收数据的指令，通过 X_RCV（SFC 66），接收本地 S7 站以外的一个或多个通信伙伴通过 X_SEND（SFC65）发送的数据。X_RCV（SFC66）可以检查数据是已经发送还是正在等待复制。数据被操作系统输入到内部队列，可以将队列中最早的数据块复制到所选择的接收区。

X_RCV（SFC66）指令的输入和输出的含义见表 6-4。

表 6-4　X_RCV（SFC66）指令格式

LAD	输入/输出	说　明	数据类型
"X_RCV" EN　　ENO EN_DT 　　RET_VAL 　　REQ_ID 　　NDA 　　RD	EN	使能	BOOL
	EN_DT	接收使能	BOOL
	REQ_ID	表示接收数据包的标识符	DWORD
	NDA	为 1 表示有新的数据包，为 0 表示无新的数据包	WORD
	RD	读取到本机的数据区	ANY
	RET_VAL	返回数值（如错误值）	INT

通过 X_ABORT（SFC 69），终止一个通过 X_SEND、X_GET 或 X_PUT 建立的、到不在同一个本地 S7 站的通信伙伴的连接。如果属于 X_SEND、X_GET 或 X_PUT 的作业已结束（BUSY=0），则再调用 X_ABORT（SFC 69）。

之后，将释放在通信两端使用的连接资源。如果属于 X_SEND、X_GET 或 X_PUT 的作业还没有结束（BUSY=1），则在连接中止之后重新通过 REQ=0 和 CONT=0 调用相关的 SFC，然后等待 BUSY=0。只有这样才能重新释放所有连接资源。只能在有 X_SEND、X_GET 或 X_PUT 的通信端点上才可以调用 X_ABORT。通过 REQ=1 来调用 SFC69，激活中止的连接。

X_ABORT（SFC 69）指令的输入和输出的含义见表 6-5。

表 6-5　X_ABORT（SFC 69）指令格式

LAD	输入／输出	说　明	数据类型
"X_ABORT" EN　　ENO REQ　　RET_VAL DEST_ID　　BUSY	EN	使能	BOOL
	REQ	请求激活终止	BOOL
	DEST_ID	通信伙伴的 MPI 地址	WORD
	BUSY	连接终止是否完成	BOOL
	RET_VAL	返回数值（如错误值）	INT

（4）程序编写

X_SEND（SFC65）发送数据的指令和 X_RCV（SFC66）接收数据的指令是系统功能，也就是系统预先定义的功能，只要将"库"展开，再展开"Standard library（标准库）"，选定"X_SEND"或者"X_RCV"，再双击之（或者拖入网络），"X_SEND"或者"X_RCV"就自动在网络中指定的位置弹出，如图 6-20 所示。

站 2 的程序如图 6-21 所示，站 3 的程序如图 6-22 所示。

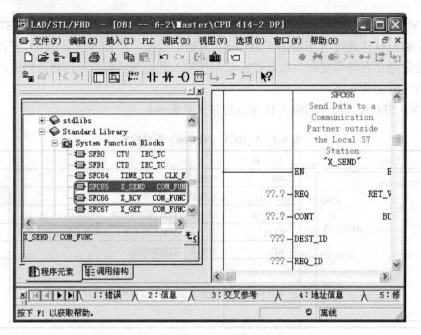

图 6-20 "X_SEND"和"X_RCV"指令的位置

程序段 1：标题：

程序段 2：标题：

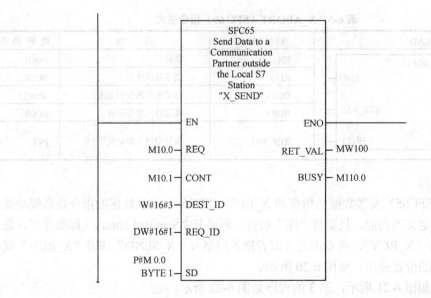

程序段 3：标题：

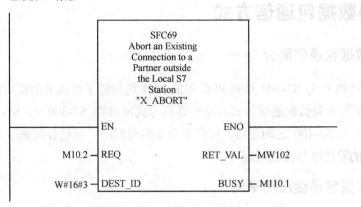

图 6-21 站 2 中 OB35 中的程序

程序段 1：标题：

程序段 2：标题：

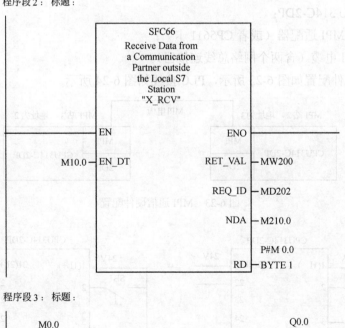

程序段 3：标题：

图 6-22 站 3 的程序

6.3 全局数据包通信方式

6.3.1 全局数据包通信简介

S7-300 系列 PLC 与 S7-300 系列 PLC 间的 MPI 通信除了可以采用前述的无组态通信方式外，还可以采用全局数据通信方式，这种通信方式可以在 S7-300 与 S7-300、S7-400 与 S7-300、S7-400 与 S7-400 之间通信，用户不需要编写程序，在硬件组态时，组态所有 MPI 的 PLC 站之间的发送区与接收区即可。

6.3.2 全局数据包通信应用举例

以下用一个例子介绍 S7-300 与 S7-300 之间的全局数据 MPI 通信。

【例 6-3】 有两台设备，各由一台 CPU 314C-2DP 控制，从设备 1 上的 CPU 314C-2DP 发出启/停控制命令，设备 2 的 CPU 314C-2DP 收到命令后，对设备 2 进行启停控制，同时设备 1 上的 CPU 314C-2DP 监控设备 2 的运行状态。

将设备 1 上的 CPU 314C-2DP 作为站 2，站 2 地址为 2，将设备 2 上的 CPU 314C-2DP 作为站 3，站 3 地址为 3。

（1）主要软硬件配置

① 1 套 STEP7 V5.5；

② 2 台 CPU 314C-2DP；

③ 1 根 PC/MPI 适配器（或者 CP5611 卡）；

④ 1 根 MPI 电缆（含两个网络总线连接器）。

MPI 通信硬件配置如图 6-23 所示，PLC 接线如图 6-24 所示。

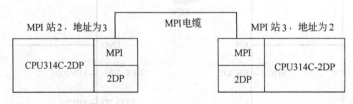

图 6-23 MPI 通信硬件配置

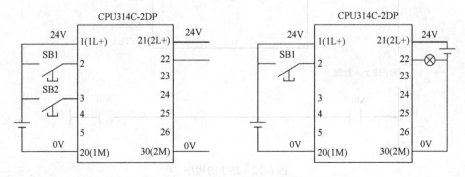

图 6-24 MPI 通信 PLC 接线

（2）硬件组态

① 新建工程和插入站点。新建工程，本例的工程名为"6-3"，再在工程中插入两个站点 SIMATIC 300（2）和 SIMATIC 300（3），选定站点"SIMATIC 300（2）"，双击"Hardware"，如图 6-25 所示。

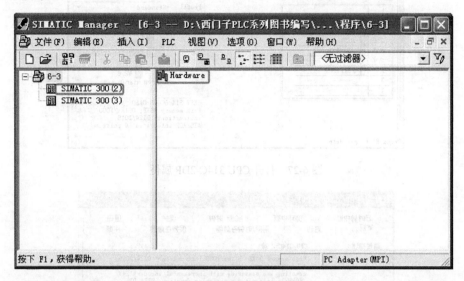

图 6-25 新建工程和插入站点

② 插入导轨。双击"RACK"，弹出导轨，如图 6-26 所示。

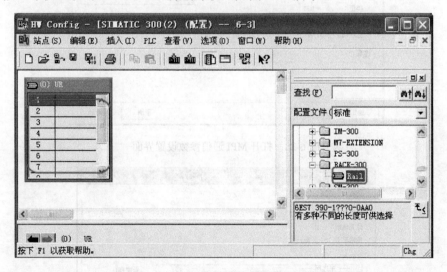

图 6-26 插入导轨

③ 打开 CPU 314C-2DP 属性。双击槽位 2 的 CPU 314C-2DP，如图 6-27 所示。

④ 设置站 2 的 MPI 通信参数。点击"属性"按钮，如图 6-28 所示，弹出设置 MPI 通信参数界面，如图 6-29 所示，设定 MPI 的地址为 2，MPI 的通信波特率为 187.5Kbps，再单击"确定"按钮。

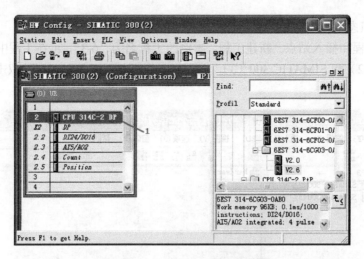

图 6-27 打开 CPU 314C-2DP 属性

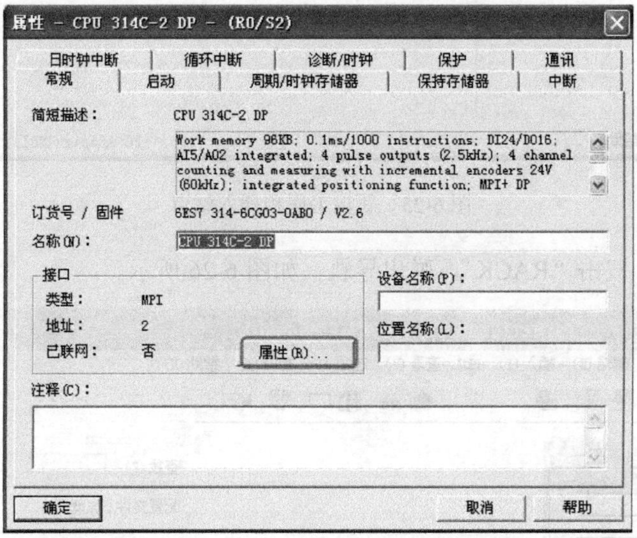

图 6-28 打开 MPI 通信参数设置界面

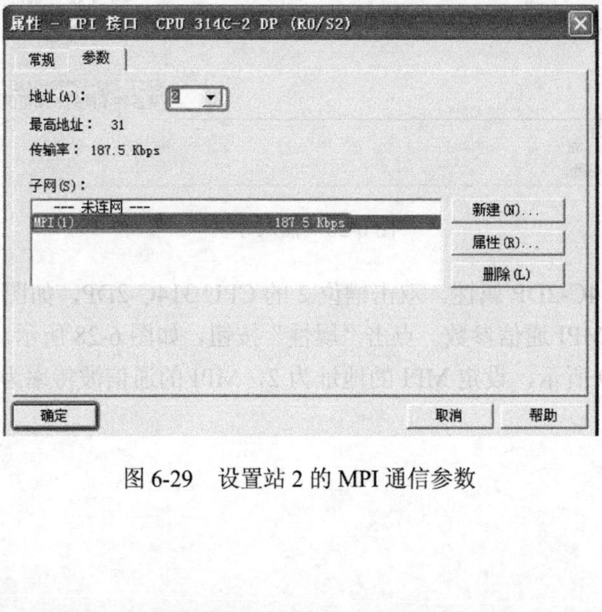

图 6-29 设置站 2 的 MPI 通信参数

⑤ 站 3 的硬件组态。回到图 6-25，选定 SIMATIC 300（3），双击"Hardware"，弹出硬件组态界面，先插入导轨，再插入 CPU 模块，如图 6-30 所示。双击槽位 2 的 CPU 314C-2DP。

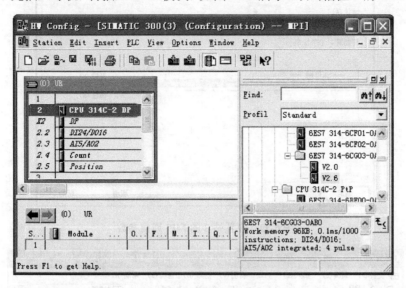

图 6-30 站 3 的硬件组态

⑥ 打开 MPI 通信参数设置界面。点击"属性"按钮，如图 6-31 所示，弹出站 3 的 MPI 通信参数设置界面，如图 6-32 所示，设定 MPI 的地址为 3，MPI 的通信波特率为 187.5Kbps，再单击"确定"按钮。

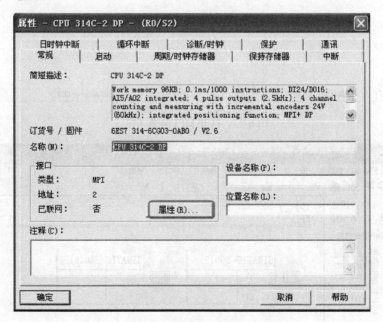

图 6-31 打开 MPI 通信参数设置界面

⑦ 打开 MPI 网络。双击标记"1"处的"MPI（1）"，如图 6-33 所示，弹出 MPI 的网络，如图 6-34 所示。

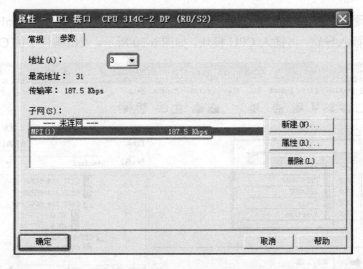

图 6-32 设置站 3 的 MPI 通信参数

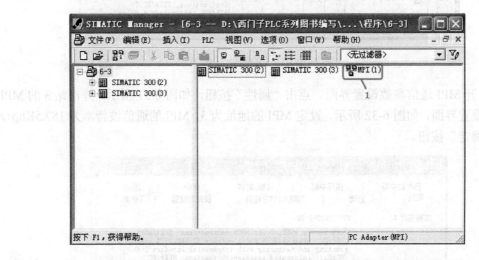

图 6-33 打开 MPI 网络（1）

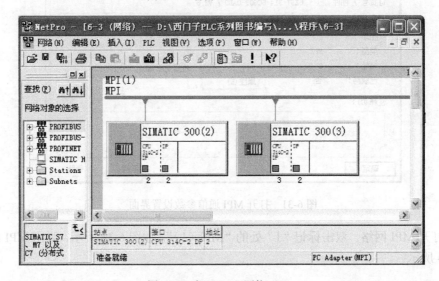

图 6-34 打开 MPI 网络（2）

⑧ 打开全局变量发送、接收区组态。选中标记"1"处的"MPI（1）"网络线，再选中菜单"选项"，单击子菜单"定义全局数据"，打开全局变量发送、接收区组态如图 6-35 所示。

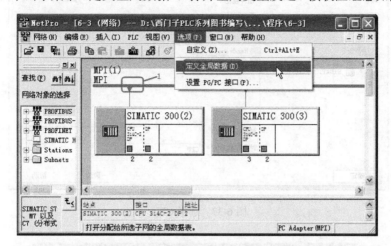

图 6-35　打开全局变量发送、接收区组态

⑨ MPI 全局变量组态。双击标记"1"处，如图 6-36 所示。

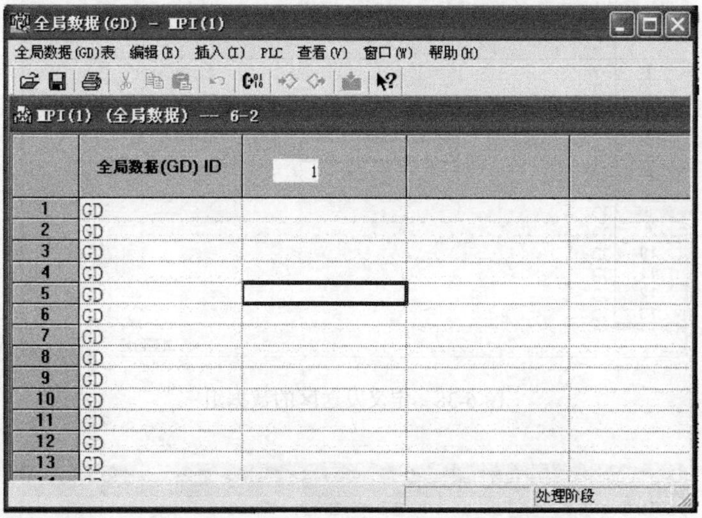

图 6-36　MPI 全局变量组态

⑩ 选择 CPU。选定"SIMATIC（2）"，再选定"CPU 314C-2DP"，再单击"确定"按钮，如图 6-37 所示。

⑪ 定义发送区的数据组。输入 MB10:5，其含义是将站点 SIMATIC 300（2）中从 MB10 开始的 5 个字节发送出去，如图 6-38 所示。

⑫ 发送区的数据组的组态。选定"编辑"菜单，单击"发送器"，定义发送区的数据组，如图 6-39 所示，其他发送区和接收的数据组的组态方法类似，如图 6-40 所示。含义是：将站点 SIMATIC 300（2）的从 MB10 开始的 5 个字节发送到 SIMATIC 300（3）的从 MB10 开始的 5 个字节的存储区中，将站点 SIMATIC 300（3）的从 MB30 开始的 5 个字节发送到 SIMATIC 300（2）的从 MB30 开始的 5 个字节的存储区中。具体数据流向见表 6-6。

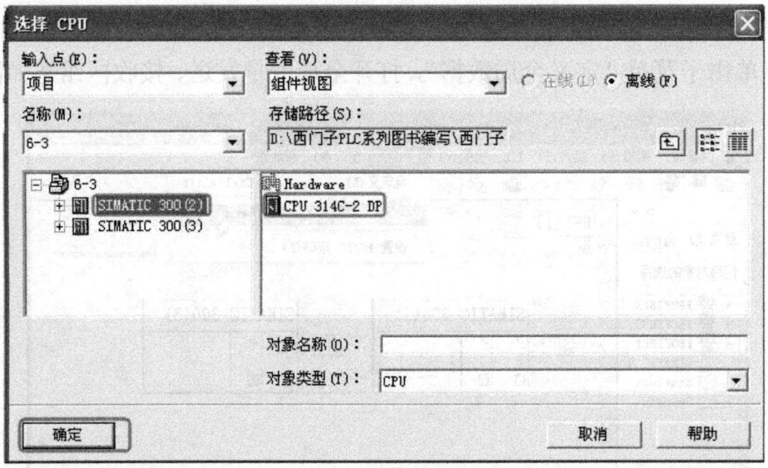

图 6-37　选择 CPU

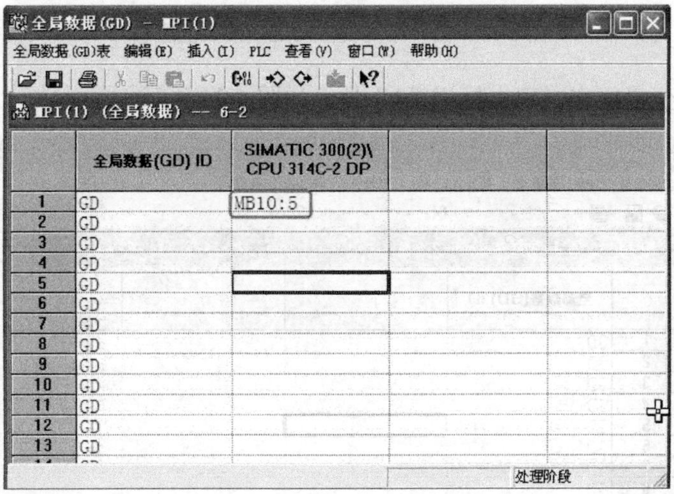

图 6-38　定义发送区的数据组

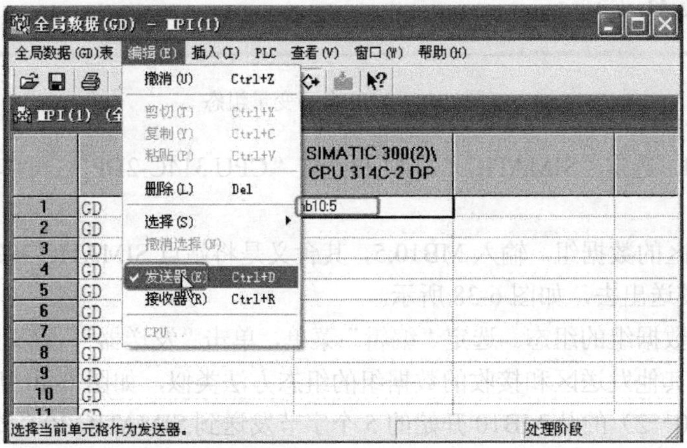

图 6-39　发送区的数据组的组态

在选择 CPU 前，先用鼠标单击 SIMATIC 300 (2) 站，然后再用鼠标单击"确定"按钮，如图 6-37 所示。

① 定义发送区的数据组。在 GD 行输入要发送的地址区，如 CPU 中的 MB10 开始的 5 个字节，如图 6-38 所示。

② 发送区组态。用鼠标单击 MB10 的单元格，使之成为发送区（只能有一个发送区）。如图 6-39 所示，用鼠标单击"编辑" → "发送器"命令，MB10 背景色加黑，而原来 SIMATIC 300 (3) 站是接收区。保存编译后，下载到 CPU 中，CPU 中的 MB10 的 5 个字节的数据就发送到 SIMATIC 300 (3) 站的 MB30 开始的 5 个字节数据区，SIMATIC 300 (2) 站从 MB30 开始的 5 个字节的数据区。具体操作的过程见表 6-6。

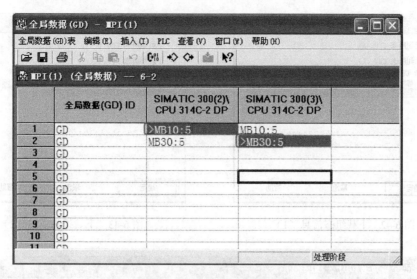

图 6-40 发送区和接收的数据组的组态

表 **6-6** 全局 **MPI** 数据流向

序 号	SIMATIC 300（2）	对 应 关 系	SIMATIC 300（3）
1	MB10~MB14	→	MB10~MB14
2	MB30~MB34	←	MB30~MB34

⑬ 编译和保存组态内容。单击"保存"按钮即可，如图 6-41 所示。

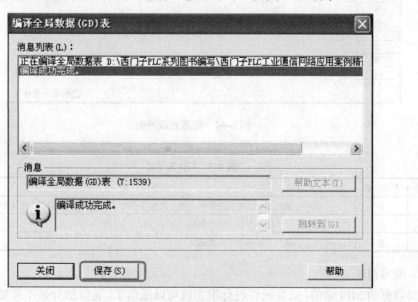

图 6-41 保存组态内容

⑭ 下载组态信息。单击工具栏中的"下载"按钮 <img>，如图 6-42 所示。选定 SIMATIC 300
（2）和 SIMATIC 300（3）分别下载到对应的站点中去，如图 6-43 所示。

⑮ 组态完成。组态完成后，经过编译后，界面如图 6-44 所示。GD X.Y.Z（如 GD 1.2.1）
的含义见表 6-7。

图 6-42　下载组态信息（1）

图 6-43　下载组态信息（2）

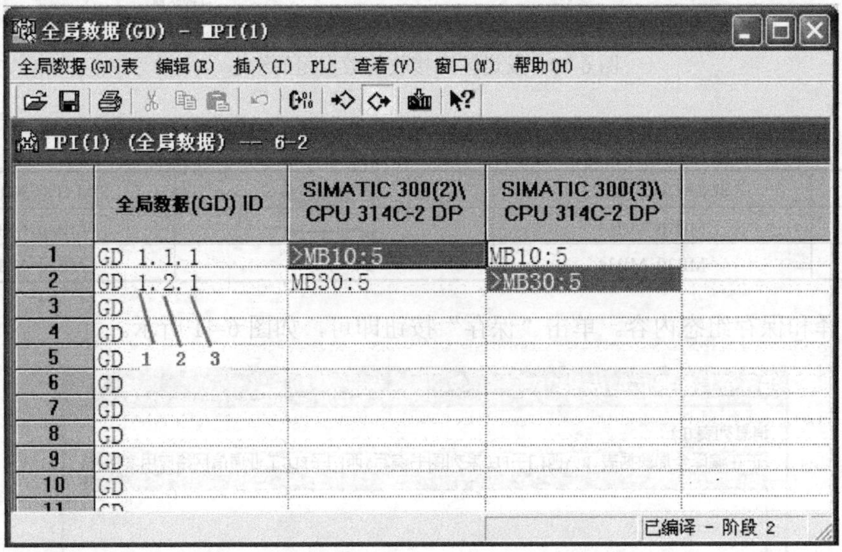

图 6-44　组态完成界面

表 6-7　GD X.Y.Z

序　号	参　数	含　义
1	X	全局变量数据包的循环次数，次数与 CPU 有关，S7-300 最多支持 4 个
2	Y	一个循环中有几个数据包
3	Z	是一个数据包中的数据区

（3）编写程序

全局数据的 MPI 通信，只要硬件进行组态就可以通信了，通信部分是不需要编写程序的，像本例这样的简单的工程，若组态合理不需要编写一条程序。但一个实际的工程不编写程序是很不现实的。站 2 和站 3 的程序如图 6-45 和图 6-46 所示。

【关键点】本例的关键在于将 MPI 的通信组态正确，还有一点要特别注意，就是站 2 哪个数据区将数据送到站 3 哪个数据区中，站 2 又从站 3 哪个数据区接收数据，这些关系是绝对不能弄错的，否则不可能建立正确的通信。

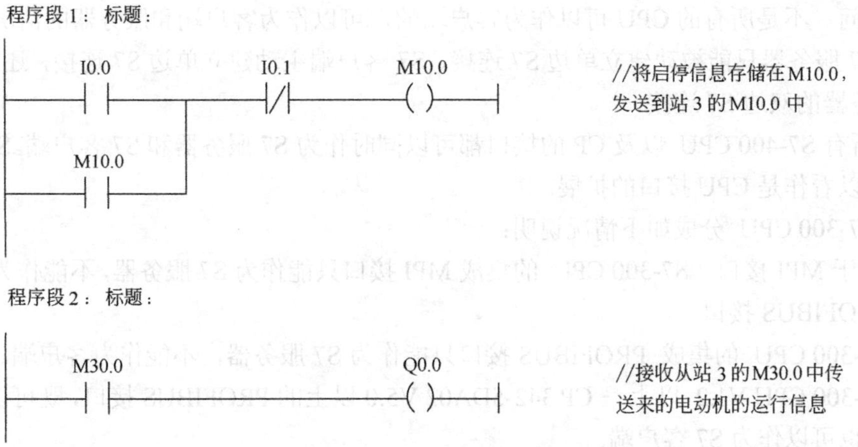

程序段 1：标题：

```
        I0.0              I0.1            M10.0
    ─────┤ ├───────────────┤/├──────────────( )─────
        M10.0
    ─────┤ ├───┐
```

//将启停信息存储在 M10.0，
发送到站 3 的 M10.0 中

程序段 2：标题：

```
        M30.0                            Q0.0
    ─────┤ ├───────────────────────────────( )─────
```

//接收从站 3 的 M30.0 中传
送来的电动机的运行信息

图 6-45 站 2 的程序

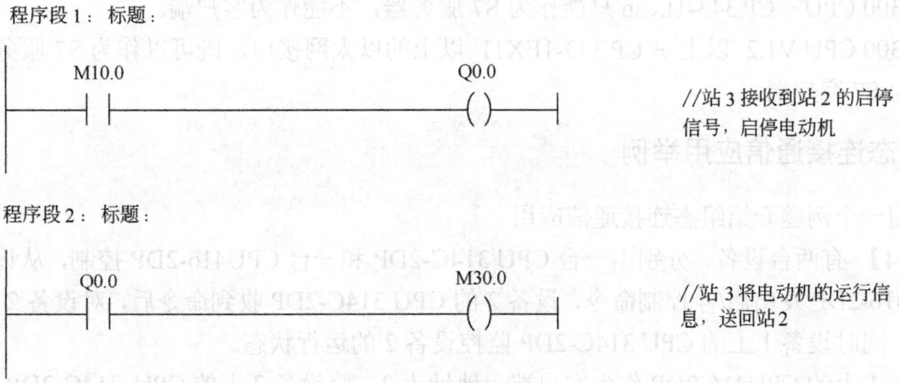

程序段 1：标题：

```
        M10.0                            Q0.0
    ─────┤ ├───────────────────────────────( )─────
```

//站 3 接收到站 2 的启停
信号，启停电动机

程序段 2：标题：

```
        Q0.0                             M30.0
    ─────┤ ├───────────────────────────────( )─────
```

//站 3 将电动机的运行信
息，送回站 2

图 6-46 站 3 的程序

6.4 组态连接通信方式

6.4.1 组态连接通信方式简介

（1）MPI 组态通信简介

在前面的章节讲解了无组态 MPI 通信、全局数据 MPI 通信，这些 MPI 的通信方式其实都适用于 S7-300/400 系列 PLC 与 S7-400 系列 PLC 间的 MPI 通信，但组态 MPI 通信方式就只适用于后者。

S7-300/400 组态连接通信时，S7-300 只能作服务器端，S7-400 能作服务器端和客户端。组态方式的 MPI 通信的好处是处理的数据量大，数据包长度最大可达 160 个字节。

MPI 组态通信实际上是 S7 通信（即 S7-communication）的一种，S7 通信主要用于 S7-400/400 和 S7-400/300 PLC 之间的通信，是 S7 系列 PLC 基于 MPI、PROFIBUS 和工业以太网的一种优化通信协议。

（2）S7 通信的客户端和服务器端

S7 通信采用客户端-和服务器原则（Client-Server-Principle），客户端是主控端，服务器是

115

只能被访问。不是所有的 CPU 可以作为客户端的，可以作为客户端和服务器的情况如下：

① S7 服务器只能被动建立单边 S7 连接，S7 客户端主动建立单边 S7 连接，还可以建立与 S7 服务器的双边 S7 连接。

② 所有 S7-400 CPU 以及 CP 的接口都可以同时作为 S7 服务器和 S7 客户端。S7-400 CP 的接口可以看作是 CPU 接口的扩展。

③ S7-300 CPU 分成如下情况说明：

a. 对于 MPI 接口　S7-300 CPU 的集成 MPI 接口只能作为 S7 服务器，不能作为客户端。

b. PROFIBUS 接口

• S7-300 CPU 的集成 PROFIBUS 接口只能作为 S7 服务器，不能作为客户端。

• S7-300 CPU V1.2 以上 + CP 342-5DA02 V5.0 以上的 PROFIBUS 接口，既可以作为 S7 服务器，也可以作为 S7 客户端。

c. 以太网接口

• S7-300 CPU 的集成 PN，既可以作为 S7 服务器，也可以作为 S7 客户端。

• S7-300 CPU + CP 343-1Lean 只能作为 S7 服务器，不能作为客户端。

• S7-300 CPU V1.2 以上 + CP 343-1EX11 以上的以太网接口，既可以作为 S7 服务器，也可以作为 S7 客户端。

6.4.2　组态连接通信应用举例

以下用一个例题介绍组态连接通信应用。

【例 6-4】有两台设备，分别由一台 CPU 314C-2DP 和一台 CPU416-2DP 控制，从设备 1 上的 CPU416-2DP 发出启/停控制命令，设备 2 的 CPU 314C-2DP 收到命令后，对设备 2 进行启停控制，同时设备 1 上的 CPU 314C-2DP 监控设备 2 的运行状态。

将设备 1 上的 CPU416-2DP 作为客户端，地址为 2，将设备 2 上的 CPU 314C-2DP 作为服务器端，地址为 3。

（1）主要软硬件配置

① 1 套 STEP7 V5.5；

② 1 台 CPU 314C-2DP；

③ 1 台 CPU 416-2DP；

④ 1 根 PC/MP 适配器（或者 CP5611 卡）；

⑤ 1 根 MPI 电缆（含两个网络总线连接器）。

MPI 通信硬件配置如图 6-47 所示。

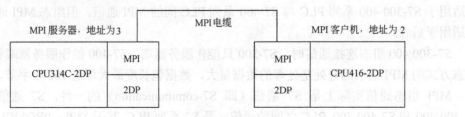

图 6-47　MPI 通信硬件配置

（2）硬件组态

① 新建工程。新建工程，命名为"mpi1"，插入站点和 CPU，并将建立 CPU 314C-2DP

和 CPU 416-2DP 的 MPI 连接，其中 CPU 416-2DP 的 MPI 地址为 2，CPU 314C-2DP 的 MPI
地址为 3，如图 6-48 所示，再单击"MPI"标志，弹出如图 6-49 所示的界面。

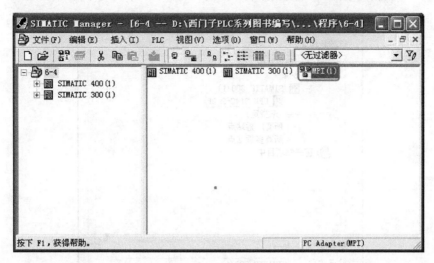

图 6-48　新建工程

② 新建连接。如图 6-49 所示，选中"1"处，单击右键，弹出快捷菜单，单击"插入新
连接"，弹出如图 6-50 所示的界面。

③ 选择 CPU 的连接方式。如图 6-50 所示，选中"CPU 314C-2DP"和"S7 连接"，单
击"应用"按钮，弹出如图 6-51 所示的界面。注意："S7 连接"不仅可用于 MPI 通信，还
可以用于 PROFIBUS 和以太网通信，在后面的章节会讲到。

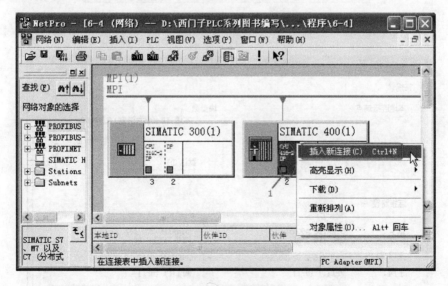

图 6-49　新建连接

④ 选择 MPI 参数。如图 6-51 所示，单击"确定"按钮，硬件组态完成。

（3）相关指令介绍

PUT（SFB15）是发送指令，通过使用 PUT（SFB15），可以将数据写入到远程 CPU。对
于 S7-300 系列 PLC，在 REQ 的上升沿时发送数据。在 REQ 的每个上升沿时传送参数 ID、

ADDR_1 和 SD_1。在每个作业结束之后，可以给 ID、ADDR_1 和 SD_1 参数分配新数值。
PUT（SFB15）指令各参数的含义见表 6-8。

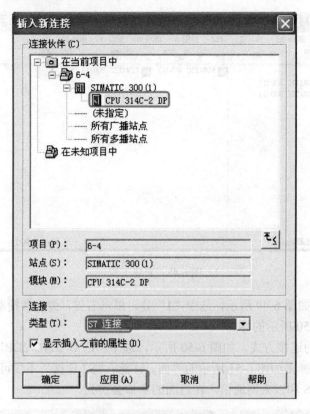

图 6-50　选择 CPU 的连接方式

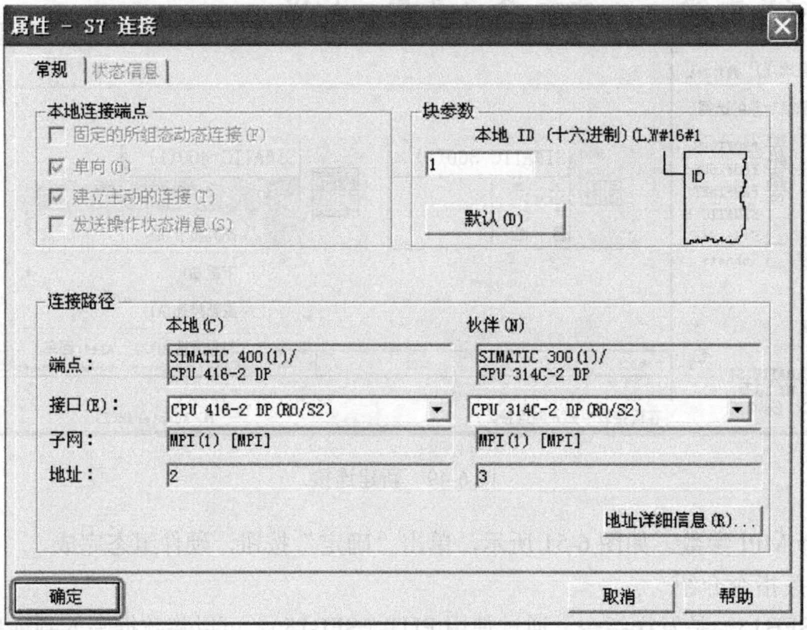

图 6-51　选择 MPI 参数

表 6-8　PUT（SFB15）指令格式

LAD	输入 / 输出	说　明	数据类型
SFB15 EN　ENO REQ　DONE ID　ERROR ADDR_1　STATUS ADDR_2 ADDR_3 ADDR_4 SD_1 SD_2 SD_3 SD_4	EN	使能	BOOL
	REQ	发送请求	BOOL
	ID	地址参数	WORD
	ADDR_1	本地的存储地址	ANY
	SD_1	对方的数据区	ANY
	DONE	是否发送完成	BOOL
	ERROR	是否错误	BOOL
	STATUS	状态	WORD

　　GET（SFB14）是接收指令，通过 GET（SFB14），从远程 CPU 中读取数据。对于 S7-300 系列 PLC，在 REQ 的上升沿时读取数据。在 REQ 的每个上升沿时传送参数 ID、ADDR_1 和 RD_1。在每个作业结束之后，可以分配新数值给 ID、ADDR_1 和 RD_1 参数。GET（SFB14）指令各参数的含义见表 6-9。

表 6-9　GET（SFB14）指令格式

LAD	输入 / 输出	说　明	数据类型
SFB14 EN　ENO REQ　NDR ID　ERROR ADDR_1　STATUS ADDR_2 ADDR_3 ADDR_4 RD_1 RD_2 RD_3 RD_4	EN	使能	BOOL
	REQ	接收请求	BOOL
	ID	地址参数	WORD
	ADDR_1	本地的存储地址	ANY
	RD_1	对方的数据区	ANY
	NDR	是否在接收完成	BOOL
	ERROR	是否错误	BOOL
	STATUS	状态	WORD

　　【关键点】　① PUT（SFB15）和 GET（SFB14）指令的参数 ID 设定如图 6-40 所示，本通信实用 OSI 模型的第一、二和七层。PUT（SFB15）和 GET（SFB14）用于 S7-400；而对于 S7-300，只能用 PUT（FB15）和 GET（FB14）。

　　② 对于 MPI 的 S7 协议通信，只能用于 S7300 和 S7-400 以及 S7-400 之间的通信。

　　（4）编写程序

　　客户端的程序如图 6-52 所示，服务器端的程序如图 6-53 所示。

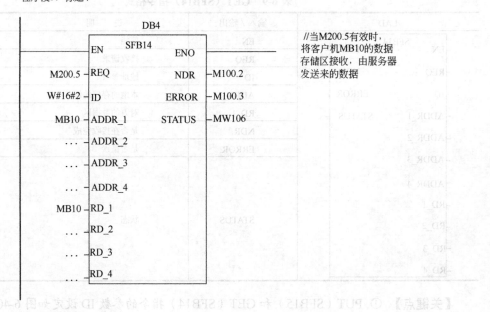

程序段1：标题：

I0.0   I0.1   M0.0
┤├──────┤/├────( )──   //启停信息
M0.0
┤├

程序段2：标题：

DB3
SFB15
EN   ENO
                                //当M200.5有效时，
M200.5 — REQ   DONE — M100.0   客户机的MB0向服
                                务器的MB0数据区发
W#16#2 — ID   ERROR — M100.1   送数据
MB0 — ADDR_1   STATUS — MW102
··· — ADDR_2
··· — ADDR_3
··· — ADDR_4

MBO — SD_1
··· — SD_2
··· — SD_3
··· — SD_4

程序段3：标题：

DB4
SFB14
EN   ENO
                                //当M200.5有效时，
M200.5 — REQ   NDR — M100.2   将客户机MB10的数据
                                存储区接收，由服务器
W#16#2 — ID   ERROR — M100.3   发送来的数据
MB10 — ADDR_1   STATUS — MW106
··· — ADDR_2
··· — ADDR_3
··· — ADDR_4

MB10 — RD_1
··· — RD_2
··· — RD_3
··· — RD_4

程序段4：标题：

M10.0   Q0.0
┤├────────────────( )──   //将接收到的信息显示
                                在Q0.0上

图 6-52 客户端程序

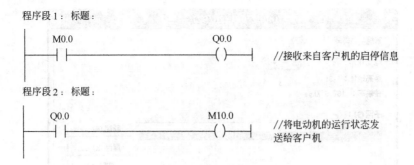

图 6-53 服务器端程序

6.5 S7 PLC 与 HMI 的 MPI 通信

S7-300/400 与 HMI 的 MPI 通信不需要 STEP 7 软件的组态，也不需要编写任何程序，只要在 HMI 组态软件上设置相关参数即可。以下用一个简单的例子介绍 S7 PLC 与 HMI 的 MPI 通信。

【例 6-5】 有一台设备，由 TP177B 触摸屏控制 CPU 314C-2DP 上的一盏灯的亮和灭，请完成此工程。

将设备 1 上的 TP177B 触摸屏作为主站，地址为 1，将 CPU 314C-2DP 作为从站，地址为 2。

（1）主要软硬件配置

① 1 套 STEP7 V5.5 和 WinCC flexible 2008 SP4；

② 1 台 CPU 314C-2DP；

③ 1 台 TP177B 触摸屏；

④ 1 根 PC/MPI 适配器（或者 CP5611 卡）；

⑤ 1 根 MPI 电缆（含两个网络总线连接器）。

MPI 通信硬件配置如图 6-54 所示。

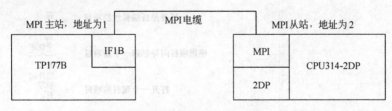

图 6-54 MPI 通信硬件配置

（2）CPU 314C-2DP 的硬件组态和程序编写

① 新建工程，并将 CPU 314C-2DP 的 MPI 地址设置为 2，波特率设置为 187.5Kbps，如图 6-55 所示。注意：组态后的硬件信息要下载到 CPU 314C-2DP 中去。

② 编写程序，并下载到 CPU 314C-2DP 中去，如图 6-56 所示。

（3）TP177B 的组态

① 新建一个空项目。打开 WinCC flexible 软件，单击"创建一个空项目"，如图 6-57 所示。

121

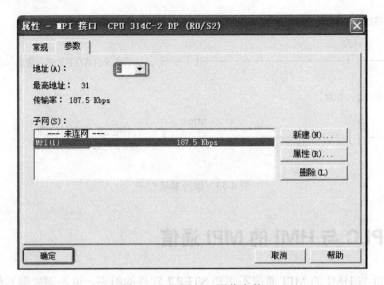

图 6-55　设置 MPI 通信参数

程序段 1：标题：

M0.0   Q0.0
─┤├───( )─

图 6-56　程序

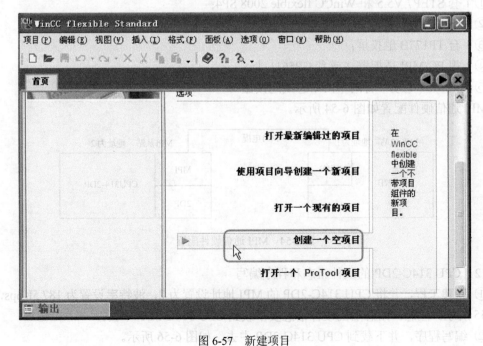

图 6-57　新建项目

　　② 设备选择。选择 HMI 的设备类型，本例为"TP177B 6"mono DP"，再单击"确定"按钮，如图 6-58 所示。最后将项目另存为"6-5A.hmi"。

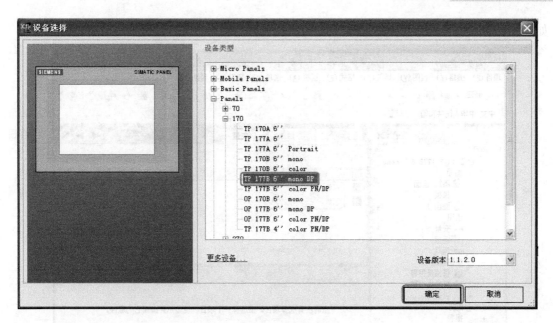

图 6-58　设备选择

③ 新建连接。选定"连接"，再单击"1"处的空白，弹出"连接_1"，再选择通信驱动程序"SIMATIC S7 300/400"，如图 6-59 所示。配置文为"MPI"（即通信协议），通信波特率为 187.5Kbps，HMI 的通信接口为"IF1B"，地址为"1"，PLC 的地址为"2"。

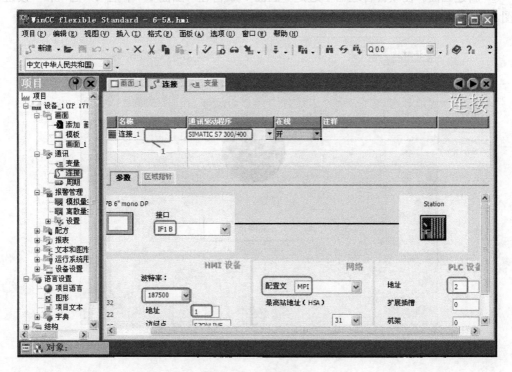

图 6-59　新建连接

④ 新建变量。选定"变量"，再单击"名称"下面的空白，弹出"变量_1"，将此变量重命名为"M00"，M00 的地址为 M0.0；用同样的办法新建变量 Q00，Q00 的地址为 Q0.0，

如图 6-60 所示。

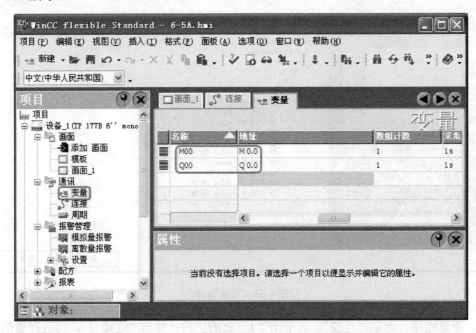

图 6-60　新建变量

⑤ 新建画面。在项目管理器中选定"画面1"，再在"画面1"中拖入"圆"和"按钮"，如图 6-61 所示。

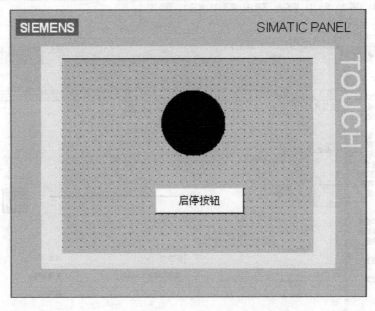

图 6-61　新建画面

⑥ 动画连接。先选定"圆"，再在"动画"→"可见性"中勾选"启用"，接着选定变量为"Q00"，如图 6-62 所示，这样 Q00=1 时圆可见，Q00=0 时圆隐藏。

选定"按钮"，再在"事件"→"单击"中选择"位编辑"→"InvertBit"，接着选定变量为"M00",如图 6-63 所示,这样单击按钮时 M00 的数值在 0 和 1 之间翻转。保存组态。

图 6-62 动画连接(1)

图 6-63 动画连接(2)

⑦ 下载组态。先单击工具栏上的下载按钮" ",再选择"MPI/DP"通信模式,站地址

为 "1"，单击 "传送" 按钮，如图 6-64 所示，编译结束后，开始下载。

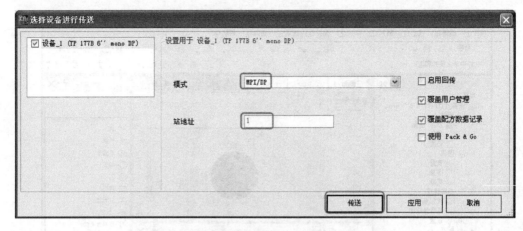

图 6-64　下载组态信息

除了 MPI 通信外，西门子的 HMI 产品还能和 S7-300/400 进行 PROFIBUS、以太网通信，在此不做说明。

6.6　WinCC flexible 和 PLCSIM 的通信仿真

如果没有西门子人机界面和 S7-300/400 硬件设备，是否意味着读者不能验证构建的人机界面和 S7-300/400 组成的系统是否正确呢？西门子解决了这个问题，只要电脑中安装了 WinCC flexible、STEP7 和 PLCSIM 软件，就可以进行仿真，从而验证读者构建的系统是否正确，就像运行在真实的系统上一样。

6.6.1　S7-PLCSIM 简介

（1）初始 S7-PLCSIM

西门子为 S7-300/400 系列 PLC 设计了一款可选仿真软件包 PLC Simulation（本书简称 S7-PLCSIM），此仿真软件包可以在计算机或者编程设备中模拟可编程控制器运行和测试程序，它不能脱离 STEP7 独立运行。如果 STEP7 中已经安装仿真软件包，工具栏中的 "仿真开关" 按钮 是亮色的，否则是灰色的，只有 "仿真开关" 按钮是亮色才可以用于仿真。

S7-PLCSIM 提供了简单的用户界面，用于监视和修改在程序中使用各种参数（如开关量输入和开关量输出）。当程序由 S7-PLCSIM 处理时，也可以在 STEP7 软件中使用各种软件功能，如使用变量表监视、修改变量和断点测试功能。

（2）S7-PLCSIM 与真实 PLC 的差别

S7-PLCSIM 提供了方便、强大的仿真模拟功能。与真实的 PLC 相比，它的灵活性高，提供了许多 PLC 硬件无法实现的功能，使用也更加方便。但是仿真软件毕竟不能完全取代真实的硬件，不可能实现完全仿真。用户利用 S7-PLCSIM 进行仿真时，还应该了解它与真实 PLC 的差别。

① S7-PLCSIM 上有如下功能在真实 PLC 上无法实现

a. 仿真的 CPU 中正在运行时可以用 "Stop" 选项中断程序，恢复 "运行" 时是从程序中断处开始继续处理程序。

b. 与真实的 CPU 一样，仿真软件可以改变 CPU 的操作模式（RUN，RUN-P 和 STOP）。但与实际 CPU 不同的是仿真的 CPU 切换到 STOP 模式并不会改变输出的状态。

c. 仿真软件中在目标视图中变量的每个改变，其存储区对应相关地址的内容会被同时更新。CPU 并不是等到循环周期结束或开始时才更新改变的数据。

d. 使用关于程序处理的选项可以指定 CPU 如何执行程序：

• 选择"By cycles"程序执行一个周期后等待命令再执行下一个循环周期；

• 选择"Automatic"程序的处理同实际自控系统一样，一旦一个循环周期结束马上执行下一个周期。

e. 仿真定时器可以使用自动或手动方式处理，自动方式按照程序执行结果，手动方式可以给定特殊值或复位定时器。复位定时器可以复位单独的定时器或一次复位所有定时器。

f. 可以手动触发诊断中断 OB。OB40 到 OB47（过程中断），OB70（I/O 冗余错误），OB72（CPU 冗余错误），OB73（通信冗余错误），OB80（时间错误），OB82（诊断警告），OB83（插拔模块警告），OB85（程序执行错误）和 OB86（机架故障）。

g. 过程映像区和 I/O 区。如果改变一个输入映像区的值，S7-PLCSIM 立即将此值复制到输入外设区。这就意味着从输入外设区写到输入过程映像区所需要的值在下一个循环周期开始时不会丢失。同样如果改变了输出映像区的一个值，此值立即被复制到输出外设区。

② S7-PLCSIM 与"实际"的自动化系统还有以下不同：

a. 诊断缓冲区。S7-PLCSIM 不能支持所有写入诊断缓冲区的错误消息。例如，关于 CPU 中的电池电量不足的消息或者 EEPROM 错误是不能仿真的。但大部分 I/O 和程序错误都是可以仿真的。

b. 在改变操作模式时（比如从 RUN 切换到 STOP）输入输出没有"安全"状态。

c. 不支持功能模块（FM）。

d. S7-PLCSIM 与 S7-400 CPU 一样支持 4 个累加器。在某些情况下 S7-PLCSIM 上运行的程序与真实的只有 2 个累加器 S7-300 CPU 上运行结果不同。

e. 输入/输出的不同。大多数 S7-300 产品系列的 CPU 可以自动配置输入/输出设备：如果将模块连接到控制器，CPU 即自动识别此模块。对于仿真的自动化系统，这种自识别是不能模拟的。如果把一个自动组态好 I/O 的 S7 300 CPU 程序装载到 S7-PLCSIM 中，系统数据中将不包含任何 I/O 组态。因此，如果使用 S7-PLCSIM 来仿真 S7 300 的程序，为了 CPU 能识别所使用的模块必须首先装载硬件组态。在 S7-PLCSIM 中 S7-300 CPU 不能自动识别 I/O，例如 CPU315-2DP、CPU 316-2DP 或 CPU 318-2DP 等，为了能将硬件组态装载到 S7-PLCSIM，需要创建一个项目。拷贝相应的硬件组态到这个项目并装载到 S7-PLCSIM。然后从任意 STEP7 项目装载程序块，I/O 处理都不会有错误。

此外，S7-PLCSIM V5.4 SP3 以前的版本不能对通信进行仿真。

6.6.2 实例

用上一节构建的工程进行仿真。

【例 6-6】 有一台设备，由 TP177B 触摸屏控制 CPU 314C-2DP 上的一盏灯的亮和灭，请完成此工程，并进行仿真。

【解】

（1）构建 STE7 工程

构建 STEP7 工程的过程详见上一节（6.5），在此不再赘述。

（2）将 STEP 工程下载到 PLCSIM 中

在项目管理器界面中，单击仿真器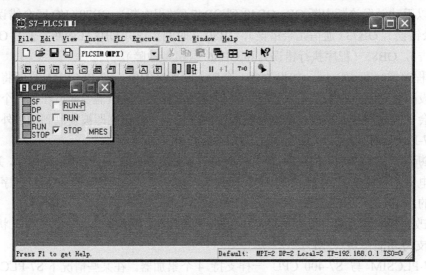，弹出仿真器界面，如图 6-65 所示。接着在仿真器中,单击"Insert"→"Bit Memory"和"Insert"→"Output Variable"，即时插入位存储器和输出存储器，如图 6-66 所示。

在项目管理器界面中，选中"SIMATIC 300(1)"，再单击下载按钮，程序即可下载到仿真器中去，如图 6-67 所示。但要注意，仿真处于激活状态，且仿真器的 CPU 应处于"STOP"或者"RUN-P"状态，如图 6-68、图 6-69 所示，才能下载程序。如果仿真器的 CPU 应处于"RUN"状态是不能下载程序的。此外要说明的是，"RUN-P"状态是仿真器特有的，真实的 PLC 并没有这个状态。

图 6-65　仿真器初始界面

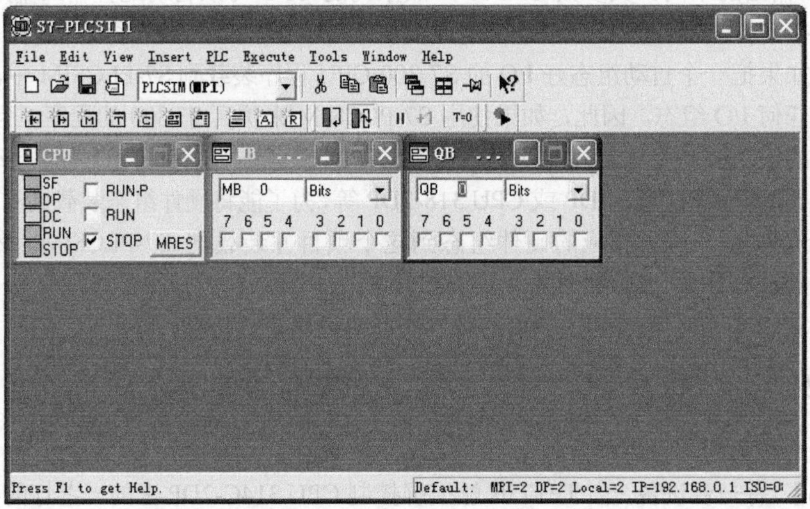

图 6-66　仿真器界面（插入位存储器和输出存储器）

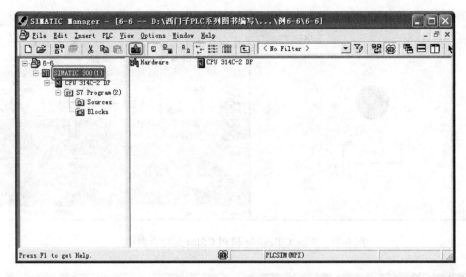

图 6-67　下载程序到仿真器中

（3）仿真调试

先把 PLCSIM 的仿真器的 CPU 置于"RUN"状态（即勾选 RUN），如图 6-69 所示。再切换到 WinCC flexible 软件界面，单击工具栏上的启动运行系统按钮![按钮]，人机界面开始编译工程，当工程没有任何错误时，弹出如图 6-70 所示的运行界面。

图 6-68　仿真器 CPU 处于"STOP"状态

此时，当用鼠标单击人机界面中的"启停按钮"时，可以看到 PLCSIM 中的 M0.0 和 Q0.0 都自动勾选,其含义是 M0.0 触点闭合和 Q0.0 线圈得电，由于 Q0.0 线圈得电，导致人机界面采集到 Q0.0 的状态是 1，所示其上面的灯显示，如图 6-71 所示。同理，再次单击人机界面中的"启停按钮"时，可以看到 PLCSIM 中的 M0.0 和 Q0.0 都勾选消失，其含义是 M0.0 触点闭合和 Q0.0 线圈断电，由于 Q0.0 线圈断电，导致人机界面采集到 Q0.0 的状态是 0，所示其上面的灯消失，如图 6-72 所示。

在 PLCSIM 中用鼠标勾选 M0.0，得到的结果如图 6-71 所示，原因请读者思考。

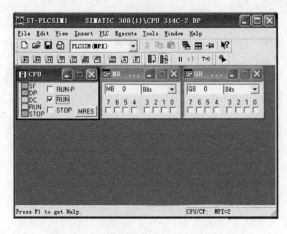

图 6-69　仿真器 CPU 处于"RUN"状态

图 6-70　WinCC flexible 运行界面

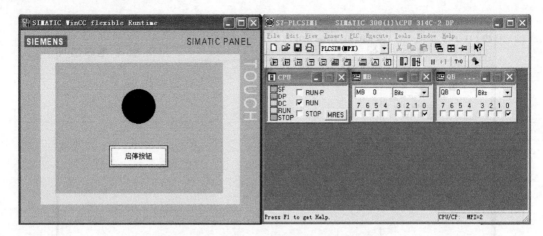

图 6-71　WinCC flexible 和 PLCSIM 运行界面（1）

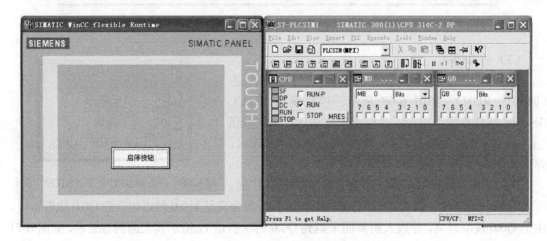

图 6-72　WinCC flexible 和 PLCSIM 运行界面（2）

在 I0.0 处之内再用点表达式 Q0.0 就和主程序 I0.0 开关通的同时 Q0.0 能很好的通信了显示，同理，当 I0.0 开关点下时，主程序 I0.0 处点状态改变一个位置，SIM 界面 I0.0 也会变动，现在在闪烁时，I0.0 变量 M0.0 编址是在 Q0.0 位置里的，在 Q0.0 里的状态里，图又改变为 I0.0 是默认状态是 0，所以本例上图的打状态。如图 6-72 所示。

在 PLCSIM 中再次点击设置 M0.0，就出现了结果如图 6-71 所示。就如操作者想要。

（章标题图）

第7章

西门子 PLC 的 PROFIBUS 通信

7.1 PRIFOIBUS 现场总线概述

7.1.1 工厂自动化网络结构

（1）现场设备层

主要功能是连接现场设备，例如分布式 I/O、传感器、驱动器、执行机构和开关设备等，完成现场设备控制及设备间联锁控制。

（2）车间监控层

车间监控层又称为单元层，用来完成车间主生产设备之间的连接，包括生产设备状态的在线监控、设备故障报警及维护等。还有生产统计、生产调度等功能。传输速度不是最重要的，但是应能传送大容量的信息。

（3）工厂管理层

车间操作员工作站通过集线器与车间办公管理网连接，将车间生产数据送到车间管理层。车间管理网作为工厂主网的一个子网，连接到厂区骨干网，将车间数据集成到工厂管理层。工厂自动化网络结构如图 7-1 所示。

图 7-1　工厂自动化网络结构

7.1.2 PROFIBUS 的组成部分

PROFIBUS 已被纳入现场总线的国际标准 IEC 61158 和欧洲标准 EN 50170，并于 2001 年被定为我国的国家标准 JB/T10308.6—2001。PROFIBUS 在 1999 年 12 月通过的 IEC 61156 中称为 Type 3，PROFIBUS 的基本部分称为 PROFIBUS-V0。在 2002 年新版的 IEC61156 中增加了 PROFIBUS-V1，PROFIBUS-V2 和 RS-485IS 等内容。新增的 PROFInet 规范作为 IEC 61158 的 Type10。截止目前为止，安装的 PROFIBUS 节点设备已突破了 3 千万个，在中国超过 150 万个。

ISO/OSI 通信标准由七层组成，并分两类。一类是面向用户的第五层到第七层，一类是面向网络的第一到到第四层。第一到第四层描述了数据从一个地方传输到另一个地方，第五层到第七层给用户提供适当的方式访问网络系统。PROFIBUS 协议使用了 ISO/OSI 模型的第一层、第二层和第七层。

从用户的角度看，PROFIBUS 提供三种通信协议类型：PROFIBUS-FMS、PROFIBUS-DP 和 PROFIBUS-PA。

① PROFIBUS-FMS（Fieldbus Message Specification，现场总线报文规范），使用了第一层、第二层和第七层。第七层（应用层）包含 FMS 和 LLI（底层接口）主要用于系统级和

车间级的不同供应商的自动化系统之间传输数据，处理单元级（PLC 和 PC）的多主站数据通信。

② PROFIBUS-DP（Decentralized Periphery，分布式外部设备），使用第一层和第二层，这种精简的结构特别适合数据的高速传送，PROFIBUS-DP 用于自动化系统中单元级控制设备与分布式 I/O（例如 ET 200）的通信。主站之间的通信为令牌方式，主站与从站之间为主从方式，以及这两种方式的混合。

③ PROFIBUS-PA（Process Automation，过程自动化）用于过程自动化的现场传感器和执行器的低速数据传输，使用扩展的 PROFIBUS-DP 协议。传输技术采用 IEC 1158-2 标准，可以用于防爆区域的传感器和执行器与中央控制系统的通信。使用屏蔽双绞线电缆，由总线提供电源。此外，基于 PROFIBUS，还推出了用于运动控制的总线驱动技术 PROFI-drive 和故障安全通信技术 PROFI-safe。

此外，对于西门子系统，PROFIBUS 提供了两种更为优化的通信方式，即 PROFIBUS-S7 通信和 S5 兼容通信。

① PROFIBUS-S7（PG/OP 通信）使用了第一层、第二层和第七层。特别适合 S7 PLC 与 HMI 和编程器通信，也可以用于 S7-300 和 S7-400 以及 S7-400 和 S7-400 之间的通信。

② PROFIBUS-FDL（S5 兼容通信）使用了第一层和第二层。数据传送快，特别适合 S7-300、S7-400 和 S5 系列 PLC 之间的通信。

7.1.3 PROFIBUS 的通信模型

ISO 的 OSI 模型如图 7-2 所示，而 PROFIBUS 只使用了 ISO/OSI 的第 1 层、第 2 层和第 7 层（PROFIBUS-DP 只使用第 1、2 层），第 3 层至第 6 层没有使用，另外在应用层之上外加了一个用户层，是 PROFIBUS 的行规。PROFIBUS 的协议模型的结构比较简洁，这样做提高了数据传输的效率，也符合工业通信实时性高、数据量小的特点和要求。

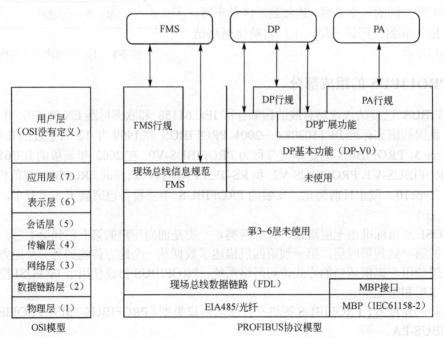

图 7-2 PROFIBUS 协议模型与 OSI 模型

7.1.4 PROFIBUS 的通信组成

PROFIBUS-DP 是 PROFIBUS 协议的主体。PROFIBUS-DP 是专为工业控制现场层的分散设备之间的通信而设计的。PROFIBUS-DP 的结构如图 7-2 所示。现场的传感器、执行器、控制器和触摸屏等都是常见的连接在总线上的现场设备,通过总线实现不同现场设备的通信。

每个 PROFIBUS-DP 系统包括各种类型的设备(装置)。根据不同的任务定义分为三种设备类型,分别为 1 类 DP 主站、2 类 DP 主站和 DP 从站。

PROFIBUS 系统的最小配置为 1 个主站和 1 个从站。1 个主站和多个从站的 PROFIBUS 系统称为单主站系统,如图 7-3 所示。在这种操作模式下可以达到最短的总线周期。当 PROFIBUS 系统的总线上有多个主站时,称为多主站系统,如图 7-4 所示。多主站系统在原理上比单主站系统复杂。PROFIBUS 协议既支持单主站系统,也支持多主站系统。

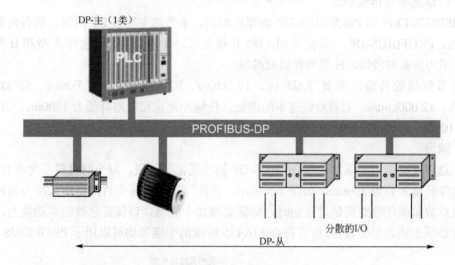

图 7-3 单主站的 PROFIBUS 系统

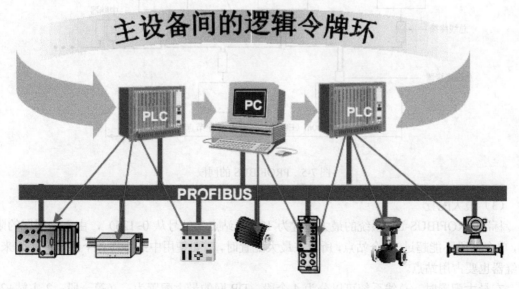

图 7-4 PROFIBUS 通信方式

7.1.5 PROFIBUS 的通信方式

PROFIBUS 支持主从系统、纯主站系统、多主多从混合系统等几种模式。主站与主站之间采用的是令牌的传输方式，主站在获得令牌后通过轮询的方式与从站通信。若只有一个主站，并且有多个从站，则为主从系统；若只有多个主站，没有从站，则为纯主站系统；若有多个主站，每个主站均有隶属于自己的多个从站，则为多主多从混合系统。

多主多从混合系统是 PROFIBUS 的一般情况，主站与主站之间为令牌方式，主站与从站之间是主从方式，如图 7-4 所示。

7.1.6 PROFIBUS-FMS/DP 的物理层

（1）传输速率与传输距离

PROFIBUS-FMS 和 PROFIBUS-DP 物理层相同，本节将主要讲 DP 网络，所有内容也适应于 FMS。PROFIBUS-DP 一般使用 EIA485 传输技术，传输介质可以选择 A 型和 B 型两种导线，A 型为屏蔽双绞线，B 型为普通双绞线。

使用双绞线的传输速率有 9.6kbit/s、19.2kbit/s、93.75kbit/s、187.5kbit/s、500kbit/s、1500kbit/s、12 000kbit/s，随着通信速率的增加，传输距离也相应地降低为 1200m、1200m、1200m、1000m、400m、200m、100m。

（2）网段

由于总线驱动能力的限制，PROFIBUS-DP 物理层需要分段。每个网段最多允许有 32 个节点，电缆长度最长为 1000m，如图 7-5 所示。在应用中，实际允许的电缆长度与波特率有关。当站点数量或传输距离超过限制时，均需要增加中继器，以保证总线的驱动能力。

中继器属于物理层的设备，所有符合 EIA485 标准的中继器均可以用于 PROFIBUS 网络。

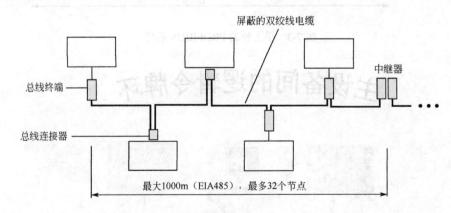

图 7-5　PROFIBUS 的网段

（3）最大配置

标准 PROFIBUS-DP 系统的最大配置为 127 个站点（站号从 0~126），由于物理层的限制，单个网段不能超过 32 个站点，所以在最大配置时，需要使用中继器将各个网段连接起来，中继器也要占用站点。

在最大配置时，总线系统可以分为 4 个段。DP 网的最大配置为：（第一段：2 主站+29个从站+中继器）+（第二段：30 个从站+中继器）+（第三段：31 个从站+中继器）。

（4）拓扑结构

PROFIBUS 网络的拓扑结构可以采用总线型、环形以及冗余等结构。使用双绞线作为传输介质时，一般采用总线型结构。

（5）终端电阻

EIA485 要求必须按其特征阻抗进行终端匹配。所谓终端匹配就是在信号传输线的两头各串入一个与电缆特征阻抗相等的电阻。任何一个网段中，总线上终端匹配电阻数目为 2，配置在总线两端的位置上。

在 PROFIBUS-DP 规范中，其终端匹配电阻为 220。

（6）光纤

PROFIBUS 系统的物理层还可以使用光纤，两个光纤模块（OLM）的最大距离可以达到 10~15km。采用光纤作为物理层的情况，在 PROFIBUS 的应用中相对较少。

PROFIBUS-PA/FMS 的物理层相对复杂，在此不做介绍。

7.1.7 PROFIBUS-FMS/DP 的数据链路层

数据链路层是 PROFIBUS 协议的第 2 层，它介于物理层与应用层之间。设立数据链路层的主要目的是将一条原始的、有差错的物理线路变为对应用层无差错的数据链路。为了实现这个目的，数据链路层必须执行链路管理、帧传输、流量控制、差错控制等功能。

数据链路可以粗略地理解为数据通道。物理层要为终端设备间的数据通信提供传输媒体及其连接。媒体是长期的，连接是有生存期的。在连接生存期内，收发两端可以进行不等的一次或多次数据通信。每次通信都要经过建立通信联络和拆除通信联络的过程。这种建立起来的数据收发关系就叫做数据链路。

尽管 PROFIBUS FMS/DP/PA 的物理层不尽相同，但是它们的数据链路层是一致的。

PROFIBUS 的数据链路层负责生成和管理数据帧，控制和维护各站点对公共的总线的占用。PROFIBUS 对总线的管理是按照令牌和主从相结合的方式进行的。

所有主动站点之间是通过令牌方式控制总线的，主站和从站之间是主从方式。

PROFIBUS 的数据链路层是在物理层之上，实现数据链路功能，为上层（FDL 用户）提供 FDL 数据接口。

现场总线管理（FMA）是在现场总线中起控制与管理作用的系统功能。在 PROFIBUS 模型中，FMA 分布在所有层，与 PROFIBUS 的通信服务相伴相生。

7.1.8 PROFIBUS-DP 的应用

PROFIBUS 是一个令牌网络，一个网络中有若干个从站，而它的逻辑令牌只含有一个主站，这样的网络为纯主从系统。典型的 PROFIBUS-DP 总线配置是以此种总线存取程序为基础的，一个主站轮询多个从站。PROFIBUS-DP 在整个 PROFIBUS 应用中，应用最为广泛，它可以连接不同厂商符合 PROFIBUS-DP 协议的设备。在 PROFIBUS-DP 网络中，一个从站只能被一个主站控制，这个主站是这个从站的 1 类主站；如果网络上还有编程器和 HMI 控制从站，那么编程器和 HMI 是 2 类主站。在多主网络中，一个从站只有一个 1 类主站，1 类主站可以对从站执行发送和接收数据操作，其他主站只能可选择地接收从站发送给 1 类主站的数据，这样主站也是 2 类主站，它不能直接控制该从站。

PROFIBUS 的主站可以是带有 DP 口的 CPU，如 CPU 314C-2DP，或者用 CP342-5 扩展

的 S7-300 站，上位机中插有 CP5411、CP5511、CP5611、CP5412、CP5613 也可以作为 PROFIBUS-DP 主站。从站有 ET200 系列、调速装置、S7-200/300/400 站和第三方设备等。

7.2　S7-300 系列 PLC 与第三方设备的 PROFIBUS–DP 通信

PROFIBUS-DP 是一种通信标准，支持 PROFIBUS-DP 协议的第三方设备都会有 GSD 文件，通常以*.GSD 或者*.GSE 文件出现，将此文件安装到 STEP7 软件中，才能组态第三方设备从站的通信接口。例如正常安装的 STEP7 软件中是不能组态第三方设备 EM277 的，必须安装"siem089d.gsd"文件才能组态 EM277。

下面以一台 CPU 314C-2DP 与一台 CPU 226CN 之间的 PROFIBUS 的现场总线通信为例介绍 S7-300 系列 PLC 与第三方设备的 **PROFIBUS-DP** 通信。

【例 7-1】　模块化生产线的主站为 CPU 314C-2DP，从站为 CPU226CN 和 EM277 的组合，主站发出开始信号（开始信号为高电平），从站接收信息，并使从站的指示灯以 1s 为周期闪烁。

（1）主要软硬件配置

① 1 套 STEP7-Micro/WIN V4.0 SP7；

② 1 套 STEP7 V5.5；

③ 1 台 CPU 226CN；

④ 1 台 EM277；

⑤ 1 台 CPU 314C-2DP；

⑥ 1 根 PC/PPI 电缆和 1 根 PC/MPI 适配器（或者 CP5611 卡）；

⑦ 1 根 PROFIBUS 电缆（含两个网络总线连接器）。

PROFIBUS 现场总线硬件配置如图 7-6 所示，PROFIBUS 现场总线通信 PLC 接线如图 7-7 所示。

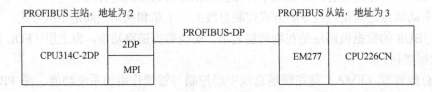

图 7-6　PROFIBUS 现场总线硬件配置

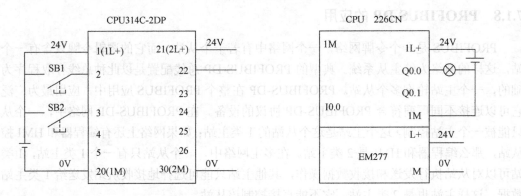

图 7-7　PROFIBUS 现场总线通信 PLC 接线

（2）CPU 314C-2DP 的硬件组态

S7-300 PLC 与 S7-200 PLC 的 PROFIBUS 通信的总的方法是：首先对主站 CPU 314C-2DP 的硬件进行硬件组态，下载硬件，再编写主站程序，下载主站程序；编写从站程序，下载从站程序，最后便可建立主站和从站的通信。具体步骤如下。

① 打开 STEP7 软件。双击桌面上的快捷键"![icon]"，打开 STEP7 软件，如图 7-8 所示。当然也可以从单击"开始"→"所有程序"→"SIMATIC"→"SIMATIC Manager"打开 STEP7 软件。

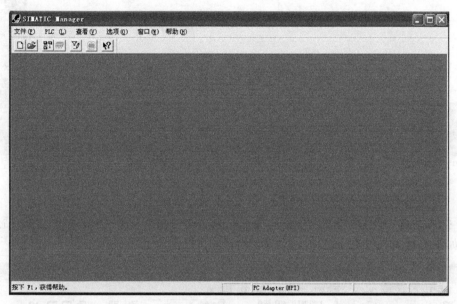

图 7-8　打开 STEP7 软件

② 新建项目。单击"新建"按钮"![icon]"，弹出"新建 项目"对话框，在"命名（M）"中输入一个名称，本例为"profibus"，再单击"确定"按钮，如图 7-9 和图 7-10 所示。

图 7-9　新建项目（1）

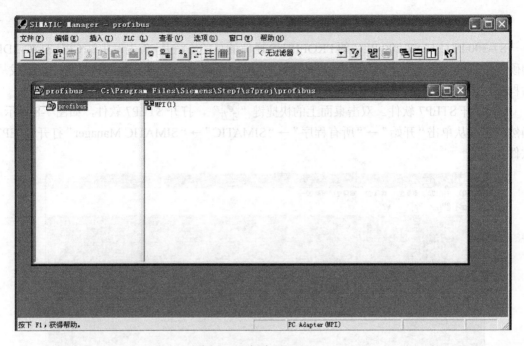

图 7-10　新建项目（2）

③ 插入站点。单击菜单栏"插入"菜单，再单击"站点"和"SIMATIC 300 站点"子菜单，如图 7-11 和图 7-12 所示。这个步骤的目的主要是为了插入主站。

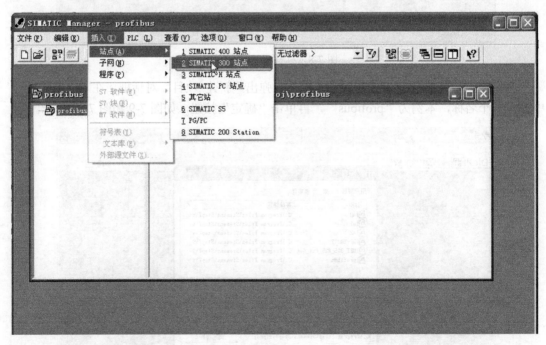

图 7-11　插入站点（1）

④ 插入导轨。展开项目中的"SIMATIC 300"下的"RACK-300"，双击导轨"Rail"，如图 7-13 所示。硬件配置的第一步都是加入导轨，否则下面的步骤不能进行。

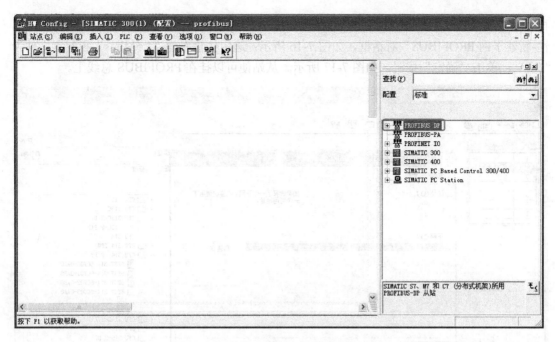

图 7-12 插入站点（2）

⑤ 插入 CPU。展开项目中的"SIMATIC 300"下的"CPU-300"，再展开"CPU 314C-2DP"下的"6ES7 314-6CG03-OABO"，将"V2.6"拖入导轨的 2 号槽中，如图 7-14 所示。若选用了西门子的电源，在配置硬件时，应该将电源加入到第一槽，本例中使用的是开关电源，因此硬件配置时不需要加入电源，但第一槽必须空缺，建议读者最好选用西门子电源。

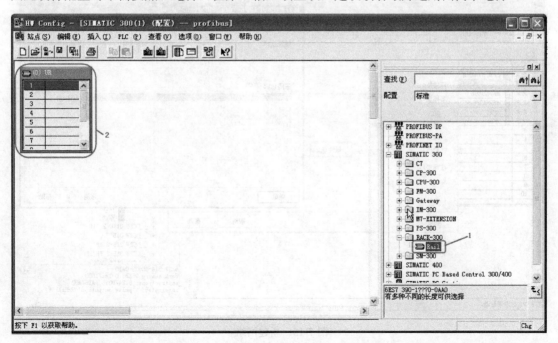

图 7-13 插入导轨

⑥ 配置网络。双击 2 号槽中的"DP"，弹出"属性-DP"对话框，单击"属性"按钮，

再弹出"属性-PROFIBUS 接口"对话框，如图 7-15 所示；单击"新建"按钮，再弹出"属性-新建子网 PROFIBUS"对话框，如图 7-16 所示；选定传输率为"1.5Mbps"和配置文件为"DP"，单击"确定"按钮，如图 7-17 所示。从站便可以挂在 PROFIBUS 总线上。

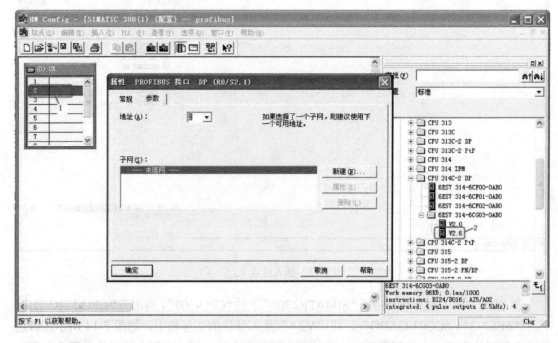

图 7-14　插入 CPU

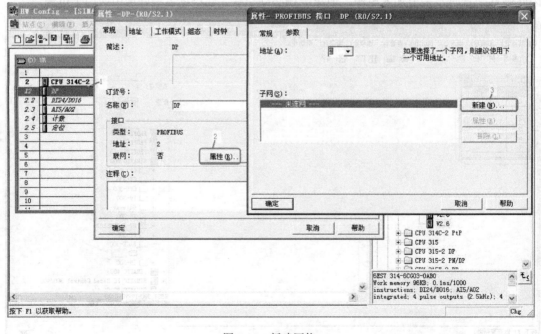

图 7-15　新建网络

⑦ 修改 I/O 起始地址。双击 2 号槽中的"DI24/DO16"，弹出"属性-DI24/DO16"对话框，如图 7-18 所示；去掉"系统默认"前的"√"，在"输入"和"输出"的"开始"中输

入"0",单击"确定"按钮,如图 7-19 所示。这个步骤的目的主要是为了使程序中输入和输出的起始地址都从"0"开始,这样更加符合我们的习惯,若没有这个步骤,也是可行的,但程序中输入和输出的起始地址都从"124"开始,不方便。

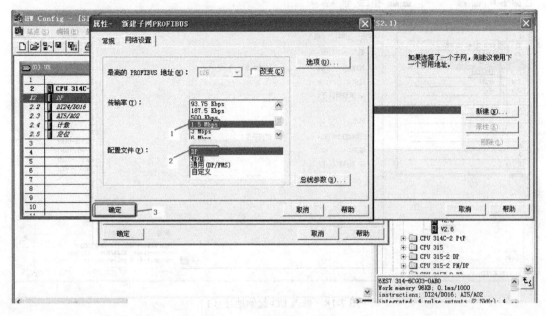

图 7-16 设置通信参数

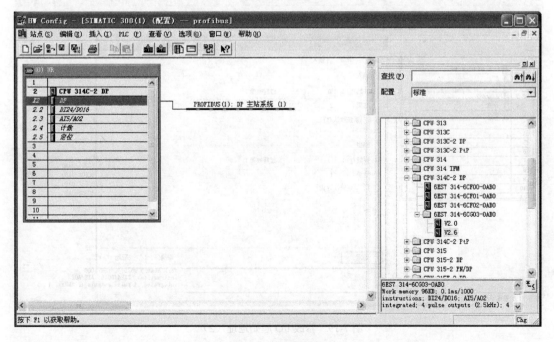

图 7-17 配置网络

⑧ 配置从站地址。先选中"PROFUBUS",再展开项目,先后展开"PROFUBUS DP"→"Additional Field Device"→"PLC"→"SIMATIC",再双击"EM277 PROFIBU-DP",弹出"属性-PROFIBUS 接口"对话框,将地址改为"3",最后单击"确定"按钮,如图 7-20

所示。

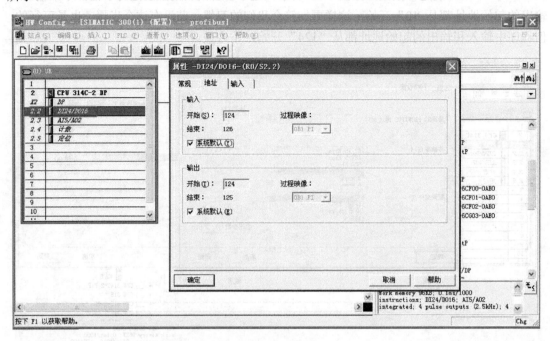

图 7-18 修改 I/O 起始地址（1）

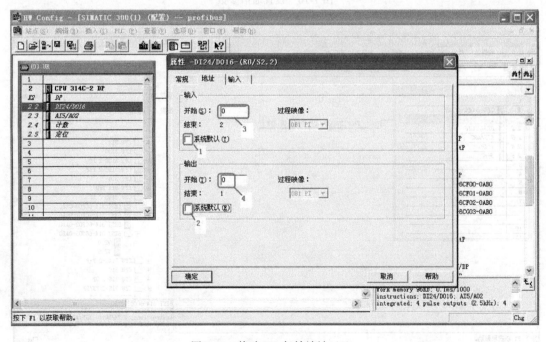

图 7-19 修改 I/O 起始地址（2）

⑨ 分配从站通信数据存储区。先选中 3 号站，再展开项目"EM277 PROFIBUS-DP"，再双击"1 Word In/1 Word Out"，如图 7-21 所示。当然也可以选其他的选项，这个选项的含义是当每次主站接收信息为 1 个字时，送出的信息也为 1 个字。

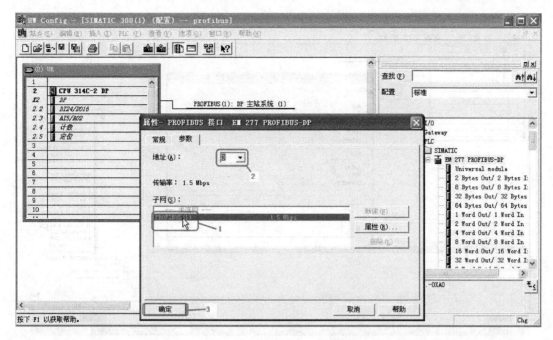

图 7-20　配置从站地址

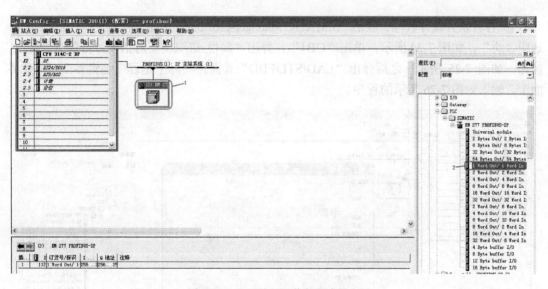

图 7-21　分配从站通信数据存储区

⑩ 修改通信数据发送区和接收数据区起始地址。先选中 3 号站下的数据的接收和发送区，双击，弹出 "属性-DP 从站"对话框，如图 7-22 所示；再在输入的启动地址中输入"3"，输出启动地址中输入"2"，如图 7-23 所示，再单击"确定"按钮。这样做的目的是为了使后续的程序的输入输出地址更加符合我们的习惯，这个步骤可以没有。

⑪ 下载硬件组态。到目前为止，已经完成了硬件的组态，单击"保存和编译"按钮"🖳"，若有错误，则会显示，没有错误，系统将自动保存硬件组态；接着单击"下载"按钮 " 🔲 "，系统将硬件配置下载到 PLC 中。下载硬件的步骤是不可以缺少的，否则前面所做的硬件配置的工作都是徒劳，但保存和编译步骤可以省略，因为单击下载按钮也可以起到这个作用。

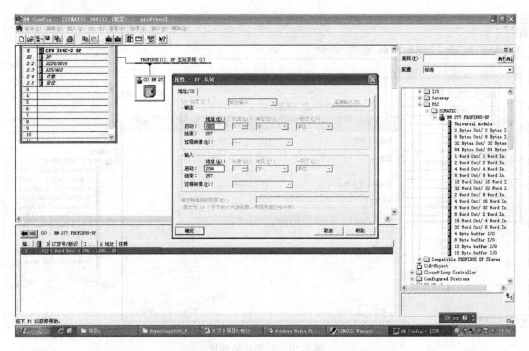

图 7-22　修改通信数据发送区和接收数据区起始地址（1）

⑫ 打开块并编译程序。激活"SIMATIC Manager-profibus"界面，展开工程"profibus"，选中"块"，如图 7-24 所示；单击"OB1"，弹出"属性-组织块"对话框，再单击"确定"按钮，如图 7-25 所示。之后弹出"LAD/STL/FBD"界面，实际上是程序编辑界面，在此界面上，输入如图 7-26 所示的程序。

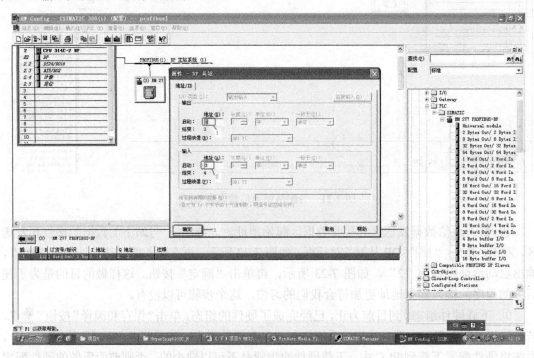

图 7-23　修改通信数据发送区和接收数据区起始地址（2）

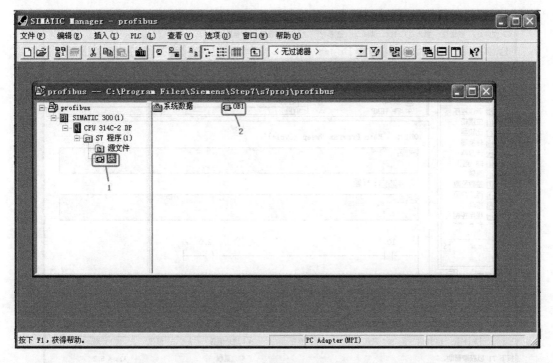

图 7-24 打开 OB1（1）

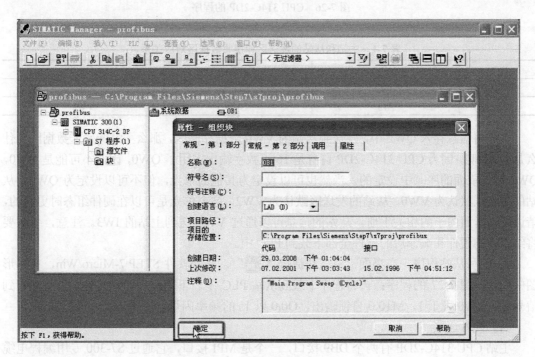

图 7-25 打开 OB1（2）

（3）编写程序

① 编写主站的程序 按照以上步骤进行硬件组态后，主站和从站的通信数据发送区和接收数据区就可以进行数据通信了，主站和从站的发送区和接收数据区对应关系见表 7-1。

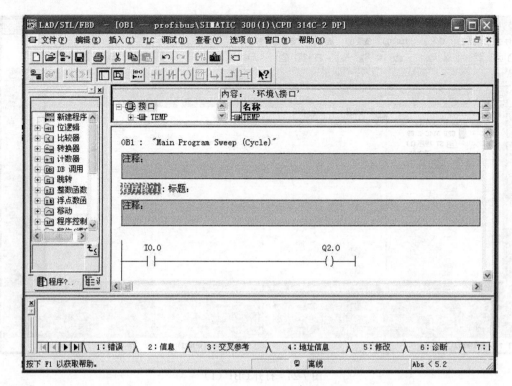

图 7-26 CPU 314C-2DP 的程序

表 7-1 主站和从站的发送区和接收数据区对应关系

序号	主站 S7-300	对应关系	S7-200 从站
1	QW2	→	VW0
2	IW3	←	VW2

主站将信息存入 QW2 中，发送到从站的 VW0 数据存储区，那么主站的发送数据区为什么是 QW2 呢，因为 CPU 314C-2DP 自身是 16 点数字输出占用了 QW0，因此不可能是 QW0，QW2 是在前面的序⑩中设定的。当然也可以设定为其他的单元，但不可以设定为 QW0。从站的接收区默认为 VW0，从站的发送区默认为 VW2，这个单元是可以在硬件组态时更改的，请读者参考西门子的相关手册。从站的信息可以通过 VW2 送到主站的 IW3。注意，务必要将组态后的硬件和编译后的软件全部下载到 PLC 中。

② 编写从站程序 在桌面上双击快捷键"▦"，打开软件 STEP 7-Micro/Win，在梯形图中输入如图 7-27 的程序；再将程序下载到从站 PLC 中。下图程序的含义是：当从站收到信号时，VW0 大于 1，M10.0 自锁输出，Q0.0 以 1s 的频率闪烁。

（4）硬件连接

主站 CPU 314C-2DP 有两个 DB9 接口，一个是 MPI 接口，它通过 S7-300 专用编程电缆与计算机相连（也可作为 MPI 通信使用），另一个 DB9 接口是 DP 口，PROFIBUS 通信使用这个接口。从站为 CPU 226CN 和 EM277，EM277 是 PROFIBUS 专用模块，这个模块上面DB9 接口为 DP 口。主站的 DP 口和从站的 DP 口用专用的 PROFIBUS 电缆和专用网络接头相连，主站和从站的硬件连线如图 7-2 所示。

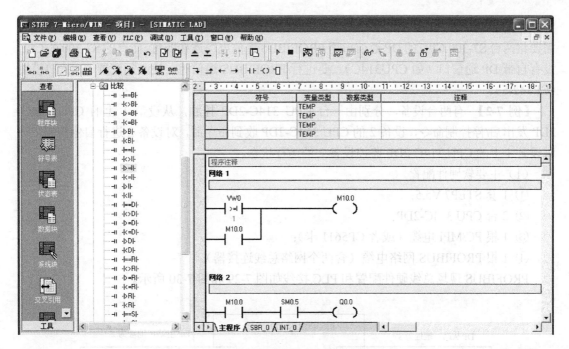

图 7-27 CPU226CN 的程序

PROFIBUS 电缆是二线屏蔽双绞线，两根线为 A 线和 B 线，电线塑料皮上印刷有 A、B 字母，A 线与网络接头上的 A 端子相连，B 线与网络接头上的 B 端子相连即可。B 线实际与 DB9 的第 3 针相连，A 线实际与 DB9 的第 8 针相连。

【关键点】 在前述的硬件组态中已经设定从站为第 3 站，因此在通信前，必须要将 EM277 的"站号"选择旋钮旋转到"3"的位置，否则，通信不可能成功。此外，完成设定 EM277 的站地址后，必须将 EM277 断电，新设定的站地址才能生效。从站网络连接器的终端电阻应置于"on"，如图 7-28 所示。若要置于"on"，只要将拨钮拨向"on"一侧即可。

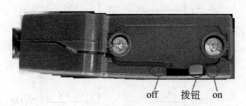

off   拨钮   on

图 7-28 网络连接器的终端电阻置于"on"

（5）软硬件调试

将 PROFIBUS 的电缆 S7-300 的 DP 口与 EM277 的 DP 口相连，并将 S7-300 端的网络连接器上的拨钮拨到"off"，并将 EM277 端的网络连接器上的拨钮拨到"on"上。再将程序下载到 PLC 中。最后将两台 PLC 的运行状态从"STOP"都拨到"RUN"上。

7.3 PROFIBUS-DP 连接智能从站的应用

以下以一台 S7-300 作为主站，另一台 S7-300 作为从站讲解 PROFIBUS-DP 连接智能从站的应用。

　　有的 S7-300 CPU 自带有 DP 通信口（如 CPU 314C-2DP），进行 PROFIBUS 通信时，只需要将两台 S7-300 CPU 的 DP 通信口用 PROFIBUS 通信电缆连接即可。而有的 S7-300 的 CPU 没有自带 DP 通信口（如 CPU314C），要进行 PROFIBUS 通信时，还必须配置 DP 接口模块（CP342-5）。

　　【例 7-2】　有两台设备，分别由一台 CPU 314C-2DP 控制，从设备 1 上的 CPU 314C-2DP 发出启/停控制命令，设备 2 的 CPU 314C-2DP 收到命令后，对设备 2 进行启停控制，同时设备 1 上的 CPU 314C-2DP 监控设备 2 的运行状态。

　　（1）主要软硬件配置

　　① 1 套 STEP7 V5.5；

　　② 2 台 CPU 314C-2DP；

　　③ 1 根 PC/MPI 电缆（或者 CP5611 卡）；

　　④ 1 根 PROFIBUS 网络电缆（含两个网络总线连接器）。

　　PROFIBUS 现场总线硬件配置和 PLC 接线如图 7-29 和图 7-30 所示。

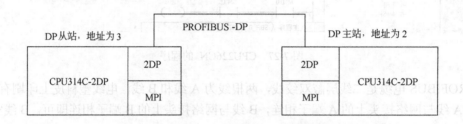

图 7-29　PROFIBUS 现场总线硬件配置

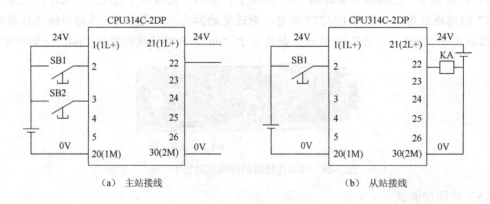

图 7-30　PROFIBUS 现场总线通信 PLC 接线

　　（2）硬件组态

　　① 新建工程并插入站点。首先新建一个工程，本例为"Profibus-s7300"，如图 7-31 所示。再在工程中插入两个站点，本例为"Client"和"Server"，共插入 2 个站点，并将站点重命名为"Client"和"Server"，如图 7-32 所示。

　　② 插入导轨。如图 7-32 所示，选中从站"Client"，双击"硬件"，弹出如图 7-33 所示的界面，双击导轨"Rail"，弹出"1"处的导轨。

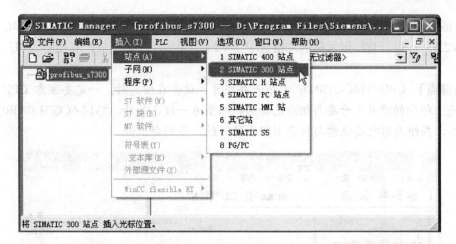

图 7-31 新建工程并插入站点

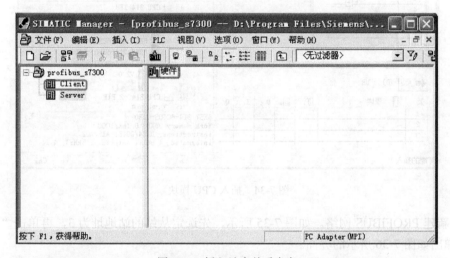

图 7-32 插入站点并重命名

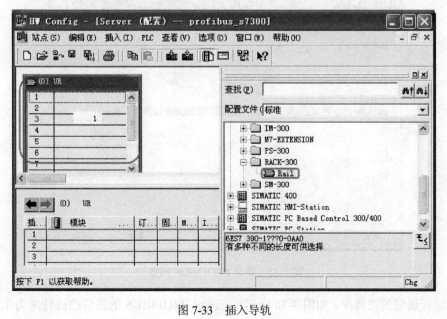

图 7-33 插入导轨

③ 插入 CPU 模块。如图 7-34 所示,先选中导轨的 2 号槽位,再展开 CPU 314C-2DP,双击"V2.6",也可直接用鼠标的左键选中"V2.6"并按住左键不放,直接将 CPU 拖入 2 号槽。

【关键点】 CPU 314C-2DP 有 4 个产品型号,读者在组态时,一定要注意 CPU 314C-2DP 机壳上印刷的产品型号要与组态选择的产品型号一致,另外,"314-6CG03-0AB0"还有两个版本,在组态时也要注意与机壳上印刷的一致,否则会出错。

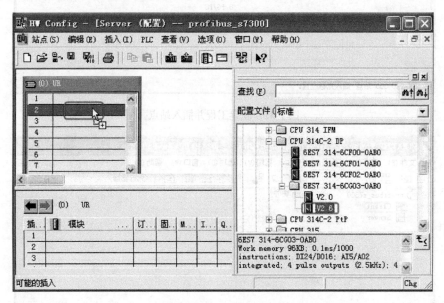

图 7-34 插入 CPU 模块

④ 新建 PROFIBUS 网络。如图 7-35 所示,先选定从站的站地址为 3,再单击"新建"按钮,弹出如图 7-36 所示的界面。

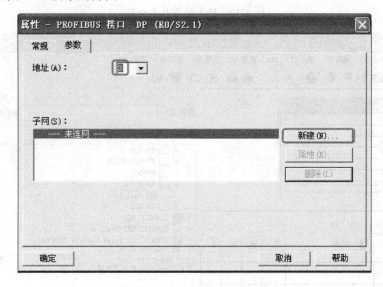

图 7-35 新建 PROFIBUS 网络

⑤ 选择通信的波特率。如图 7-36 所示,先选定 PROFIBUS 的通信的波特率为 1.5Mbps,

再单击"确定"按钮，弹出如图 7-37 所示的界面。

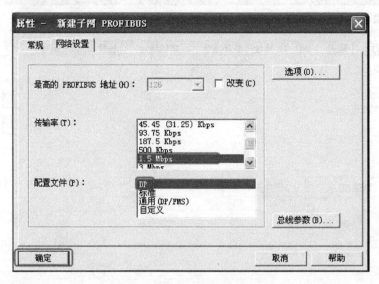

图 7-36 选择通信的波特率

⑥ 选择工作模式。如图 7-37 所示，先双击"1"处的 DP，再选择操作模式为"DP 从站"模式选项，再选定"组态"选项卡，弹出如图 7-38 所示的界面。

⑦ 组态接收区和接收区的数据。如图 7-38 所示，先单击"新建"按钮，弹出如图 7-39 所示的界面，定义从站 3 的接收区的地址为"IB3"，再单击"确定"按钮，接收区数据定义完成。再单击图 7-38 中的"新建"按钮，弹出如图 7-40 所示的界面，定义从站 3 的发送区的地址为"QB3"，再单击"确定"按钮，发送区数据定义完成。弹出如图 7-41 所示的界面，单击"确定"按钮，从站的发送接收区数据组态完成。

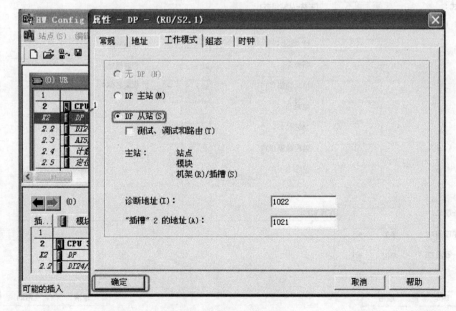

图 7-37 工作模式选择

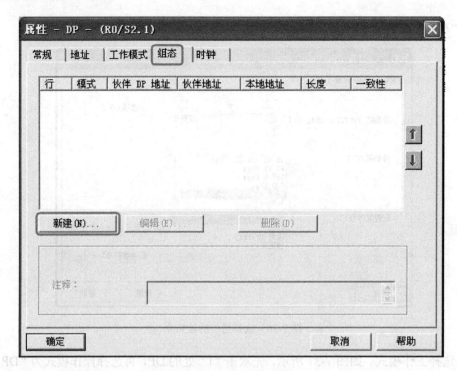

图 7-38　组态通信接口数据区

⑧ 主站组态时插入导轨和插入 CPU 与从站组态类似，不再重复，以下从选择通信波特率开始讲解，如图 7-42 所示，先设置主站 2 的通信地址为 2，再选定通信的波特率为 1.5Mbps，单击"确定"，弹出如图 7-43 所示的界面。

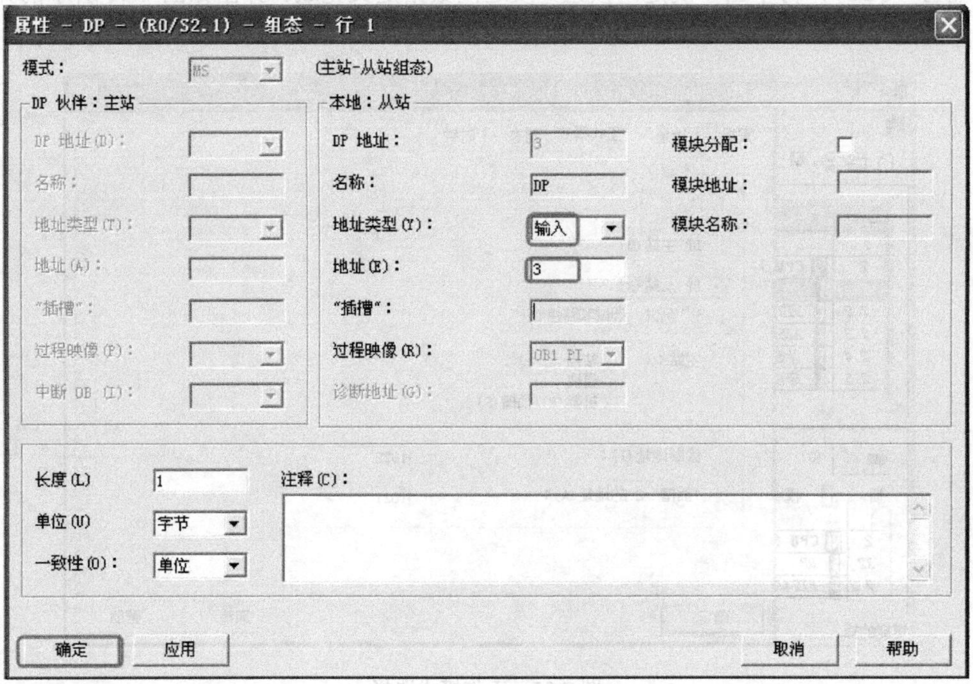

图 7-39　组态接收区数据

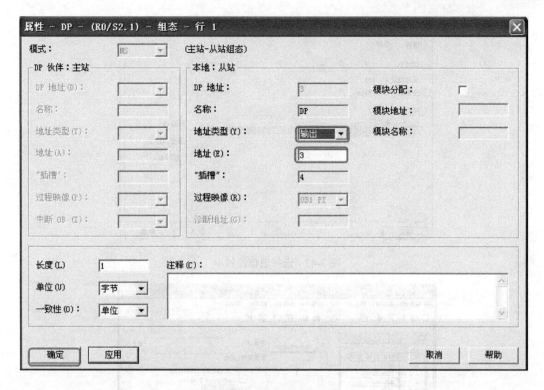

图 7-40　组态发送区数据

⑨ 将从站 3 挂到 PROFIBUS 网络上。如图 7-43 所示，先用鼠标选中 PROFIBUS 网络的 "1" 处，再双击 "CPU 31x"，弹出如图 7-44 所示的界面。

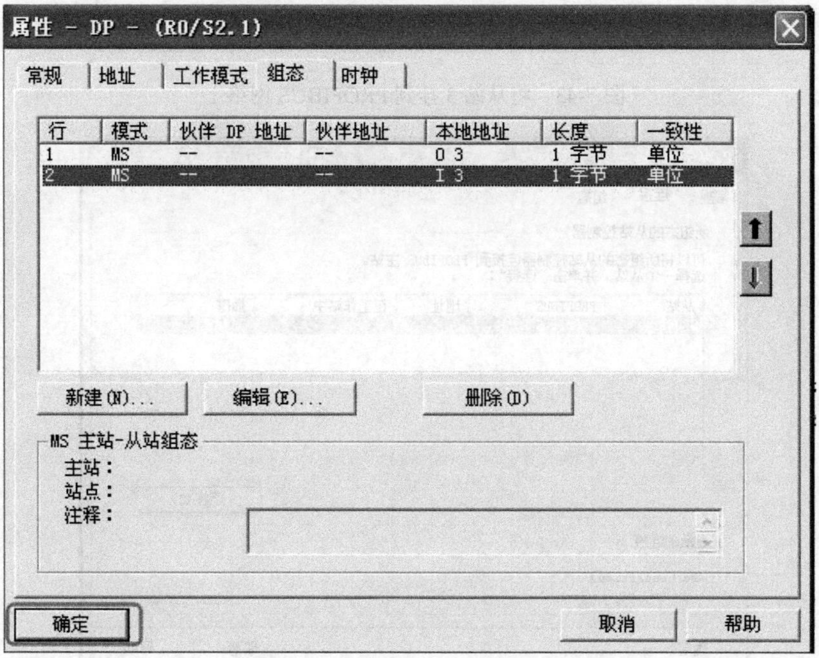

图 7-41　从站数据区组态完成

153

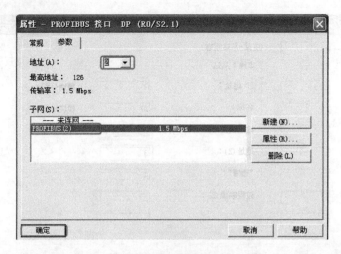

图 7-42　选择通信波特率

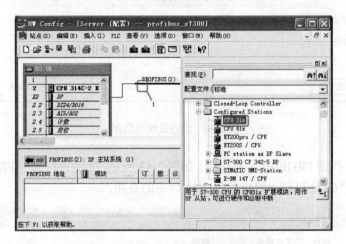

图 7-43　将从站 3 挂到 PROFIBUS 网络上

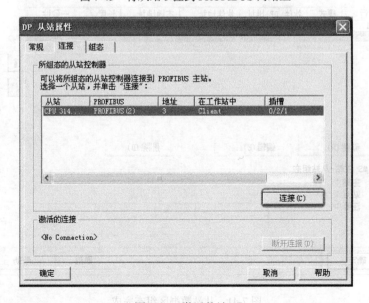

图 7-44　激活从站 3

⑩ 激活从站 3。如图 7-44 所示，单击"连接"按钮，弹出如图 7-45 所示的界面。

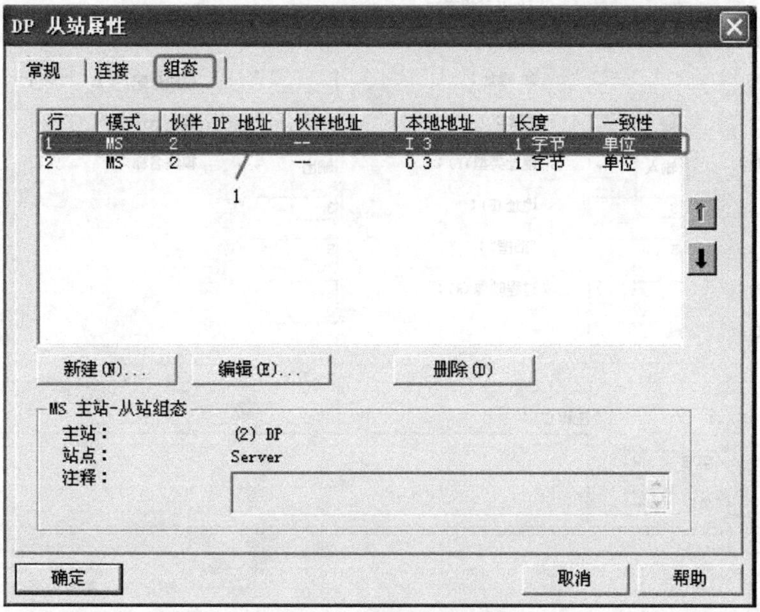

图 7-45　组态主站通信接口数据区

⑪ 组态主站通信接口数据区。如图 7-45 所示，选中"组态"选项卡，再双击"1"处，弹出如图 7-46 所示的界面。先选择地址类型为发送数据，再选定地址为"QB3"，单击"确定"按钮，发送数据区组态完成。接收数据区的组态方法类似，只需要将如图 7-47 中地址类型选择为接收数据，再选定地址为"IB3"，单击"确定"按钮。

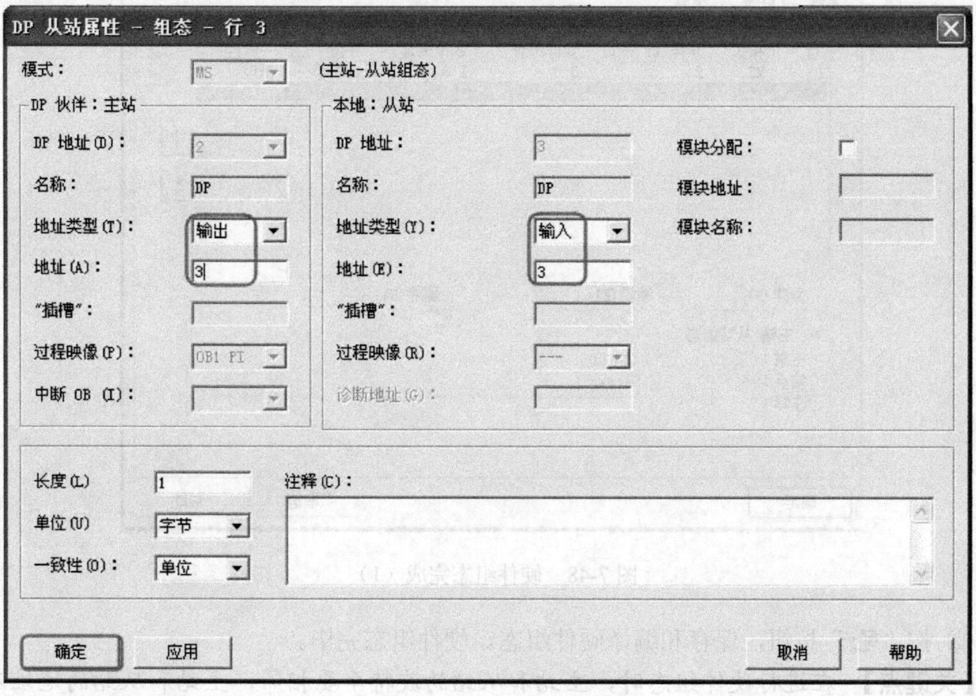

图 7-46　组态发送数据区

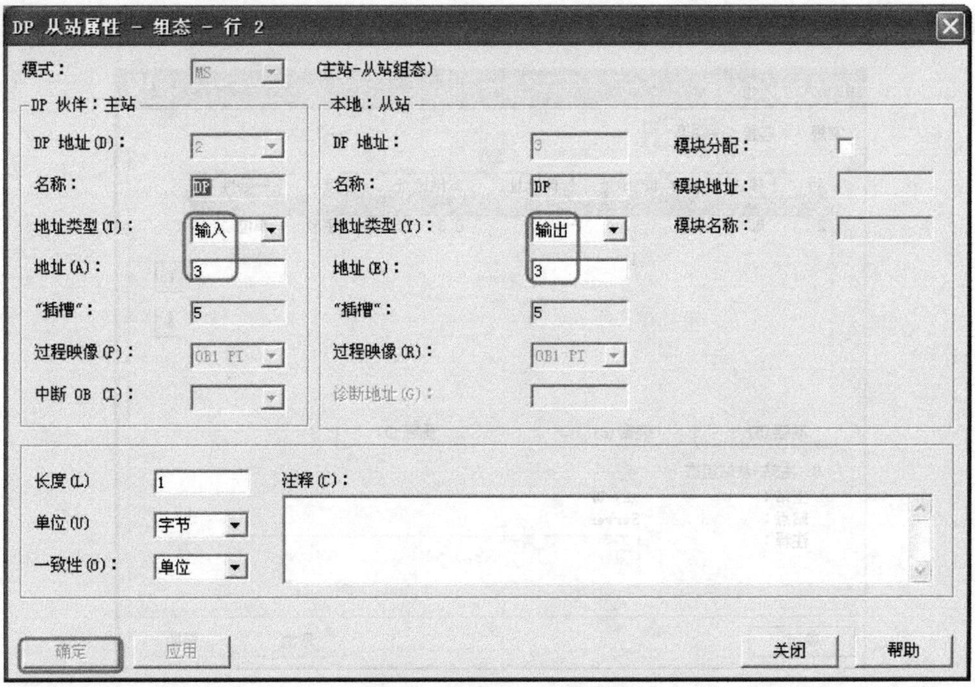

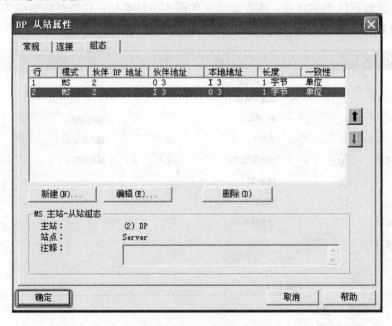

图 7-47　组态接收数据区

⑫ 硬件组态完成。在如图 7-48 所示中，单击"确定"按钮，弹出如图 7-49 所示的界面。至此，主站的组态已经完成。

图 7-48　硬件组态完成（1）

⑬ 按"📳"按钮，保存和编译硬件组态。硬件组态完毕。

【关键点】　在进行硬件组态时，主站和从站的波特率要相等，主站和从站的地址不能相同，本例的主站地址为 2，从站的地址为 3。最为关键的是，先对从站组态，再对主站进行组态。

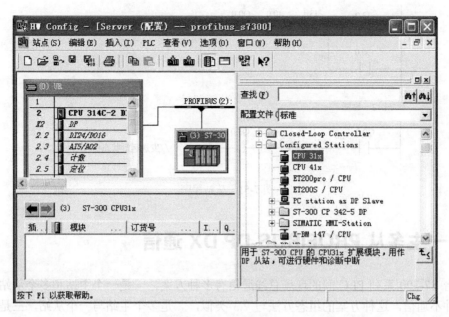

图 7-49　硬件组态完成（2）

（3）编写主站程序

从图 7-48 中很容易看出主站 2 和从站 3 的数据交换（见表 7-2）。

表 7-2　主站和从站的发送接收数据区对应关系

序号	主站 S7-300	对应关系	从站 S7-300
1	QB3	→	IB3
2	IB3	←	QB3

主站的程序如图 7-50 所示。

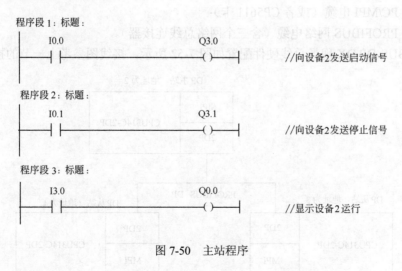

程序段 1：标题：

　　I0.0　　　　　　　　　　　　　　Q3.0
　　┤├　　　　　　　　　　　　　　（）　　　　//向设备 2 发送启动信号

程序段 2：标题：

　　I0.1　　　　　　　　　　　　　　Q3.1
　　┤├　　　　　　　　　　　　　　（）　　　　//向设备 2 发送停止信号

程序段 3：标题：

　　I3.0　　　　　　　　　　　　　　Q0.0
　　┤├　　　　　　　　　　　　　　（）　　　　//显示设备 2 运行

图 7-50　主站程序

（4）编写从站程序

从站程序如图 7-51 所示。

程序段1：标题：

```
      I3.0        I3.1      I0.0     Q0.0
   ───┤ ├──────┤/├──────┤/├──────( )───        //接收启停信息，并控制启停
      Q0.0
   ───┤ ├──
```

程序段2：标题：

```
      Q0.0                        Q3.0
   ───┤ ├──────────────────────( )───          //发送运行状态信号
```

图 7-51　从站程序

7.4　一主多从 PROFIBUS-DP DX 通信

多台 S7-300 系列 PLC 间的现场总线通信有多种方案，一是一个主站和多个从站通信，从站间并不通信，这种方案的组态方法与 7.3 类似，二是多个主站与一个从站，三是一个主站和多个从站通信，主站依次轮询从站，即 MS 模式（主从模式），主站轮询从站时，从站除了向主站发送数据外，同时向其他从站发送数据，这就是 PROFIBUS-DP DX 方式通信。以下仅以三台 CPU 314C-2DP 之间 PROFIBUS-DP DX 方式通信。

【例 7-3】　有三台 CPU 314C-2DP，试建立三台 PLC 之间的 PROFIBUS-DP DX 方式通信。

一台 CPU 314C-2DP 作为主站，其余两台 CPU 314C-2DP 作为从站。

（1）主要软硬件配置

① 1 套 STEP7 V5.5；

② 3 台 CPU 314C-2DP；

③ 1 根 PC/MPI 电缆（或者 CP5611 卡）；

④ 1 根 PROFIBUS 网络电缆（含三个网络总线连接器）。

PROFIBUS-DP DX 现场总线硬件配置如图 7-52 所示，接线图参考上一节的接线图。

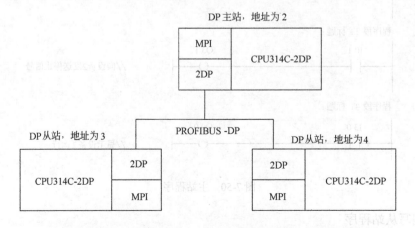

图 7-52　PROFIBUS-DP DX 现场总线硬件配置

（2）硬件组态

① 新建工程并插入站点。先新建一个工程，本例的工程命名为"7-3"，再单击菜单 "插入" 下的"SIMATIC 300 Station"，插入站点，共插入三个站点，再将站点重新命名（使用系统的默认名称也可以），如图 7-53 和图 7-54 所示。

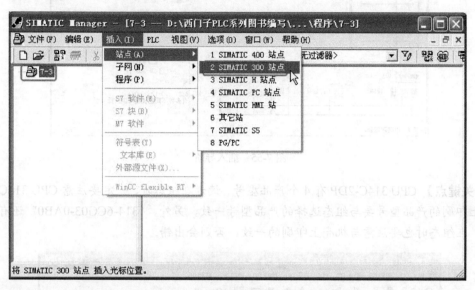

图 7-53　新建工程并插入站点

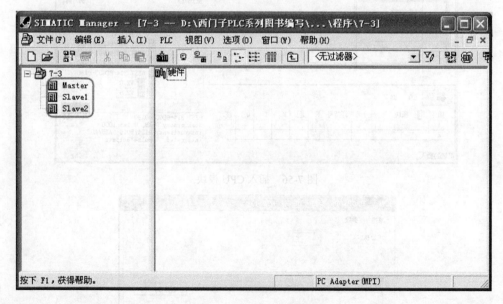

图 7-54　插入站点并重命名

② 插入导轨。如图 7-54 所示，选中从站 3 "Slave1"，双击"硬件"，弹出如图 7-55 所示的界面，双击导轨"Rail"，弹出导轨"UR"。

③ 插入 CPU 模块。如图 7-56 所示，先选中导轨的 2 号槽位，再展开 CPU 314C-2DP，用鼠标左键按住"V2.6"，将其拖入槽位 2，弹出如图 7-57 所示的界面。

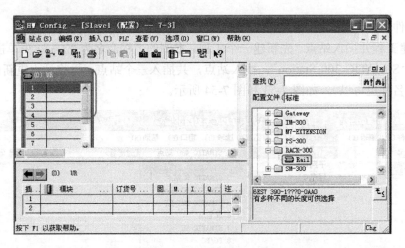

图 7-55　插入导轨

【关键点】 CPU 314C-2DP 有 4 个产品型号，读者在组态时，一定要注意 CPU 314C-2DP 机壳上印刷的产品型号要与组态选择的产品型号一致，另外，"314-6CG03-0AB0" 还有两个版本，在组态时也要注意与机壳上印刷的一致，否则会出错。

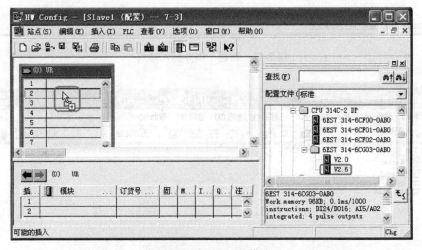

图 7-56　插入 CPU 模块

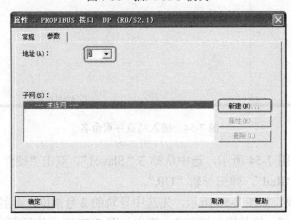

图 7-57　新建 PROFIBUS 网络

⑤ 选入导轨。如图 7-54 所示，选中图 7-5 "Slave1"，双击 "导轨"，弹出如图 7-55 所示界面，双击导轨，如图所示，插入 "导轨"。

⑥ 插入 CPU 模块。如图 7-56 所示，找到合适的产品型号 CPU 314C-2DP，用鼠标左键按住订货号为 V2.6"，拖入插槽。如图 7-57 所示，即弹出图

④ 新建 PROFIBUS 网络。如图 7-57 所示，先选定从站 3 的站地址为 3，再单击"新建"按钮，弹出如图 7-58 所示的界面。

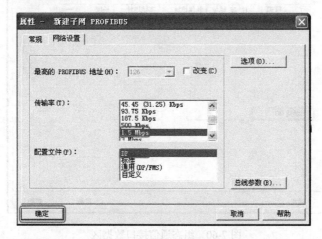

图 7-58　选择通信的波特率

⑤ 选择通信的波特率。如图 7-58 所示，先选定 PROFIBUS 的通信的波特率为 1.5Mbps，再单击"确定"按钮，弹出如图 7-59 所示的界面。

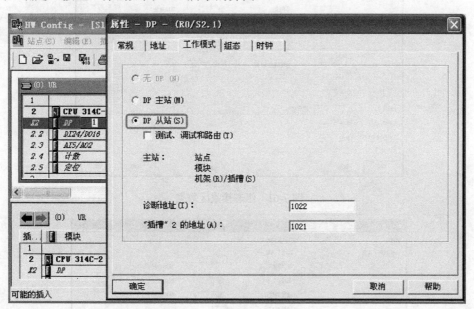

图 7-59　选择操作模式

⑥ 选择工作模式。如图 7-59 所示，先双击"1"处的 DP，再选择操作模式为从站模式"DP slave"选项，再选定"组态"选项卡，弹出如图 7-60 所示的界面。

⑦ 组态接收区和接收区的数据。如图 7-60 所示，先单击"新建"按钮，弹出如图 7-61 所示的界面，定义从站 3 的接收区的地址为"IB3"，再单击"确定"按钮，接收区数据定义完成。再单击图 7-60 中的"新建"按钮，弹出如图 7-62 所示的界面，定义从站 3 的发送区的地址为"QB3"，再单击"确定"按钮，发送区数据定义完成。弹出如图 7-63 所示的界面，单击"确定"按钮，从站的发送接收区数据组态完成。

161

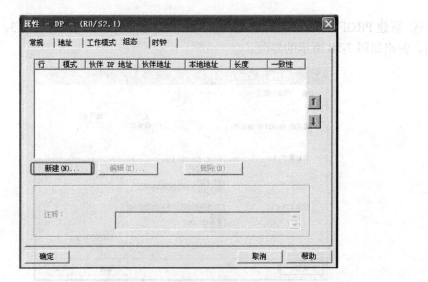

图 7-60　组态通信接口数据区

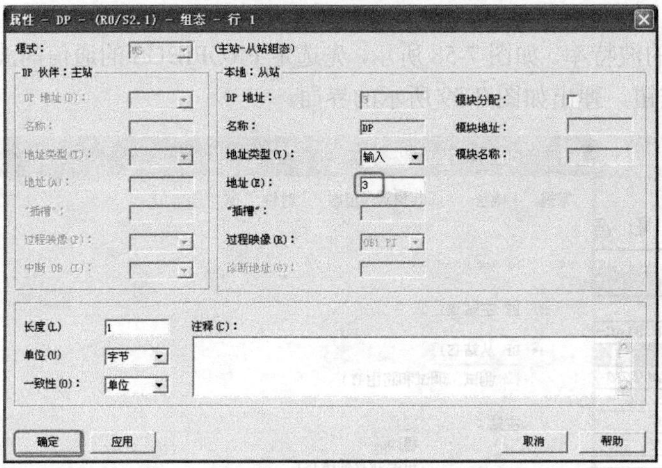

图 7-61　组态接收区数据

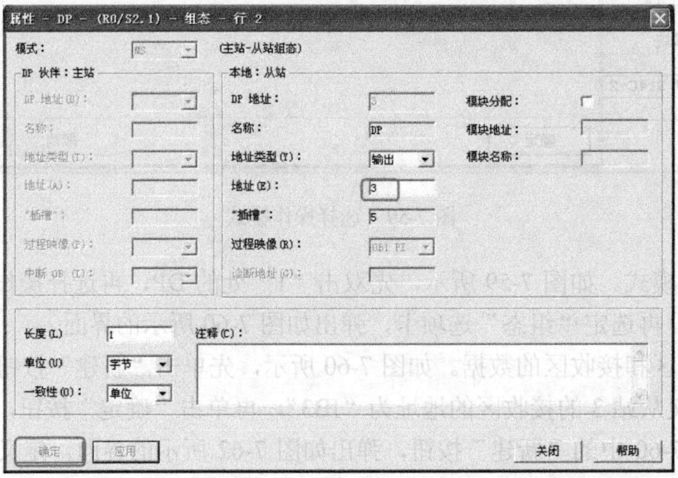

图 7-62　组态发送区数据

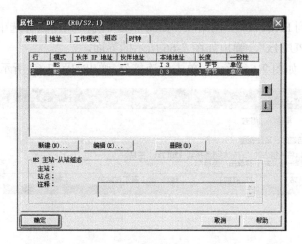

图 7-63　从站数据区组态完成

⑧ 主站组态时，插入导轨、插入 CPU 与从站组态类似，不再重复，以下从选择通信波特率开始讲解，如图 7-64 所示，先设置主站的通信地址为 2，再选定通信的波特率为 1.5Mbps，单击"确定"按钮，弹出如图 7-65 所示的界面。

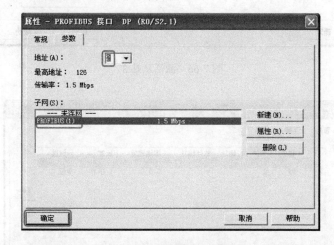

图 7-64　选择通信波特率

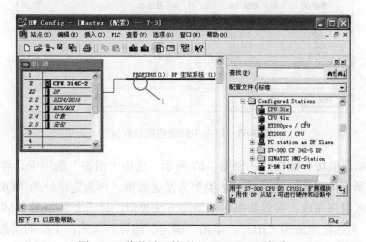

图 7-65　将从站 3 挂到 PROFIBUS 网络上

⑨ 将从站 2 挂到 PROFIBUS 网络上。如图 7-65 所示，先用鼠标选中 PROFIBUS 网络的"1"处，再双击"CPU 31x"，弹出如图 7-66 所示的界面。

⑩ 激活从站 1。如图 7-66 所示，单击"连接"，弹出如图 7-67 所示的界面。

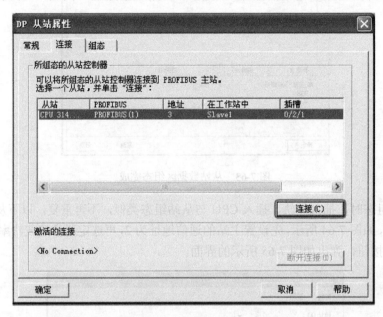

图 7-66　激活从站 3

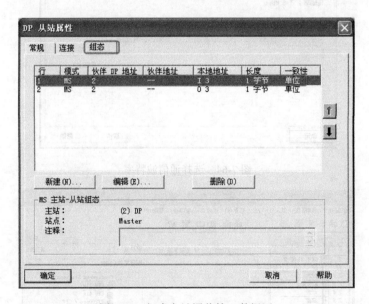

图 7-67　组态主站通信接口数据区

⑪ 组态主站通信接口数据区。如图 7-67 所示，选中"组态"选项卡，再双击"2"处，弹出如图 7-68 所示的界面。先选择地址类型为发送数据，再选定地址为"QB3"，单击"确定"，发送数据区组态完成。接收数据区的组态方法类似，只需要将如图 7-69 中地址类型选择为接收数据，再选定地址为"IB3"，单击"确定"即可。至此，主站的组态已经完成。主站和从站 1 的数据发送接收数据区对应关系见表 7-3。

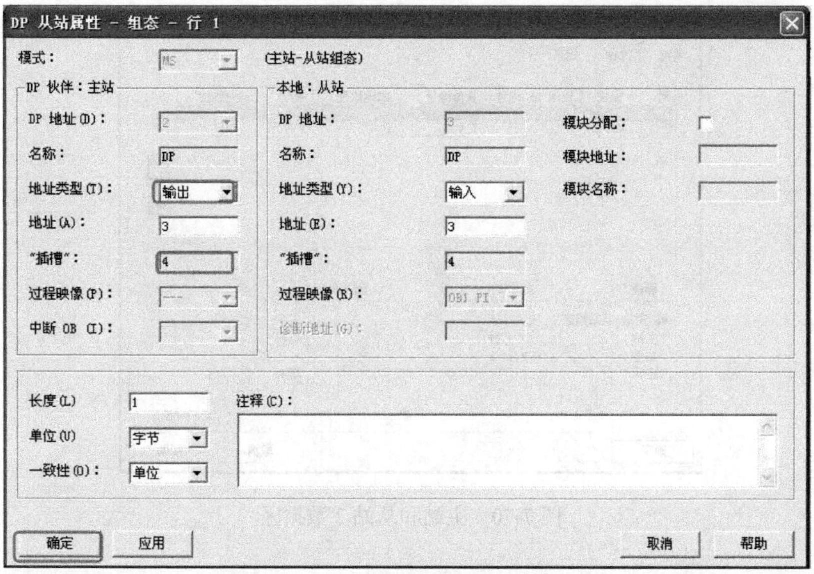

图 7-68 组态发送数据区

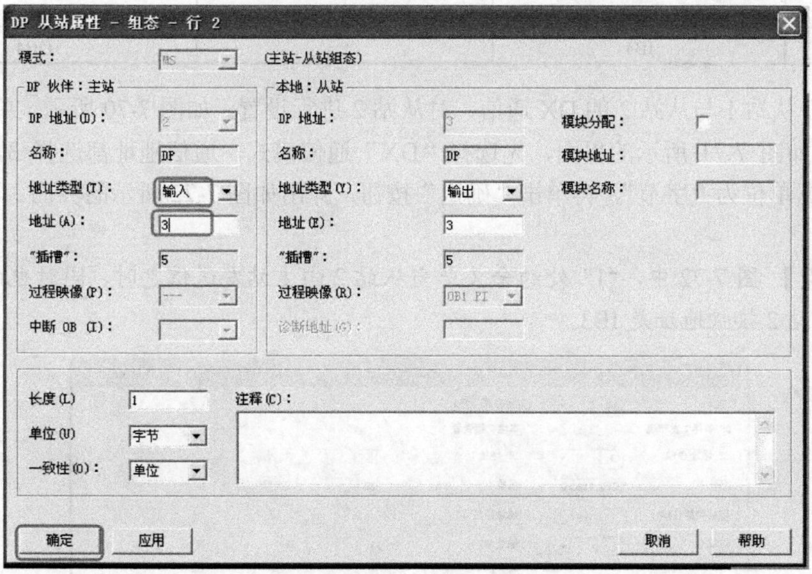

图 7-69 组态接收数据区

表 7-3 主站和从站 1 的发送接收数据区对应关系

序号	主站	对应关系	sw 从站 1
1	QB3	→	IB3
2	IB3	←	QB3

⑫ 建立主站与从站 2 的通信。建立的方法跟建立主站与从站 1 的通信类似，完成组态后，弹出如图 7-70 所示的界面。主站和从站 2 的数据发送接收数据区对应关系见表 7-4。

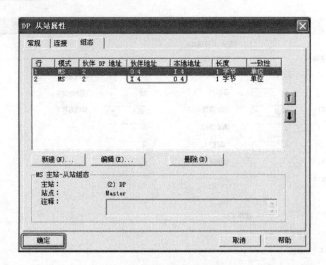

图 7-70　主站和从站 2 数据区

表 7-4　主站和从站 2 的发送接收数据区对应关系

序号	主站	对应关系	从站 2
1	QB4	→	IB4
2	IB4	←	QB4

⑬　建立从站 1 与从站 2 的 DX 通信，对从站 2 进行设置。如图 7-70 所示，单击"新建"按钮，弹出如图 7-71 所示的界面，先选择"DX"通信模式，通信地址都选择 3，通信长度选择 1，数据单位为"字节"，再单击"确定"按钮，弹出如图 7-72 所示的界面，再单击"确定"按钮。

【关键点】　图 7-72 中，"1"处的含义是当从站 2 向主站发送信息时，同时也向从站 2 发送信息，从站 2 接收地址是 IB3。

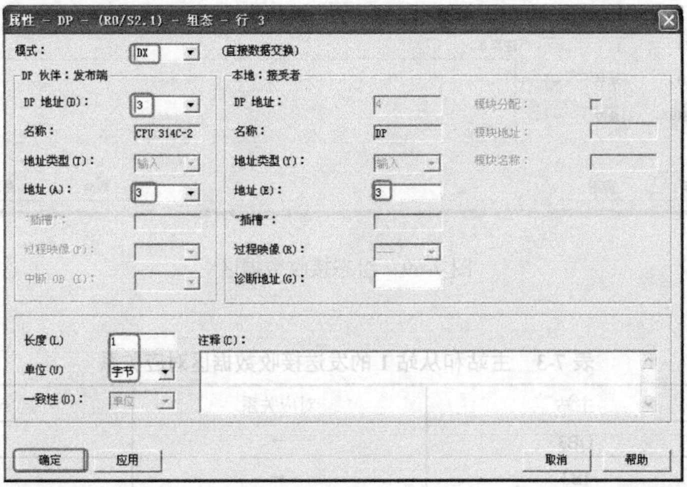

图 7-71　DX 接口数据区

⑭　建立从站 1 与从站 2 的 DX 通信，对从站 2 进行设置。如图 7-73 所示，单击"新建"按钮，弹出如图 7-74 所示的界面，先选择"DX"通信模式，通信地址都选择 4，通信长度

选择 1,数据单位为"字节",再单击"确定"按钮,弹出如图 7-74 所示的界面,再单击"确定"按钮。

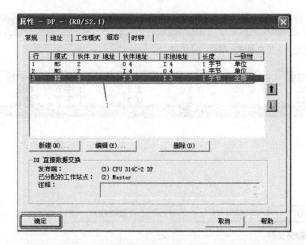

图 7-72 DX 接口区

图 7-73 主站和从站 1 数据区

图 7-74 DX 接口数据区

【关键点】 图 7-75 中，"1"处的含义是当从站 2 向主站发送信息时，同时也向从站 1 发送信息，从站 1 接收地址是 IB4。

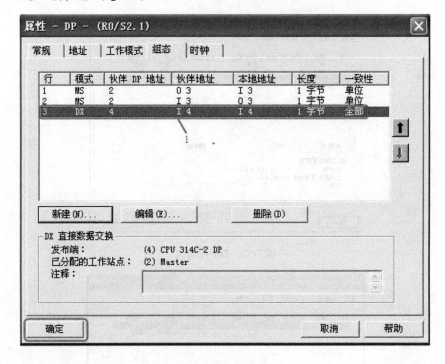

图 7-75   DX 数据区

（3）编写程序

主站的程序如图 7-76 所示，从站 1、从站 2 的程序如图 7-77 和图 7-78 所示。

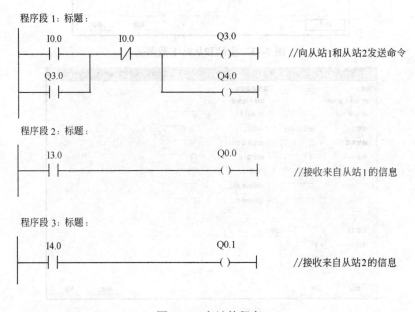

图 7-76   主站的程序

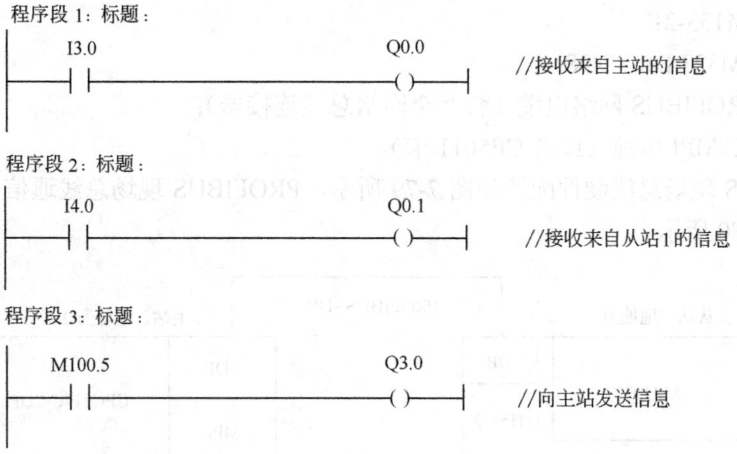

程序段 1：标题：

```
    I3.0                              Q0.0
 ───┤├─────────────────────────────( )───        //接收来自主站的信息
```

程序段 2：标题：

```
    I4.0                              Q0.1
 ───┤├─────────────────────────────( )───        //接收来自从站1的信息
```

程序段 3：标题：

```
    M100.5                            Q3.0
 ───┤├─────────────────────────────( )───        //向主站发送信息
```

图 7-77　从站 1 的程序

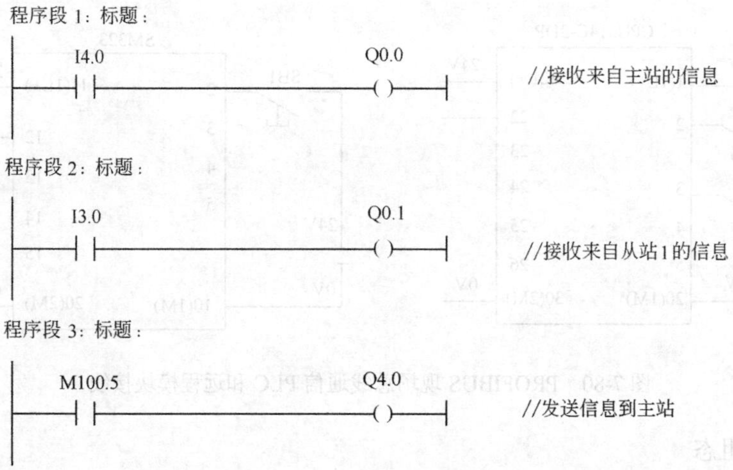

程序段 1：标题：

```
    I4.0                              Q0.0
 ───┤├─────────────────────────────( )───        //接收来自主站的信息
```

程序段 2：标题：

```
    I3.0                              Q0.1
 ───┤├─────────────────────────────( )───        //接收来自从站1的信息
```

程序段 3：标题：

```
    M100.5                            Q4.0
 ───┤├─────────────────────────────( )───        //发送信息到主站
```

图 7-78　从站 2 的程序

7.5　PROFIBUS-DP 接口连接远程 ET200M

用 CPU 314C-2DP 作为主站，远程 I/O 模块作为从站，通过 PROFIBUS 现场总线，建立与这些模块（如 ET200S、EM200M 和 EM200B 等）通信，是非常方便的，这样的解决方案多用于分布式控制系统。

【例 7-4】　有两台设备，分别由一台 CPU 314C-2DP 控制，从设备 1 上的 CPU 314C-2DP 发出启/停控制命令，设备 2 上的模块收到命令后，对设备 2 进行启停控制，同时设备 1 上的 CPU 314C-2DP 监控设备 2 的运行状态。

将设备 1 上的 CPU 314C-2DP 作为主站，将设备 2 上的分布式模块作为从站。

（1）主要软硬件配置

① 1 套 STEP7 V5.5；

② 1 台 CPU 314C-2DP；

③ 1 台 IM153-2；

④ 1 块 SM323 DI8×DO8；

⑤ 1 根 PROFIBUS 网络电缆（含两个网络总线连接器）；

⑥ 1 根 PC/MPI 电缆（或者 CP5611 卡）。

PROFIBUS 现场总线硬件配置如图 7-79 所示，PROFIBUS 现场总线通信 PLC 和远程模块接线如图 7-80 所示。

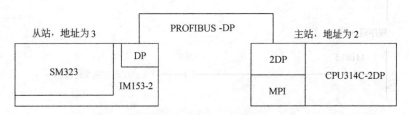

图 7-79 PROFIBUS 现场总线硬件配置

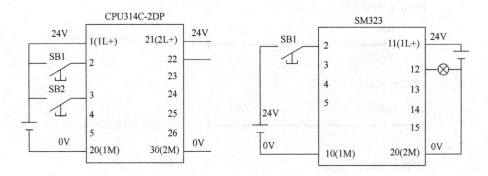

图 7-80 PROFIBUS 现场总线通信 PLC 和远程模块接线

（2）硬件组态

① 新建工程和插入站点。先打开 STEP7，再新建工程，本例命名为"7-4"，接着单击菜单"插入"下的"站点"，并单击"SIMATIC 300 站点"，新建工程和插入主站如图 7-81 所示。

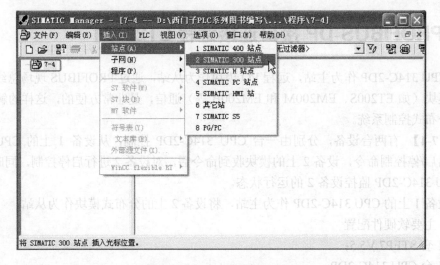

图 7-81 新建工程和插入主站

② 选中硬件。先单击"7-4"前的"＋"，展开"7-4"，选定 SIMATIC 300（1），再双击"硬件"，选中硬件如图 7-82 所示。

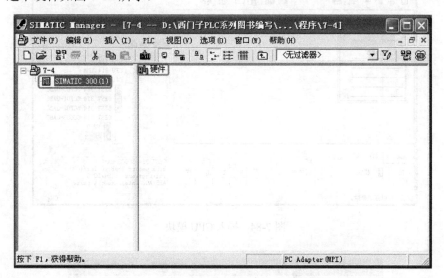

图 7-82 选中硬件

③ 插入导轨。先单击 SIMATIC 300 前的"＋"，展开 SIMATIC 300，再展开 Rack-300，再双击"Rail"，弹出导轨 UR，如图 7-83 所示。

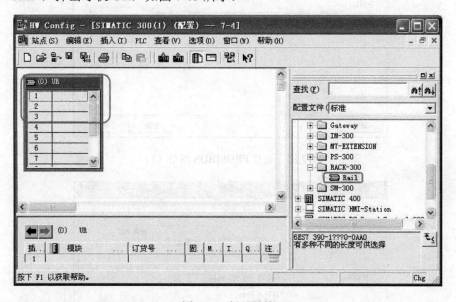

图 7-83 插入导轨

④ 插入 CPU 模块。选中槽位 2，选中后槽位为绿色，展开 CPU-300，再展开 CPU 314-2DP，再双击"V2.6"，如图 7-84 所示。

⑤ 新建 PROFIBUS 网络。如图 7-85 所示，"地址"中的选项是主站的地址，本例确定为 2，再展开 CPU 314-2DP，再单击"新建"按钮，弹出如图 7-86 所示界面。单击"确定"按钮，主站的 PROFIBUS 网络设定完成。

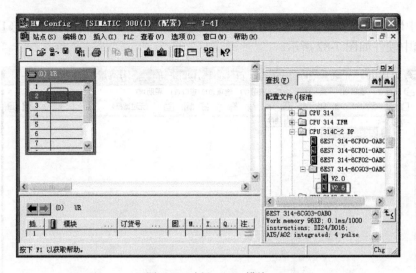

图 7-84　插入 CPU 模块

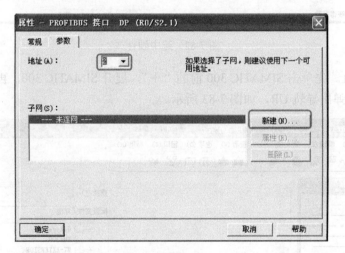

图 7-85　新建 PROFIBUS 网络 (1)

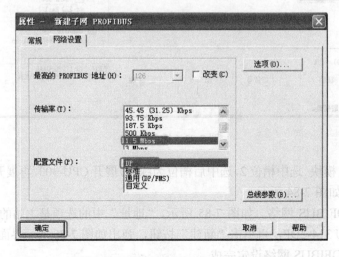

图 7-86　新建 PROFIBUS 网络 (2)

⑥ 修改主站的 I/O 地址。双击槽位"2.2"，再选定"地址"选项卡，并在"输入"的起始地址中输入 0，"输出"的起始地址也输入 0，最后单击"确定"按钮，修改主站的 I/O 地址如图 7-87 所示。

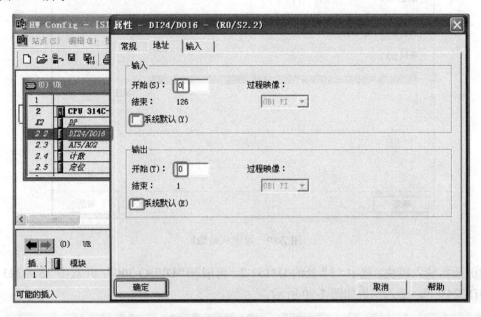

图 7-87　修改主站的 I/O 地址

⑦ 将从站挂到 PROFIBUS 网络上。选中"1"处的 PROFIBUS 网络，再展开"PROFIBUS DP"下的"ET 200M"，并双击"IM 153-2"，组态从站硬件如图 7-88 所示。

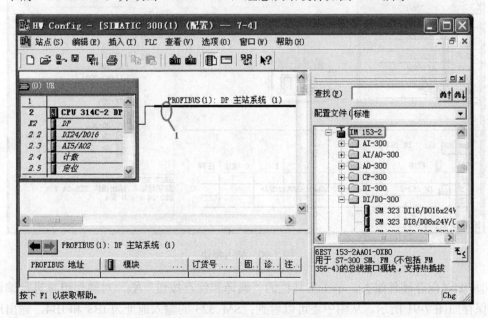

图 7-88　将从站挂到 PROFIBUS 网络上

⑧ 设定从站地址。"地址"中的选项是从站的地址，本例确定为 3，再单击"确定"按钮，设定从站地址如图 7-89 所示。

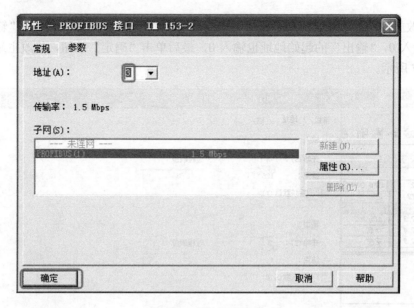

图 7-89　设定从站地址

⑨ 插入输入模块。选中"1"处的 IM153-2，再展开"DI/DO-300"，并双击"SM 323 DI8/DO8×DC24V"，插入模块如图 7-90 所示。

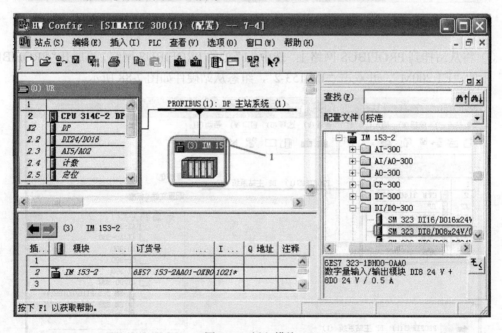

图 7-90　插入模块

⑩ 编译保存硬件组态。单击工具栏的"编译和保存按钮"🖳，对硬件组态进行编译，编译保存如图 7-91 所示。从图中还可以看到：SM 323 的输入地址为 IB3 和 IB4，输出地址为 QB2 和 QB3。

（3）编写程序

只需要对主站编写程序，主站程序如图 7-92 所示。

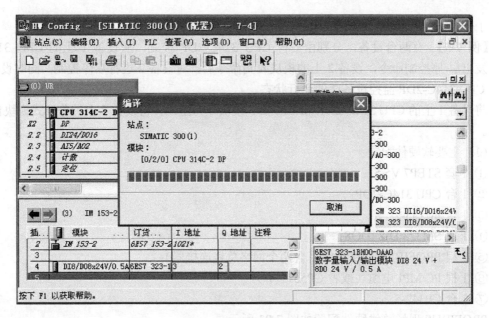

图 7-91　编译保存硬件组态

程序段 1：标题：

```
        I0.0          I0.1                                    Q2.0
   ─────┤ ├──────────┤/├──────────────────────────────────────( )──
        Q2.0
   ─────┤ ├───
```

程序段 2：标题：

```
        I3.0                                                  Q0.0
   ─────┤ ├──────────────────────────────────────────────────( )──
```

图 7-92　主站程序

7.6　CP342-5 的 PROFIBUS 通信应用

7.6.1　CP342-5 的 PROFIBUS 通信概述

CP342-5 通信模块是 S7-300 系列 PLC 的专用 PROFIBUS 通信模块，带有 PROFIBUS 接口，可以作为 PROFIBUS-DP 的主站或者从站（但不能同时作为主站和从站），而且只能在 S7-300 的中央机架上使用。CP342-5 通信模块编程序跟集成 DP 接口不一样，它的通信数据接口区不是 I 区和 Q 区，而是需要调用通信功能 FC1 和 FC2。

7.6.2　CP342-5 的 PROFIBUS 通信应用举例

用 CPU 314C-2DP 作为主站，远程 I/O 模块作为从站，通过 PROFIBUS 现场总线，建立与这些模块（如 ET200S、EM200M 和 EM200B 等）通信，是非常方便的，这样的解决方案多用于分布式控制系统。

【例 7-5】 有两台设备，分别由一台 CPU 314C-2DP 控制，从设备 1 上的 CPU 314C-2DP 发出启/停控制命令，设备 2 上的模块收到命令后，对设备 2 进行启停控制，同时设备 1 上的 CPU 314C-2DP 监控设备 2 的运行状态。

将设备 1 上的 CPU 314C-2DP 和 CP342-5 模块作为主站，将设备 2 上的分布式模块作为从站。

（1）主要软硬件配置

① 1 套 STEP7 V5.5；

② 1 台 CPU 314C-2DP；

③ 1 台 IM153-2；

④ 1 块 SM323 DI8×DO8；

⑤ 1 根 PROFIBUS 网络电缆（含两个网络总线连接器）；

⑥ 1 根 PC/MPI 电缆（或者 CP5611 卡）；

⑦ 1 台 CP342-5。

PROFIBUS 现场总线硬件配置如图 7-93 所示。

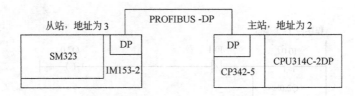

图 7-93　PROFIBUS 现场总线硬件配置

（2）硬件组态

① 新建工程和插入站点。先打开 STEP7，再新建工程，本例命名为"7-5"，接着单击菜单"插入"→"站点"，新建工程和插入站点如图 7-94 所示。

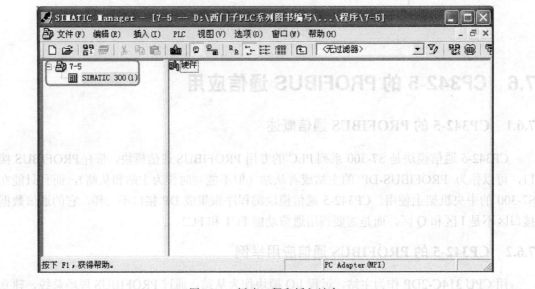

图 7-94　新建工程和插入站点

② 插入硬件。先插入导轨，再插入 PS307 5A、CPU 314C-2DP 和 CP 342-5 模块，如图 7-95 所示。

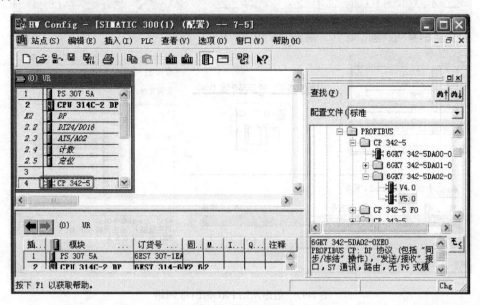

图 7-95 插入硬件

③ 组态主站网络。双击如图 7-95 中的 "CP 342-5"，弹出 "属性－CP 342-5" 界面，再单击 "属性" 按钮，弹出 "属性－PROFIBUS" 界面，选中 PROFIBUS 网络，再设置主站地址为 2，单击 "确定" 按钮，界面如图 7-96 所示。

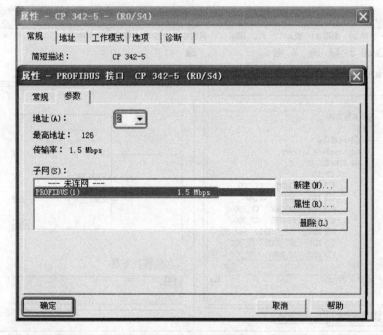

图 7-96 组态主站网络

④ 组态从站 PROFIBUS 网络。先将 "IM153-2" 挂到总线上，设置从站地址为 3，再插

入 SM323 DI8×DO8 模块，更改模块的地址，如图 7-97 所示界面。编译和保存硬件组态。

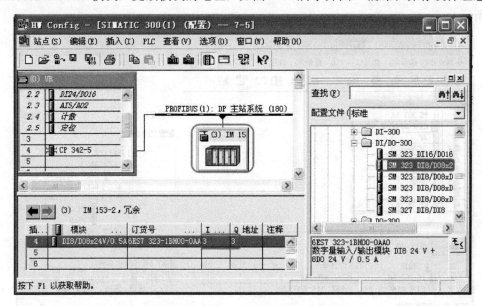

图 7-97 组态从站 PROFIBUS 网络

（3）编写程序

① 相关指令介绍 使用 CP342-5 模块时，编写程序要使用 DP_SEND 和 DP_ RECV 指令，这两条指令在程序编辑器的"库"→"SIMATIC_NET_CP"下可以找到，如图 7-98 所示。只要将其选中，拖入程序编辑器的编辑区即可。

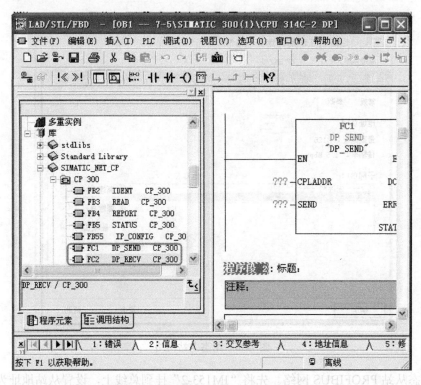

图 7-98 DP_SEND 和 DP_RECV 的位置

DP_SEND 的功能是将数据传送到 PROFIBUS CP 模块上。当在 DP 主站中使用时，该块将一个指定 DP 输出区的数据传送到 PROFIBUS CP，以便将它输出到分布式 I/O 系统。当在 DP 从站中使用时，块将 DP 从站的输入数据传送到 PROFIBUS CP，用于传送到 DP 主站。选定的数据区可以是一个过程映像区、存储位区或数据块区。当 PROFIBUS CP 可以接受整个 DP 数据区时，指示 DP_RECV FC 正确执行。

注意，当为该从站组态了输入时，必须在用户程序中连续为 DP 从站调用 FC DP_SEND 一次以上。DP_SEND 指令的格式见表 7-5。

表 7-5 DP_SEND 指令的格式

LAD	输入 / 输出	说　明	数据类型
FC1 DP SEND "DP_SEND" EN　　ENO CPLADDR　DONE SEND　　ERROR 　　STATUS	EN	使能	BOOL
	CPLADDR	模块的起始地址	WORD
	SEND	数据发送区的地址和长度	ANY
	DONE	是否无错完成作业	BOOL
	ERROR	是否有错	BOOL
	STATUS	错误代码	WORD

DP_RECV 功能是通过 PROFIBUS 接收数据。当在 DP 主站中使用时，DP_RECV 从分布式 I/O 接收过程数据及状态信息，并将这些数据和信息输入到一个指定的 DP 输入区。在 DP 从站上使用时，DP_RECV 接收由 DP 主站传送的在块中指定的 DP 数据区的输出数据。接收数据指定的数据区可以是过程映像区、位地址区或数据块区。当 PROFIBUS CP 可以传送整个 DP 数据输入区时，执行无错执行该功能。

注意，当为该 DP 从站组态了输出数据时，必须在用户程序中连续为 DP 从站调用 FC DP_RECV 一次以上。DP_RECV 指令的格式见表 7-6。

表 7-6 DP_RECV 指令的格式

LAD	输入 / 输出	说　明	数据类型
FC2 DP RECEIVE "DP_RECV" EN　　ENO CPLADDR　NDR RECV　　ERROR 　　STATUS 　　DPSTATUS	EN	使能	BOOL
	CPLADDR	模块的起始地址	WORD
	RECV	数据接收区的地址和长度	ANY
	NDR	指示是否接收新数据	BOOL
	ERROR	是否有错	BOOL
	STATUS	错误代码	WORD
	DPSTATUS	DP 状态代码	BYTE

② 编写程序　程序如图 7-99 所示。

【关键点】图 7-99 的程序中起始地址 "W#16#100" 实际就是十进制的 "256"，与图 7-100 中的起始地址 "256" 一致。

程序段 1： 启停控制

```
  I0.0        I0.1                              M0.0
 ─┤ ├────────┤/├────────────────────────────────( )─
  M0.0
 ─┤ ├─
```

程序段 2： 发送启停信息

```
                      ┌─────────────────────┐
                      │         FC1         │
                      │       DP SEND       │
                      │     "DP_SEND"       │
              ────────┤EN               ENO ├────────
                      │                     │
        W#16#100 ─────┤CPLADDR         DONE ├── M50.0
                      │                     │
        P#M 0.0  ─────┤                ERROR├── M50.1
        BYTE 1   ─────┤SEND                 │
                      │              STATUS ├── MW52
                      └─────────────────────┘
```

程序段 3： 接收启停信息

```
                      ┌─────────────────────┐
                      │         FC2         │
                      │      DP RECEIVE     │
                      │     "DP_RECV"       │
              ────────┤EN               ENO ├────────
                      │                     │
        W#16#100 ─────┤CPLADDR          NDR ├── M50.3
                      │                     │
        P#M 10.0 ─────┤               ERROR ├── M50.5
        BYTE 1   ─────┤RECV                 │
                      │              STATUS ├── MW56
                      │             DPSTATUS├── MB58
                      └─────────────────────┘
```

程序段 4： 显示反馈信息

```
  M10.0                                        Q0.0
 ─┤ ├──────────────────────────────────────────( )─
```

图 7-99 程序

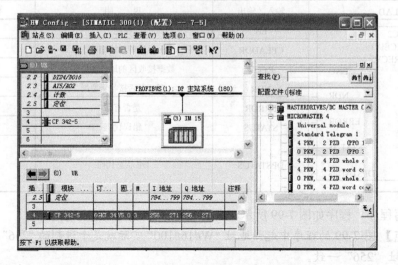

图 7-100 起始地址

7.7 S7-300 与 MM440 变频器的场总线通信调速

S7-200 可以与 MM440 变频器进行 USS 通信，USS 通信其实就是一种自由口通信。但由于 S7-200 只能作 PROFIBUS-DP 从站，不能作 PROFIBUS-DP 主站，MM440 变频器也只能作 PROFIBUS-DP 从站，不能作 PROFIBUS-DP 主站，因此 S7-200 不能作为主站对 MM440 变频器进行现场总线通信。但 S7-300 可以在 PROFIBUS-DP 网络中做主站。以下用一个例子介绍 S7-300 与 MM440 变频器的场总线通信调速。

【例 7-6】 有一台设备的控制系统中由 HMI、CPU314C-2DP 和 MM440 变频器组成，要求对电动机进行无级调速，请设计方案，并编写程序。

（1）软硬件配置

① 1 套 STEP7 V5.5；

② 1 台 MM440 变频器（含 PROFIBUS 模板）；

③ 1 台 CPU314C-2DP；

④ 1 台电动机；

⑤ 1 根 PC/MPI 电缆（或者 CP5611 卡）；

⑥ 1 根 PROFIBUS 屏蔽双绞线；

⑦ 1 台 HMI。

硬件配置如图 7-101 所示。

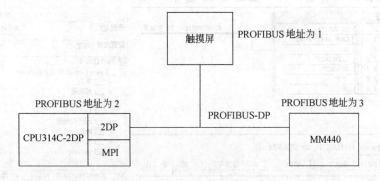

图 7-101　硬件配置

（2）MM440 变频器的设置

MM440 变频器的参数数值见表 7-7。

表 7-7　变频器参数表

序号	变频器参数	出厂值	设定值	功能说明
1	P0304	230	380	电动机的额定电压（380V）
2	P0305	3.25	0.35	电动机的额定电流（0.35A）
3	P0307	0.75	0.06	电动机的额定功率（60W）
4	P0310	50.00	50.00	电动机的额定频率（50Hz）
5	P0311	0	1440	电动机的额定转速（1430 r/min）
6	P0700	2	6	选择命令源（COM 链路的通信板 CB 设置）
7	P1000	2	6	频率源（COM 链路的通信板 CB 设置）
8	P2009	0	1	USS 规格化

　　MM440 变频器 PROFIBUS 站地址的设定在变频器的通信板（CB）上完成，通信板（CB）上有一排拨钮用于设置地址，每个拨钮对应一个"8-4-2-1"码的数据，所有的拨钮处于"ON"位置对应的数据相加的和就是站地址。拨钮示意如图 7-102 所示，拨钮 1 和 2 处于"ON"位置，所以对应的数据为 1 和 2；而拨钮 3、拨钮 4、拨钮 5 和拨钮 6 处于"OFF"位置，所对应的数据为 0，站地址为 1+2+0+0+0+0=3。

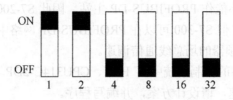

图 7-102　拨钮示意

　　【关键点】　　图 7-98 设置的站地址 3，必须和 STEP7 软件中硬件组态的地址保持一致，否则不能通信。

　　（3）S7-300 的硬件组态

　　① 新建工程和 PROFIBUS 网络。将工程命名为"7-6"。新建 PROFIBUS 网络，设置 CPU314C-2DP 的站地址为 2，选中如图 7-103 中"1"处的网络，展开"PROFIBUS　DP"。

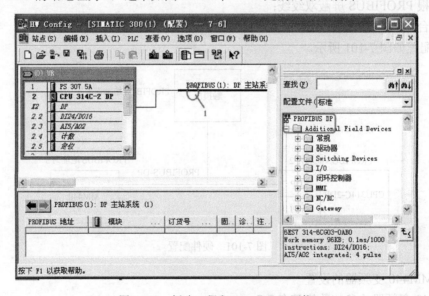

图 7-103　新建工程和 PROFIBUS 网络

　　② 选中"MICROMASTER 4"。如图 7-104 所示，先展开"SIMOVERT"，再选中"MICROMASTER 4"，并双击之，弹出 7-105 所示的界面。

　　③ 设置 MM440 的站地址。如图 7-105 所示，先选中"PROFIBUS（1）"网络，再将"地址"设置为 3，最后单击"确认"按钮。

　　④ 选择通信报文的结构。PROFIBUS 的通信报文由两部分组成，即 PKW（参数识别 ID 数据区）和 PZD 区（过程数据）。如图 7-106 所示，先选中"1"处，再双击"0 PKW，2 PZD（PPO3）"，"0 PKW，2 PZD（PPO3）"通信报文格式的含义是报文中没有 PKW，只有 2 个字的 PZD。

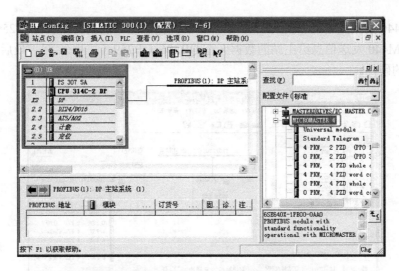

图 7-104　选中"MICROMASTER 4"

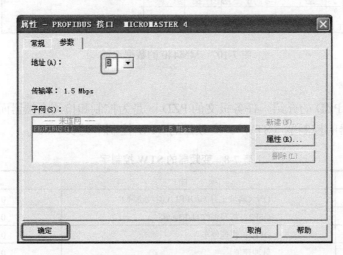

图 7-105　设置 MM440 的站地址

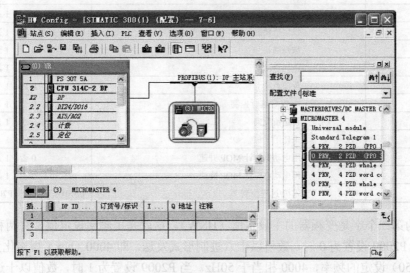

图 7-106　选择通信报文的结构

⑤ MM440 的数据地址。如图 7-107 中，MM440 接收主站的数据存放在 IB256~IB259（共两个字），MM440 发送信息给主站的数据区在 QB256~QB259（共两个字）。最后，编译并保存组态完成的硬件。

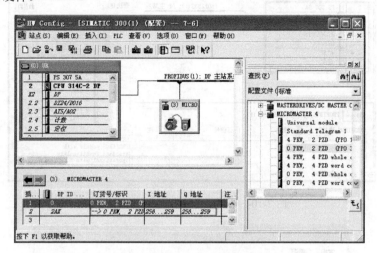

图 7-107　MM440 的数据地址

（4）编写程序

① 任务报文 PZD 的介绍　任务报文的 PZD 区是为控制和检测变频器而设计的。PZD 的第一个字是变频器的控制字（STW）。变频器的 STW 控制字见表 7-8。

表 7-8　变频器的 STW 控制字

位	项　　目	含　　义
位 00	ON（斜坡上升）/OFF1（斜坡下降）	0 否，1 是
位 01	OFF2：按照惯性自由停车	0 是，1 否
位 02	OFF3：快速停车	0 是，1 否
位 03	脉冲使能	0 否，1 是
位 04	斜坡函数发生器（RFG）使能	0 否，1 是
位 05	RFG 开始	0 否，1 是
位 06	设定值使能	0 否，1 是
位 07	故障确认	0 否，1 是
位 08	正向点动	0 否，1 是
位 09	反向点动	0 否，1 是
位 10	由 PLC 进行控制	0 否，1 是
位 11	设定值反向	0 否，1 是
位 12	未使用	
位 13	用电动电位计 MOP 升速	0 否，1 是
位 14	用电动电位计 MOP 降速	0 否，1 是
位 15	本机/远程控制	0P7019 下标 0，1P7019 下标 1

PZD 的第二个字是变频器的主设定值（HSW）。这就是主频率设定值。有两种不同的设置方式，当 P2009 设置为 0 时，数值以十六进制形式发送，即 4000（hex）规格化为由 P2000（默认值为 50）设定的频率，4000 相当于 50Hz。当 P2009 设置为 1 时，数值以十进制形式发送，即 4000（十进制）表示频率为 40.00Hz。

例如当 P2009＝0 时，任务报文为 PZD＝047F4000，第一个字的二进制为 0000,0100,0111,1111。这个字的含义是斜坡上升；不是自由惯性停机；不是快速停车；脉冲使能；斜坡函数发生器（RFG）使能；RFG 开始；设定值使能；不确认故障；不是正向点动；不是反向点动；PLC 进行控制；设定值不反向；不用 MOP 升速和降速。第二个字的含义是转速为 50Hz。

② 应答报文 PZD 的介绍 应答报文 PZD 的第一个字是变频器的状态字（ZWS）。变频器的状态字通常由参数 r0052 定义。变频器的状态字（ZSW）含义见表 7-9。

表 7-9 变频器的状态字 ZSW

位	项 目	含 义
位 00	变频器准备	0 否，1 是
位 01	变频器运行准备就绪	0 否，1 是
位 02	变频器正在运行	0 否，1 是
位 03	变频器故障	0 是，1 否
位 04	OFF2 命令激活	0 是，1 否
位 05	OFF3 命令激活	0 否，1 是
位 06	禁止接通	0 否，1 是
位 07	变频器报警	0 否，1 是
位 08	设定值/实际偏差过大	0 是，1 否
位 09	过程数据监控	0 否，1 是
位 10	已经达到最大频率	0 否，1 是
位 11	电动机极限电流报警	0 是，1 否
位 12	电动机抱闸制动投入	0 是，1 否
位 13	电动机过载	0 是，1 否
位 14	电动机正向运行	0 否，1 是
位 15	变频器过载	0 是，1 否

应答报文的 PZD 的第二个字是变频器的运行实际参数（HIW）。通常定义为变频器的实际输出频率。其数值也由 P2009 进行规格化。

③ 编写程序 程序如图 7-108 所示。

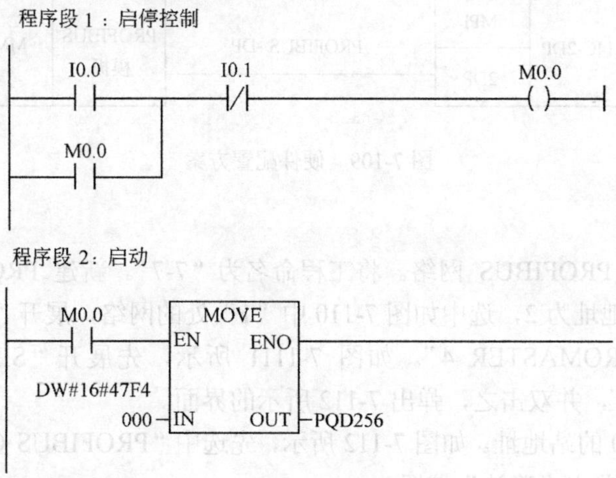

程序段 1：启停控制

程序段 2：启动

图 7-108

程序段 3：停止

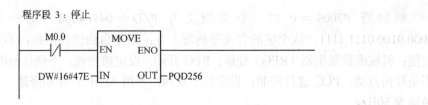

图 7-108　程序

【关键点】　理解任务报文和应答报文的各位的含义是十分关键的，否则很难编写出正确程序。

7.8　S7-300 通过 PROFIBUS 现场总线修改 MM440 变频器的参数

S7-300 通过 PROFIBUS 现场总线通信修改变频器的参数实际上就是 S7-300 和 MM440 变频器现场总线通信。以下用一个例子介绍 S7-300 通过 PROFIBUS 现场总线修改 MM440 变频器的参数。

【例 7-7】　利用一台 CPU314C-2DP 通过 PROFIBUS 现场总线通信修改 MM440 变频器的参数，将 P701 原有数值 1 修改成 2，请设计方案，并编写程序。

（1）软硬件配置

① 1 套 STEP7 V5.5；

② 1 台 MM440 变频器（含 PROFIBUS 模板）；

③ 1 台 CPU314C-2DP；

④ 1 根 PROFIBUS 屏蔽双绞线；

⑤ 1 根 PC/MPI 电缆（或者 CP5611 卡）。

硬件配置方案如图 7-109 所示。

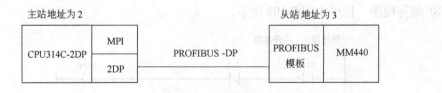

图 7-109　硬件配置方案

（2）硬件组态

① 新建工程和 PROFIBUS 网络。将工程命名为"7-7"。新建 PROFIBUS 网络，设置 CPU314C-2DP 的站地址为 2，选中如图 7-110 中"1"处的网络，展开"PROFIBUS　DP"。

② 选中"MICROMASTER 4"。如图 7-1111 所示，先展开"SIMOVERT"，再选中"MICROMASTER 4"，并双击之，弹出 7-112 所示的界面。

③ 设置 MM440 的站地址。如图 7-112 所示，先选中"PROFIBUS（1）"网络，再将"地址"设置为 3，最后单击"确认"按钮。

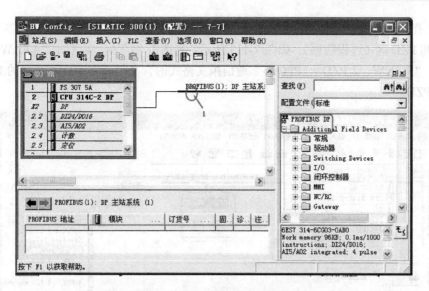

图 7-110 新建工程和 PROFIBUS 网络

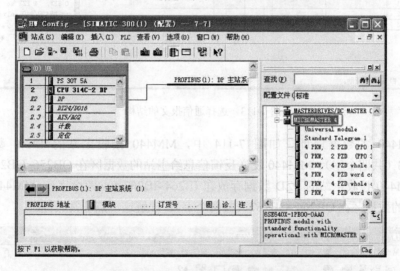

图 7-111 选中 "MICROMASTER 4"

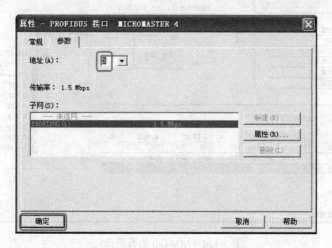

图 7-112 设置 MM440 的站地址

④ 选择通信报文的结构。PROFIBUS 的通信报文由两部分组成，即 PKW（参数识别 ID 数据区）和 PZD 区（过程数据）。如图 7-113 所示，先选中"1"处，再双击"4 PKW，2 PZD（PPO1）"，"4 PKW，2 PZD （PPO1）"通信报文格式的含义是报文中有 4 个字的 PKW，有 2 个字的 PZD。

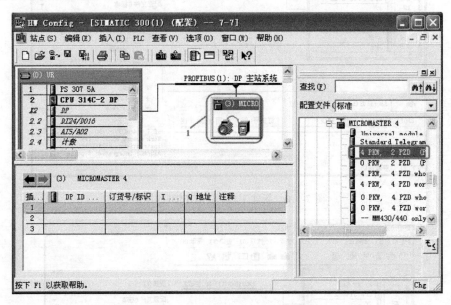

图 7-113　选择通信报文的结构

⑤ MM440 的数据地址。如图 7-114 中，MM440 接收主站的 PKW 数据存放在 IB256~IB263（共四个字），MM440 发送反馈信息给主站的数据区在 QB256~QB263（共四个字）。而 MM440 接收主站的 PZD 数据存放在 IB264~IB267（共两个字），MM440 发送反馈信息给主站的数据区在 QB264~QB267（共两个字）。理解这一点非常关键。

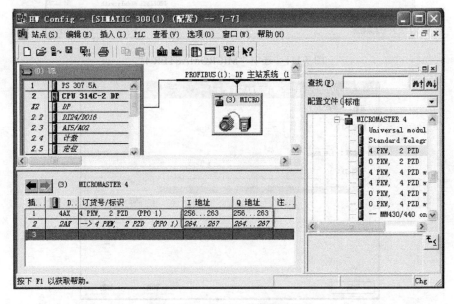

图 7-114　MM440 的数据地址

⑥ 插入组织块、数据块和参数表。返回管理器界面,插入组织块 OB82、OB86 和 OB122,再插入数据块 DB1 和参数表 VAT_1,如图 7-115 所示。

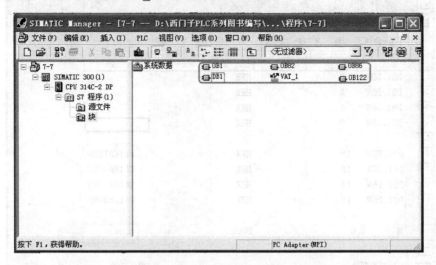

图 7-115 插入组织块、数据块和参数表

⑦ 在数据块中创建数组。双击如图 7-115 中的数据块 "DB1",创建数组 "DB_VAR",如图 7-116 所示。

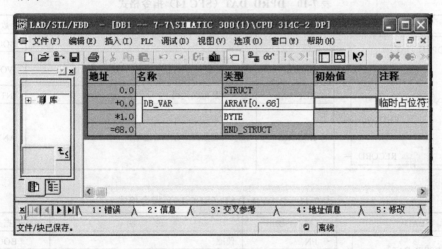

图 7-116 在数据块中创建数组

⑧ 在参数表中输入 PKW 参数。双击如图 7-116 中的参数表 "VAT_1",弹出参数表,如图 7-117 所示。"1" 处的参数为写入 MM440 变频器的参数,"2" 处的参数为向变频器读写参数的开关。

(3)相关指令简介

在组态接收和发送时,经常遇到 "Consistency"(一致性),当选择 "Unit" 时,则以字节发送和接收数据。如果数据到达从站接收区不在同一时刻,从站可能不能在同一周期处理完接收区数据。如果需要从站必须在同一周期处理完这些数据,可选择 "All" 选项,编程时调用 DPWR_DAT 打包发送,从 DP 从站或者 PROFINET IO 设备上发送连续数据,调用 DPRD_DAT 解包接收,从 DP 从站或者 PROFINET IO 设备上接收连续数据。打包发送

（DPRD_DAT）的指令格式见表 7-10，打包接收（DPWR_DAT）的指令格式见表 7-11。

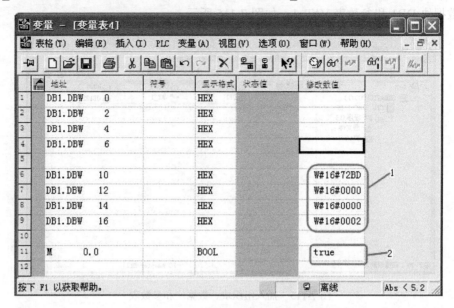

图 7-117　在参数表中输入 PKW 参数

表 7-10　DPRD_DAT（SFC 14）指令格式

LAD	输入 / 输出	说　明	数据类型
"DPRD_DAT" EN　　ENO LADDR　　RET_VAL RECORD	EN	使能	BOOL
	LADDR	对方数据起始地址，其实就是本地要接收的解包数据存放在对方的起始地址	WORD
	RET_VAL	返回值是错误代码	INT
	RECORD	接收解包数据后存放的地址	ANY

表 7-11　DPWR_DAT（SFC 15）指令格式

LAD	输入 / 输出	说　明	数据类型
"DPWR_DAT" EN　　ENO LADDR　　RET_VAL RECORD	EN	使能	BOOL
	LADDR	对方数据起始地址，其实就是对方要接收的数据存放的起始地址	WORD
	RET_VAL	返回值是错误代码	INT
	RECORD	本地要发送数据存放的地址	ANY

（4）编写程序

在编写程序前先对图 7-113 中参数表中含义进行解释。

① W#16#72BD，PKW 的第一个字，即参数识别标记 ID，显然是用十六进制表示，"7"表示修改参数数值，此参数为数组、单字，"2BD"就是 701 的十六进制。

② W#16#0000，PKW 的第二个字，即参数下标，显然 701 小于 2000，所以其下标为 0。

③ W#16#0000，PKW 的第三个字，第一个参数值（PWE1），为 0。

④ W#16#0002，PKW 的第四个字，第二个参数值（PWE2），为 2，是要修改的新数值。

⑤ 通信程序如图 7-114 所示。

【关键点】 要编写正确的程序，首先要必须理解 PKW 各个字的含义，这是重点，同时也是难点。其次要理解 DPRD_DAT 和 DPWR_DAT 的用法，如图 7-118 的程序中 "LADDR" 前的 "W#16#100" 是用十六进制表示的，就是十进制的 256，与图 7-114 中地址对应，这点必须注意，否则通信是不能成功的。

程序段 1：接收数据，存放在 DB1.DBX0.0 开始的 8 个字节

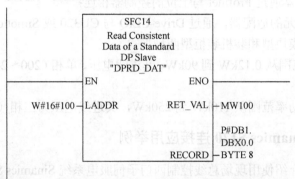

程序段 2：发送从 DB1.DBX10.0 开始的 8 个字节，修改变频器的参数

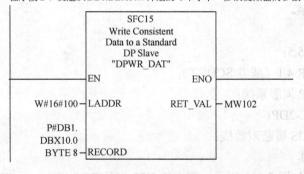

图 7-118   程序

7.9 PROFIBUS 与 Sinamics S120 的连接

7.9.1 Sinamics S120 AC/AC 单轴驱动器概述

Sinamics S120 AC/AC 单轴驱动器是在西门子公司推出的新一代交流驱动产品——集整流和逆变于一体的新型驱动器，既能实现通常的 V/F、矢量控制，又能实现高精度、高性能的伺服控制功能。它不仅能控制普通的三相异步电动机，还能控制异步和同步伺服电机、扭矩电机及直线电机。其强大的定位功能将实现进给轴的绝对、相对定位。

Sinamics S120 产品包括：用于共直流母线的 DC/AC 逆变器和用于单轴的 AC/AC 变频器。共直流母线的 DC/AC 逆变器通常又称为 Sinamics S120 多轴驱动器，其结构形式为电源

模块和电机模块分开，一个电源模块将三相交流电整流成 540V 或 600V 的直流电，将电机模块（一个或多个）都连接到该直流母线上，特别适用于多轴控制，尤其是造纸、包装、纺织、印刷、钢铁等行业。其优点是各电机轴之间的能量共享，接线方便、简单。单轴控制的 AC/AC 变频器，通常又称为 Sinamics S120 单轴交流驱动器，其结构形式为电源模块和电机模块集在一起，特别适用于单轴的速度和定位控制。

本部分只介绍 Sinamics S120 单轴交流驱动器。Sinamics S120 AC/AC 单轴驱动器由两部分组成：控制单元和功率模块。具体如下。

（1）控制单元有：CU310DP、CU310 PN 和 CUA31 三种形式。

CU310DP 是驱动器通过 Profibus-DP 与上位的控制器相连；

CU310PN 是驱动器通过 Profinet 与上位的控制器相连；

CUA31 是控制单元的适配器，通过 Drive-CLiQ 与 CU320 或 Simotion D 相连。

（2）功率模块有模块型和装机装柜型两种形式。

模块型：其功率范围从 0.12kW 到 90kW，其进线电压，单相（200～240V）及三相（380～480V）两种规格。

装机装柜型：其功率范围从 110kW 到 250kW，其进线电压为三相（380～480V）。

7.9.2　S7-300 与 Sinamics S120 连接应用举例

以下用一个例子介绍使用现场总线控制西门子伺服电系统 Sinamics S120。

【例 7-8】 某设备上有一套 CU310DP 伺服驱动系统，要求：对伺服进行调速。请画出 I/O 接线图并编写程序。

（1）软硬件配置

① 1 套 STEP7 V5.5；

② 1 套 STARTER 4.1（或者 SCOUT）；

③ 1 套 CU310DP 伺服系统；

④ 1 台 CPU314C-2DP；

⑤ 1 根 PROFIBUS 屏蔽双绞线；

⑥ 1 块 CP5611 卡。

系统的硬件配置如图 7-119 所示，图中的 X22 口是 DB9 母头，是 Sinamics S120 与计算机或者 PLC 通信的接口。

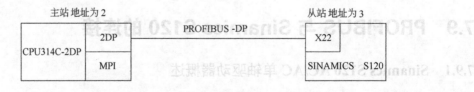

图 7-119　硬件配置

（2）伺服系统参数的设置

① 设置伺服驱动器的站地址。从图 7-119 可知：本例伺服系统的站地址设置为 3。伺服驱动器上有一排拨钮用于设置地址，每个拨钮对应一个 "8-4-2-1" 码的数据，所有的拨钮处于 "ON" 位置对应的数据相加的和就是站地址。设置方法和变频器的 PROFIBUS 模板的站

点设置方法一致。

【关键点】 驱动器上设置的站地址 3，必须和 STEP7 软件中硬件组态的地址保持一致，否则不能通信。此外，设置完成后必须断电，设置的地址才能起作用。

② 打开软件 STARTER，新建工程。在打开 STARTER 工程前，计算机中要首先安装 STARTER（或者 SCOUT）软件，此软件不需要授权，可免费使用。若使用 SCOUT 则需要购买授权。打开 STARTER 软件，如图 7-120 所示，再单击工具栏上的"新建"按钮，弹出如图 7-121 所示的界面，将工程命名为"SERVER2"，最后单击"OK"按钮。

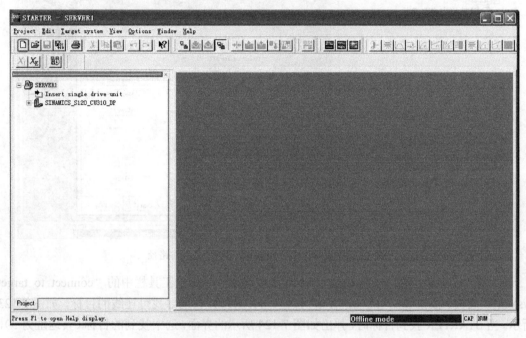

图 7-120 新建工程

图 7-121 工程命名

③ 设置 PC 与 Sinamics S120 通信的路径。先选中"SERVER2",再在菜单中单击"Options" → "Set PG/PC Interface",弹出"Set PG/PC Interface"界面,选中"CP5611（PROFIBUS）"选项,最后单击"OK"按钮,如图 7-122 所示。

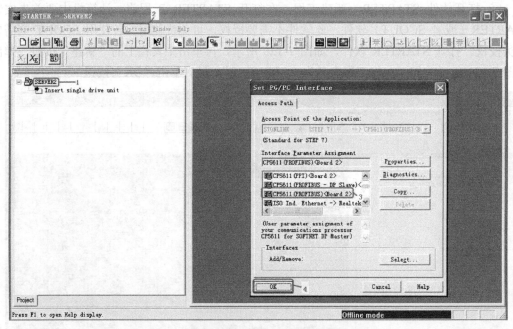

图 7-122　设置 PC 与 Sinamics S120 通信的路径

④ 将 PG（编程器）与 Sinamics S120 连接起来。先单击工具栏中的"connect to target system"（连接）按钮 ，再单击"Yes"按钮,STARTER 自动寻找可连线的目标,如图 7-123 所示。当 STARTER 找到目标时,弹出如图 7-124 所示的界面,选中找到的目标（其地址为 3）,这个目标就是要连接的 Sinamics S120,再单击"Accept"（接受）按钮。

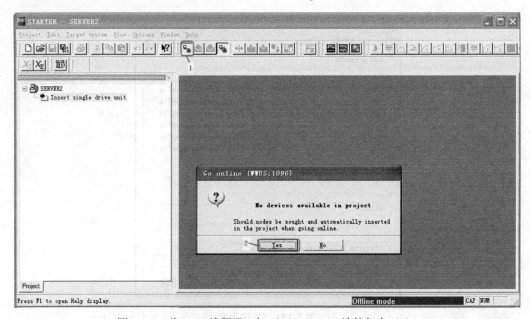

图 7-123　将 PG（编程器）与 Sinamics S120 连接起来（1）

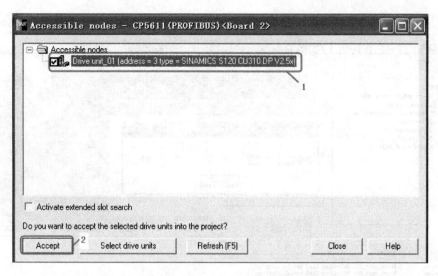

图 7-124 将 PG（编程器）与 Sinamics S120 连接起来（2）

⑤ 配置驱动器系统。驱动器系统参数的配置可以手动配置，也可以自动配置，手动配置较麻烦，因此推荐用自动配置。如图 7-125 所示，当将 PG 与 Sinamics S120 连接起来后，可以看到"3"处的字是"Online mode"（在线模式），选中并双击"Automatic configuration"（自动配置），再单击"Load to PG"（上载到编程器），弹出上载状态界面，如图 7-126 所示。当上载结束后，伺服系统的参数自动上传到编程器（PG）中。

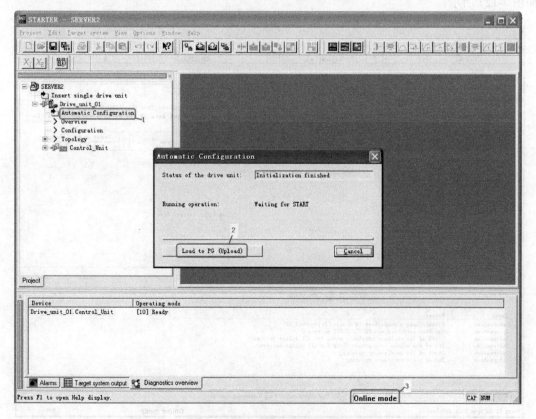

图 7-125 自动配置驱动器系统

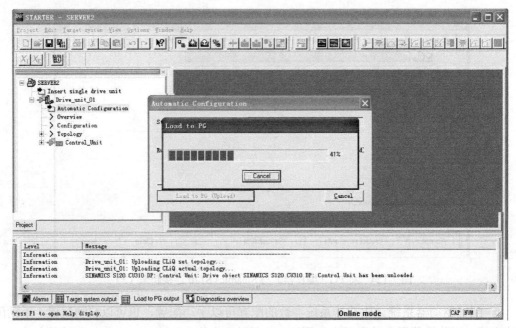

图 7-126 上载状态

⑥ 设置通信报文类型。先选中 "PROFIBUS"，再选中 "PROFIBUS message frame" 选项卡，在 "Message frame type"（通信报文类型），选定 "Standard telegram 1"（通信报文1），如图 7-127 所示。

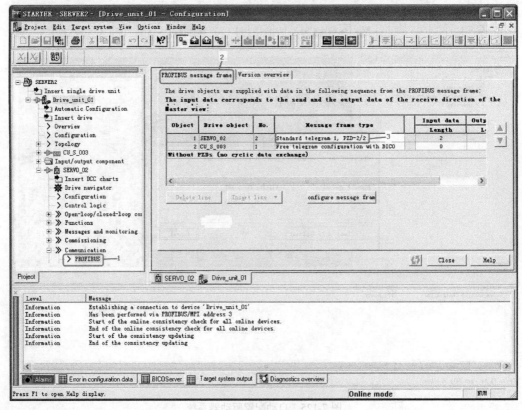

图 7-127 设置通信报文类型

⑦ 将 RAM 的数据复制到 ROM 中。先选中"Drive_unit_01",再单击"Copy RAM to ROM"（将 RAM 的数据复制到 ROM）按钮，如图 7-128 所示。当数据复制完成后，再单击"Disconnect from target system"（离线）按钮，这样 PG 和 Sinamics S120 通信连接断开。断电后，将两者的通信电缆拔下，再将 S7-300 的 DP 口与 Sinamics S120 的 X22 口用屏蔽双绞线（含两只网络连接器）相连。

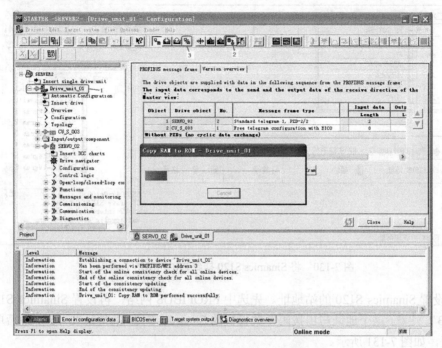

图 7-128　将 RAM 的数据复制到 ROM 中

【关键点】 图 7-126 中的通信报文设置与 S7-300 中的报文设置要一致，否则通信不能成功。此外，必须将 RAM 的数据复制到 ROM 中，否则设置的报文就不能起作用。

（3）S7-300 的硬件组态

① 新建工程，并进行硬件组态。新建工程，命名为"7-8"，如图 7-129 所示。

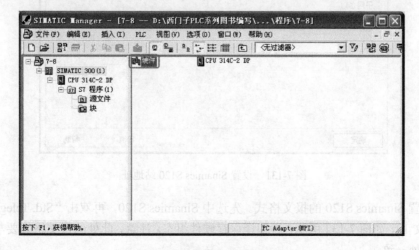

图 7-129　新建工程

② 将 Sinamics S120 挂到 PROFIBUS 总线上。将界面切换到硬件组态上，先选中"1"处，再双击"Sinamics S"，如图 7-130 所示，Sinamics S120 挂到 PROFIBUS 总线上。

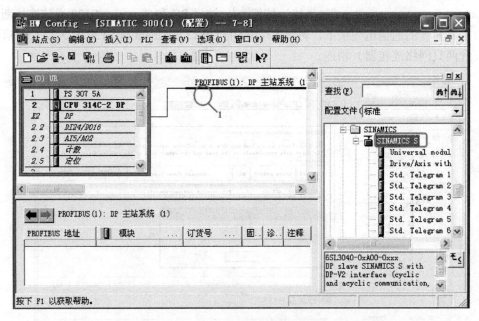

图 7-130　将 Sinamics S120 挂到 PROFIBUS 总线上

③ 设置 Sinamics S120 的站地址。先选中 PROFIBUS 网络，再设置 Sinamics S120 的站地址为"3"。注意，这个地址与用拨码开关设置的 Sinamics S120 的地址要一致，最后单击"确定"按钮，如图 7-131 所示。

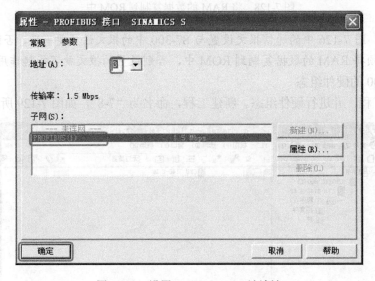

图 7-131　设置 Sinamics S120 站地址

④ 设置 Sinamics S120 的报文格式。先选中 Sinamics S120，再双击"Std. Telegam 1：2/2 PZD"（报文 1），如图 7-132 所示，再编译保存硬件组态。注意，此处的报文格式要与图 7-133 中的"3"处一致。

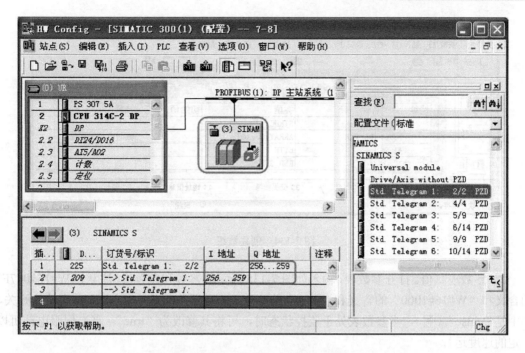

图 7-132 设置 Sinamics S120 的报文格式

（4）编写程序

① 插入数据块 DB1 和参数表 VAT_1。选中块 OB1，插入数据块 DB1 和参数表 VAT_1，如图 7-133 所示。

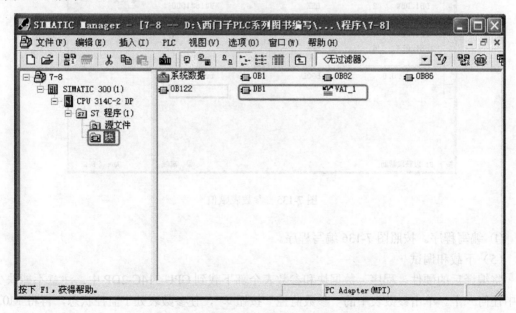

图 7-133 插入数据块 DB1 和参数表 VAT_1

② 在 DB1 中创建数组。打开数据块 DB1，并在 DB1 中创建数组 ARRAY[1...10]，如图 7-134 所示。

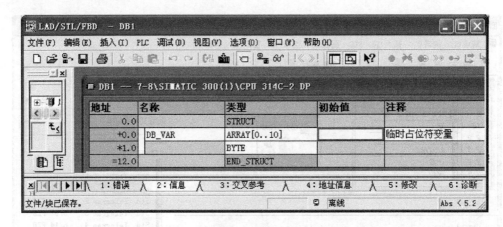

图 7-134　创建数组

③ 参数表赋值。打开参数表，输入如图 7-135 所示的参数和参数值。注意，"W#16#047F" 的含义和 "W#16#1000" 的含义和 MM440 的一致，在此不作赘述。而 M0.0 是启动的开关，图中是 "false"（假），当参数表处于监控状态时，可将其修改为 "true"（真）伺服电动机以一定的速度运行。

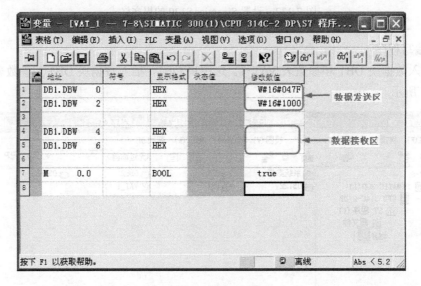

图 7-135　参数表赋值

④ 编写程序。按照图 7-136 编写程序。

（5）下载和调试

将编译后的硬件、程序、数据块和参数表全部下载到 CPU 314C-2DP 中，注意不能缺少其中任何一个。单击参数表中的 "参数监控" 按钮 66'，使参数表处于监控状态，再将 M0.0 的参数 false 改为 true，最后单击 "更新参数" 按钮 66，更新参数，伺服电动机旋转。DB1 中显示伺服驱动反馈的参数，如图 7-137 所示。

若读者已经会使用西门子的变频器，那么无疑有利于读者掌握西门子的伺服系统，因为西门子的变频器和伺服系统有许多共同之处。

程序段 1：接收数据，存放在DB1.DBX4.0 开始的 4 个字节

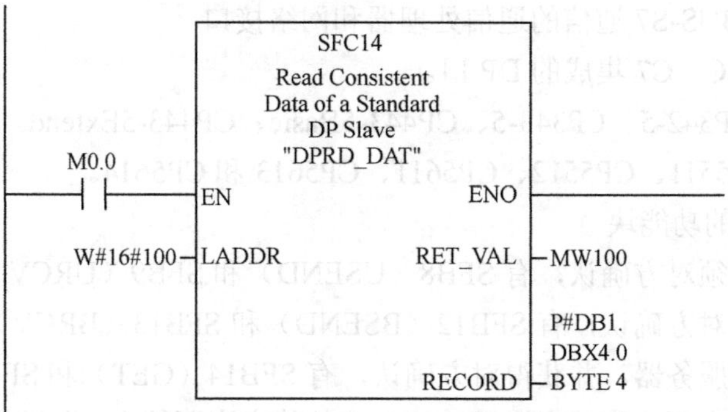
SFC14
Read Consistent
Data of a Standard
DP Slave
"DPRD_DAT"
M0.0
EN
ENO
W#16#100
LADDR
RET_VAL
MW100
P#DB1.
DBX4.0
RECORD
BYTE 4

程序段 2：发送从DB1.DBX0.0 开始的 4 个字节，修改变频器的参数

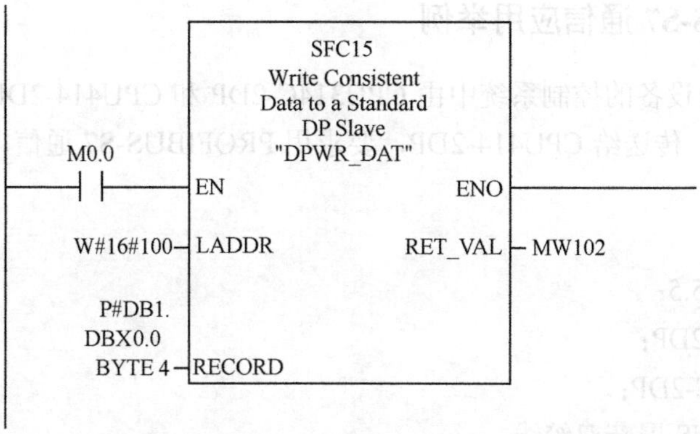
SFC15
Write Consistent
Data to a Standard
DP Slave
"DPWR_DAT"
M0.0
EN
ENO
W#16#100
LADDR
RET_VAL
MW102
P#DB1.
DBX0.0
BYTE 4
RECORD

图 7-136 OB1 中的程序

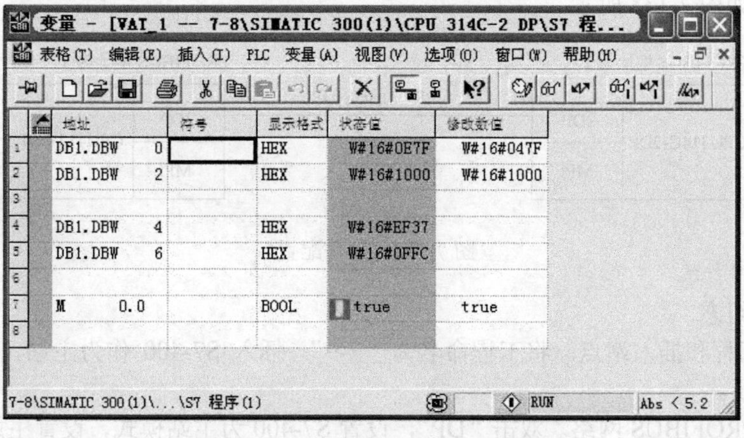
变量 - [VAT_1 -- 7-8\SIMATIC 300(1)\CPU 314C-2 DP\S7 程...
表格(T) 编辑(E) 插入(I) PLC 变量(A) 视图(V) 选项(O) 窗口(W) 帮助(H)
地址
符号
显示格式
状态值
修改数值
DB1.DBW 0 HEX W#16#0E7F W#16#047F
DB1.DBW 2 HEX W#16#1000 W#16#1000
DB1.DBW 4 HEX W#16#EF37
DB1.DBW 6 HEX W#16#0FFC
M 0.0 BOOL true true
7-8\SIMATIC 300(1)\...\S7 程序(1)
RUN
Abs < 5.2

图 7-137 参数表处于监控状态

7.10 PROFIBUS-S7 通信

7.10.1 PROFIBUS-S7 通信简介

S7 通信是 S7 系列 PLC 基于 MPI、PROFIBUS、以太网的一种优化的通信协议，主要用

于 S7-400/400、S7-300/400 PLC 的主—主通信，也适合 S7 系列 PLC 与 HMI 的通信。

（1）支持 PROFIBUS-S7 通信的通信处理器和网络接口

① S7-300/400 PLC、C7 集成的 DP 口。

② 通信处理器 CP342-5、CP343-5、CP443-5Basic、CP443-5Extend。

③ PC 通信卡 CP5511、CP5512、CP5611、CP5613 和 CP5614。

（2）S7 通信支持的功能块

① 发送数据后无须对方确认，有 SFB8（USEND）和 SFB9（URCV）。

② 发送数据后有对方确认，有 SFB12（BSEND）和 SFB13（BRCV）。

③ 单边编程访问服务器，并获得对方确认，有 SFB14（GET）和 SFB15（PUT）。

此外 S7 连接需要占用一个静态资源，S7-300 的静态资源较少，所以最好不要采用 S7 连接，S7-300 之间不能建立 S7 连接。

7.10.2　PROFIBUS-S7 通信应用举例

【例 7-9】　有一台设备的控制系统中由 CPU314C-2DP 和 CPU414-2DP 组成，CPU314C-2DP 采集模拟量数据，传送给 CPU414-2DP，要求用 PROFIBUS-S7 通信，请设计通信方案，并编写程序。

（1）软硬件配置

① 1 套 STEP7 V5.5；

② 1 台 CPU414-2DP；

③ 1 台 CPU314C-2DP；

④ 1 根 PROFIBUS 屏蔽双绞线；

⑤ 1 根 PC/MPI 电缆（或者 CP5611 卡）。

硬件配置如图 7-138 所示。

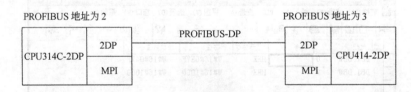

图 7-138　硬件配置

（2）硬件组态

① 新建工程和插入站点。将工程命名为"7-9"。插入 S7-400 作为主站，站地址为 2，如图 7-139 所示。

② 新建 PROFIBUS 网络。双击"DP"，设置 S7-400 为主站模式，设置主站的地址为 2，通信波特率为 1.5Kbps，完成设置后如图 7-140 所示。

③ 组态 S7-300 主站。插入 S7-300，并作为主站，站地址为 3，通信波特率为 1.5Kbps，完成设置后如图 7-141 所示。

④ 建立 S7 连接。回到管理器界面双击"PROFIBUS(1)"，打开 NetPro 界面，如图 7-142 所示。选中如图 7-143 中的"1"处，单击鼠标右键，再用左键单击"插入新连接"；弹出如图 7-144 界面，选中"S7 连接"，单击"应用"按钮；弹出如图 7-145 界面，单击"确定"按钮。

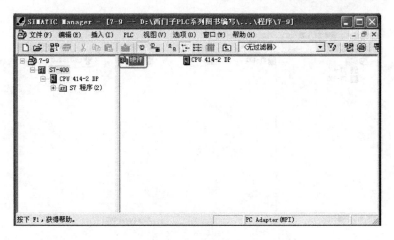

图 7-139 新建工程

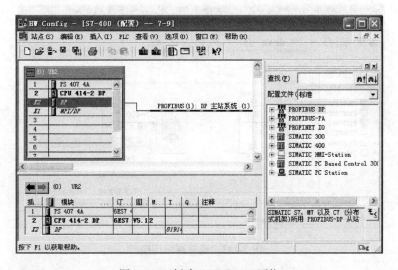

图 7-140 新建 PROFIBUS 网络

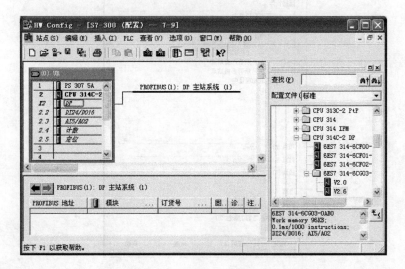

图 7-141 组态 S7-300 主站

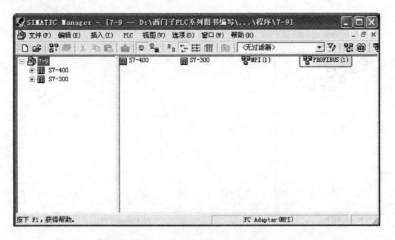

图 7-142　打开 NetPro 界面

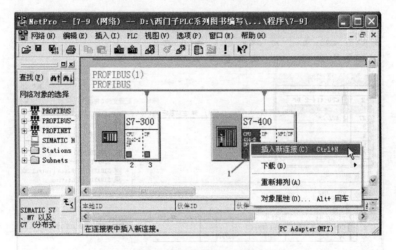

图 7-143　建立网络连接

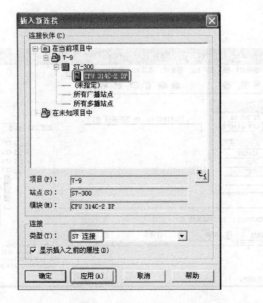

图 7-144　插入新连接

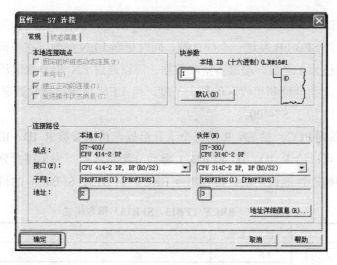

图 7-145　属性-S7 连接

（3）编写程序

① 相关指令介绍　SFB/FB12（BSEND）的功能是向函数类型为"BRCV"的远程伙伴 SFB/FB 发送数据。相对于通过所有其他类型的 SFB/FB 通信，通过这种类型的数据传送，可以在通信伙伴之间为所组态的 S7 连接传输更多的数据，即可以为 S7-300 发送多达 32768 个字节，为 S7-400 发送多达 65534 个字节，以及通过集成接口为 S7-300 发送多达 65534 个字节的数据。

要发送的数据区是分段的。各个分段单独发送给通信伙伴。通信伙伴在接收到最后一个分段时对此分段进行确认，该过程与相应 SFB/FB13（BRCV）的调用无关。对于 S7-300 系列 PLC，在 REQ 的上升沿处激活发送作业。在 REQ 的每个上升沿处传送参数 R_ID、ID、SD_1 和 LEN。在一个作业结束之后，可以给 R_ID、ID、SD_1 和 LEN 参数分配新的数值。为了进行分段数据的传送，必须在用户程序中周期性地调用块。FB12 用于 S7-300，SFB12 用于 S7-400。

由 SD_1 指定起始地址和要发送数据的最大长度。可以通过 LEN 来确定数据域的作业指定长度。发送指令 BSEND（FB12，SFB12）的格式见表 7-12。

表 7-12　BSEND（FB12，SFB12）指令格式

LAD	输入/输出	说　明	数据类型
"BSEND" —EN　　ENO— —REQ　　DONE— —R　　ERROR— —ID　　STATUS— —R_ID —SD_1 —LEN	EN	使能	BOOL
	REQ	发送请求	BOOL
	R	为 1 时终止传送	BOOL
	ID	组态时的连接号	WORD
	R_ID	连接号，相同的连接号可以接收和发送数据	DWORD
	SD_1	发送的数据区	ANY
	LEN	发送数据长度	WORD
	ERROR	错误代码，为 1 时出错	BOOL
	STATUS	返回数值（如错误值）	WORD
	DONE	发送是否完成	BOOL

SFB/FB13（BRCV）接收来自类型为"BSEND"的远程伙伴 SFB/FB 的数据。在收到每个数据段后，向伙伴 SFB/FB 发送一个确认帧，同时更新 LEN 参数。在块调用完毕，并且在控制输入 EN_R 数值为 1 之后，块准备接收数据。可以通过 EN_R=0 来取消一个已激活的作业。由 RD_1 指定起始地址和接收区的最大长度。由 LEN 指示已接收数据域的长度。FB13 用于 S7-300，SFB13 用于 S7-400。

对于 S7-300 系列 PLC，在 EN_R 的每个上升沿处，传送参数 R_ID、ID 和 RD_1。在每个作业结束之后，可以给 R_ID、ID 和 RD_1 参数分配新数值。为了进行分段数据的传送，必须在用户程序中周期性地调用块。接收指令 BRCV（FB13，SFB13）的格式见表 7-13。

表 7-13 BRCV（FB13，SFB13）指令格式

LAD	输入 / 输出	说　明	数据类型
	EN	使能	BOOL
	EN_R	激活后，准备接收信息	BOOL
	ID	组态时的连接号	WORD
	R_ID	连接号，相同的连接号可以接收和发送数据	DWORD
	NDR	接收数据确认	BOOL
	RD_1	接收数据区	ANY
	ERROR	错误代码，为 1 时出错	BOOL
	STATUS	返回数值（如错误值）	WORD
	LEN	已接收数据长度	WORD

② 程序　S7-400 中的程序如图 7-146 所示。S7-300 中的程序如图 7-147 和图 7-148 所示。

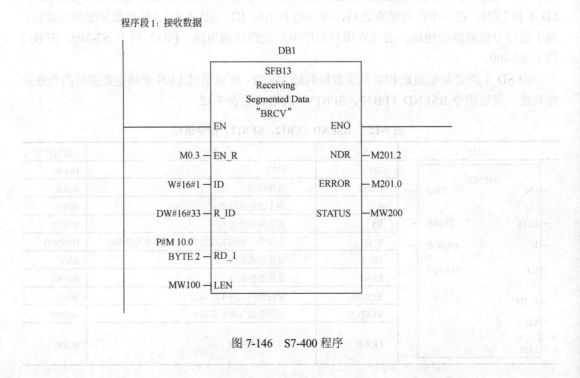

图 7-146　S7-400 程序

程序段 1:采集模拟量

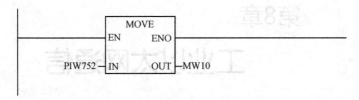

图 7-147 S7-300 程序(OB35 块中)

程序段 1:发送数据

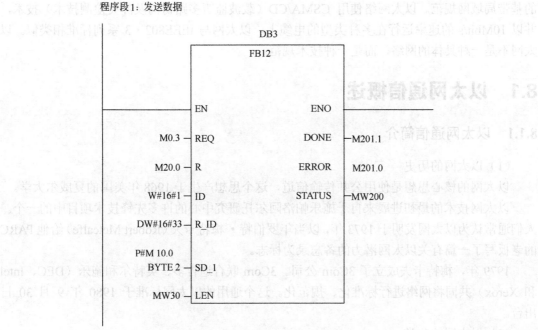

图 7-148 S7-300 程序(OB1 块中)

第8章

工业以太网通信

以太网（Ethernet）指的是由 Xerox 公司创建，并由 Xerox、Intel 和 DEC 公司联合开发的基带局域网规范。以太网络使用 CSMA/CD（载波监听多路访问及冲突检测技术）技术，并以 10Mbit/s 的速率运行在多种类型的电缆上。以太网与 IEEE802·3 系列标准相类似。以太网不是一种具体的网络，而是一种技术规范。

8.1 以太网通信概述

8.1.1 以太网通信简介

（1）以太网的历史

以太网的核心思想是使用公共传输信道，这个思想产生于 1968 年美国的夏威尔大学。

以太网技术的最初进展来自于施乐帕洛阿尔托研究中心的许多先锋技术项目中的一个。人们通常认为以太网发明于 1973 年，以当年罗伯特·梅特卡夫（Robert Metcalfe）给他 PARC 的老板写了一篇有关以太网潜力的备忘录为标志。

1979 年，梅特卡夫成立了 3Com 公司。3Com 联合迪吉多、英特尔和施乐（DEC、Intel 和 Xerox）共同将网络进行标准化、规范化。这个通用的以太网标准于 1980 年 9 月 30 日出台。

（2）以太网的分类

按照传输速度来划分，可分为标准以太网、快速以太网、千兆以太网和万兆以太网。

（3）网络的服务

网络的服务功能非常多，主要有文件服务（如文件传输和存储等）、打印服务（如网络打印和无纸传真等）、消息服务（如电子邮件）、应用程序服务和数据库服务等。

（4）传输介质

以太网可以采用多种连接介质，包括同轴电缆、双绞线、光纤、无线传输、红外传输和微波系统等。其中双绞线多用于从主机到集线器或交换机的连接，而光纤则主要用于交换机间的级联和交换机到路由器间的点到点链路上。同轴电缆作为早期的主要连接介质已经逐渐趋于淘汰。

（5）连接设备

网络的主要连接设备有：介质接头（如最为常见的 RJ45 水晶头）、网卡、调制解调器、中继器、集线器、网桥、路由器和网关等。这些设备大部分在第一章已经介绍过。

（6）网络拓扑结构

网络的物理拓扑结构主要有星型、总线型、环型、网状和蜂窝状物理拓扑结构。

① 星型。如图 8-1（a）所示，管理方便、容易扩展、需要专用的网络设备作为网络的

核心节点、需要更多的网线、对核心设备的可靠性要求高。采用专用的网络设备（如集线器或交换机）作为核心节点，通过双绞线将局域网中的各台主机连接到核心节点上，这就形成了星型结构。星型网络虽然需要的线缆比总线型多，但布线和连接器比总线型的要便宜。此外，星型拓扑可以通过级联的方式很方便地将网络扩展到很大的规模，因此得到了广泛的应用，被绝大部分的以太网所采用。

② 总线型。如图 8-1（b）所示，所需的电缆较少、价格便宜、管理成本高，不易隔离故障点、采用共享的访问机制，易造成网络拥塞。早期以太网多使用总线型的拓扑结构，采用同轴电缆作为传输介质，连接简单，通常在小规模的网络中不需要专用的网络设备，但由于它存在的固有缺陷，已经逐渐被以集线器和交换机为核心的星形网络所代替。网状和蜂窝状等拓扑结构不做介绍。

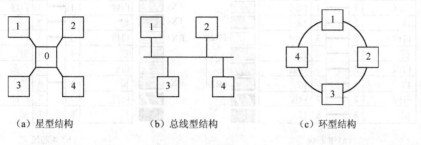

（a）星型结构　　　　　　（b）总线型结构　　　　　　（c）环型结构

图 8-1　拓扑图

总之，以太网是目前世界上最为流行的拓扑标准之一，具有传播速度高、网络资源丰富、系统功能强大、安装简单和使用维修方便等很多优点。

8.1.2　工业以太网通信简介

（1）初识工业以太网

所谓工业以太网，通俗地讲就是应用于工业的以太网，是指其在技术上与商用以太网（IEEE802.3 标准）兼容，但材质的选用、产品的强度和适用性方面应能满足工业现场的需要。工业以太网技术的优点表现在：以太网技术应用广泛，为所有的编程语言所支持；软硬件资源丰富；易于与 Internet 连接，实现办公自动化网络与工业控制网络的无缝连接；通信速度快；可持续发展的空间大等。

虽然以太网有众多的优点，但作为信息技术基础的 Ethernet 是为 IT 领域应用而开发的，在工业自动化领域只得到有限应用，这是由于：

① Ethernet 采用 CSMA/CD 碰撞检测方式，在网络负荷较重时，网络的确定性（Determinism）不能满足工业控制的实时要求；

② Ethernet 所用的接插件、集线器、交换机和电缆等是为办公室应用而设计，不符合工业现场恶劣环境要求；

③ 在工程环境中，Ethernet 抗干扰（EMI）性能较差。若用于危险场合，以太网不具备本质安全性能；

④ Ethernet 网还不具备通过信号线向现场仪表供电的性能。

随着信息网络技术的发展，上述问题正在迅速得到解决。为促进 Ethernet 在工业领域的应用，国际上成立了工业以太网协会（Industrial Ethernet Association，IEA）。

（2）网络电缆接法

用于 Ethernet 网的双绞线有 8 芯和 4 芯两种，双绞线的电缆连线方式也有两种，即正线（标准 568B）和反线（标准 568A），其中正线也称为直通线，反线也称为交叉线。正线接线如图 8-2 所示，两端线序一样，从下至上线序是：白绿，绿，白橙，蓝，白蓝，橙，白棕，棕。反线接线如图 8-3 所示，一端为正线的线序，另一端为从下至上线序是：白橙，橙，白绿，蓝，白蓝，绿，白棕，棕，也就 568B 标准。反线接线如图 8-3 所示，一端为正线线序，另一端为反线的线序，也就是 568A 标准。对于千兆以太网，用 8 芯双绞线，但接法不同于以上所述的接法，请参考有关文献。

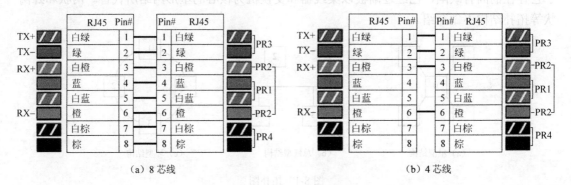

图 8-2　双绞线正线接线图

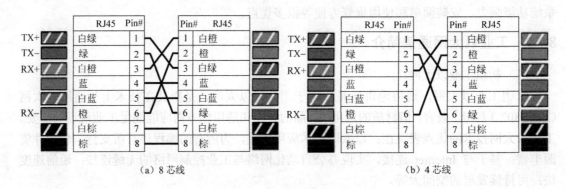

图 8-3　双绞线反线接线图

对于 4 芯的双绞线，只用连接头上的（常称为水晶接头）1、2、3 和 6 四个引脚。西门子的 PROFINET 工业以太网采用 4 芯的双绞线。

常见的采用正线连接的有：计算机（PC）与集线器（HUB）、计算机（PC）与交换机（SWITCH）、PLC 与交换机（SWITCH）、PLC 与集线器（HUB）。

常见的采用反线连接的有：计算机（PC）与计算机（PC）、PLC 与 PLC。

8.2　S7-200 PLC 的以太网通信

S7-200 系列 PLC 自身不带以太网接口，因此要组成以太网必须配备以太网模块 CP243-1

或者 CP243-1 IT。S7-200 系列 PLC 不仅可以通过以太网与 S7-200、S7-1200、S7-300/400 通信，还可以与 PC 的应用程序，通过 OPC 进行通信。以下分别介绍。

8.2.1　S7-200 PLC 间的以太网通信

S7-200 PLC 间的以太网通信只能用 S7 方式进行，其中一台作为为客户端（Client），其余的为服务器端（Server）。以下用一个例子介绍两台 S7-200 间的以太网通信。

【例 8-1】　一台 S7-200 作为服务器端，另一台 S7-200 作为客户端，当服务器端上的发出一个启停信号时，客户端收到信号并启停一台电动机。

（1）软硬件配置

① 2 台 CPU226CN；

② 2 台 CP243-1 IT 以太网模块；

③ 1 台 8 口交换机；

④ 1 根 PC/PPI 电缆 USB 口；

⑤ 2 根带水晶接头的 8 芯双绞线（正线或者反线）；

⑥ 1 台个人电脑（含网卡）；

⑦ 1 套 STEP7-MICRO/WIN V4.0 SP7。

S7-200 间的以太网通信硬件配置如图 8-4 所示，接线图如图 8-5 所示。

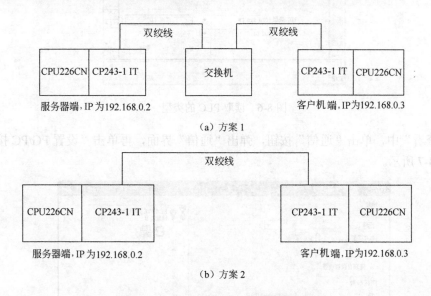

图 8-4　S7-200 间的以太网通信硬件配置

方案 1 中的网线可以是正连接和反连接，原因在于交换机具有自动交叉线功能，而方案 2 的网线只能是正连接。

【关键点】　方案 1 使用的双绞线是反线连接，由于交换机具有自动交叉网线（auto-crossover）功能，所以采用正线连接也是可行的，当然交换机换成集线器（HUB）也可以，但最佳的选择就是使用工业交换机。方案 2（不经过交换机或者 HUB），那么只能采用正线连接，而不能采用反线连接。

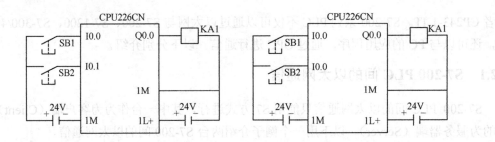

图 8-5 接线图

（2）将一台 S7-200 设置成服务器端

要实现 S7-200 PLC 间的以太网通信，首先要对 S7-200 进行设置，并利用 STEP7-Micro/WIN 的"以太网向导"生成通信，以下为具体的步骤。

① 首先建立 STEP7-Micro/WIN 与 S7-200 之间的通信。启动 STEP7-Micro/WIN 编程软件，新建项目并命名为"EtanServer"，读取或者设置 PLC 的类型，再单击"确定"按钮，如图 8-6 所示。

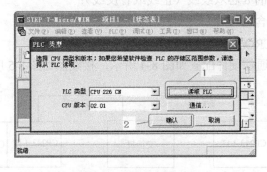

图 8-6 读取 PLC 的类型

在"查看"中，单击"通信"按钮，弹出"通信"界面，再单击"设置 PG/PC 接口"按钮，如图 8-7 所示。

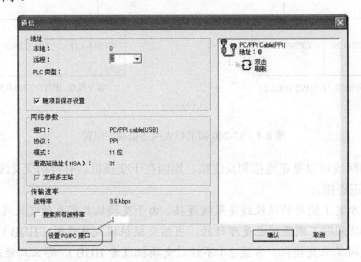

图 8-7 建立通信

如图 8-8 所示，先选中"PC/PPI（PPI）"选项，再单击"属性"按钮，弹出如图 8-9 所示属性界面，选中"USB"接口（若使用的是 RS-232C 接口的 PC/PPI，则此处应选择 COM1），单击 "确定"按钮，回到图 8-8 界面，再单击"确定"按钮。

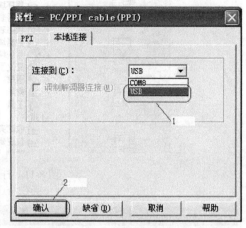

图 8-8 设置通信参数　　　　　　　　　　图 8-9 设置计算机的接口

此时回到图 8-7 的界面，双击"双击刷新"，找到"CPU 226 CN"，其地址为 2，如图 8-10 所示，单击"确定"按钮。

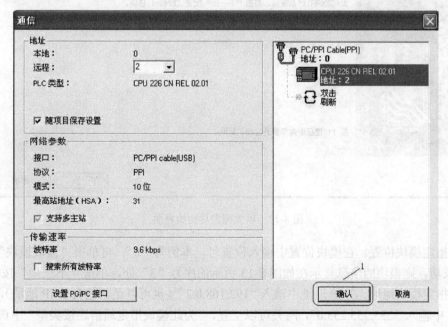

图 8-10 设置计算机的接口

② 打开"以太网向导"。单击"工具"→"以太网向导"，弹出"以太网向导"，如图 8-11 和图 8-12 所示，单击"下一步"按钮。

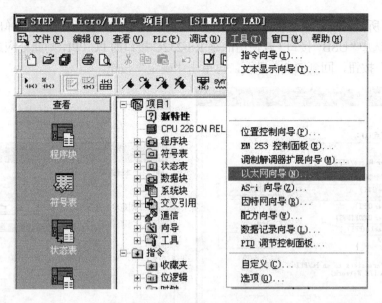

图 8-11　打开以太网向导

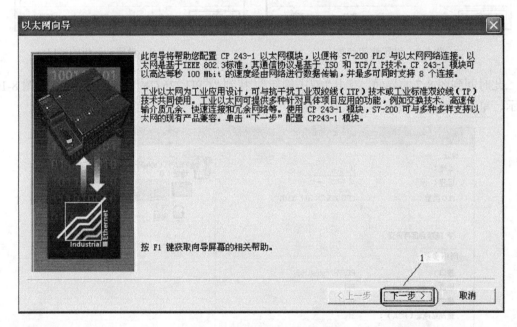

图 8-12　以太网向导初始界面

③ 指定模块位置。在模块位置中输入位置号，本例为 "0"，再单击 "读取模块" 按钮，若读取成功，则模块的信息显示在如图 8-13 所示的序号 "3" 处，单击 "下一步" 按钮。

④ 指定模块地址。在 IP 地址中输入 "192.168.0.2"（也可以是其他有效 IP 地址），在 "子网掩码" 中输入 "255.255.255.0"，网关可以空置，"为此模块指定通信连接类型" 中选择 "自动检测通信" 选项，最后单击 "下一步" 按钮，如图 8-14 所示。

⑤ 指定命令字节和连接数目。因为只有两个模块，所以 "为此模块配置的连接数" 选定为 "1"，再单击 "下一步" 按钮，如图 8-15 所示。

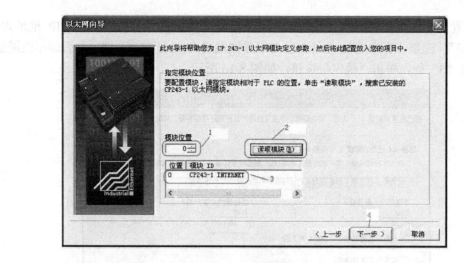

图 8-13　指定模块位置

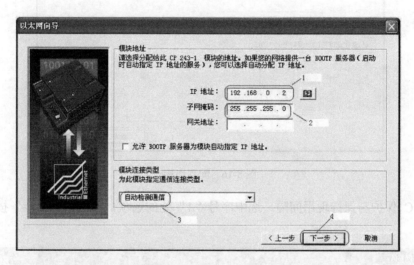

图 8-14　指定模块地址

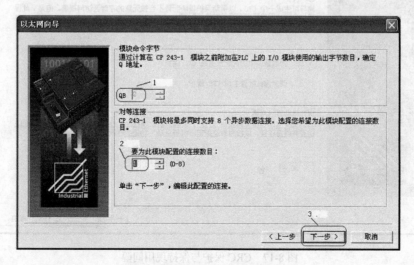

图 8-15　指定命令字节和连接数目

215

⑥ 配置连接。将客户端的"远程属性"设置为"10.00",再将客户端的 IP 地址设定"192.168.0.3",注意,客户端 IP 地址必须与服务器端的 IP 地址在一个网段,否则不能通信。再勾选序号"3"处,单击"确定"按钮,如图 8-16 所示。

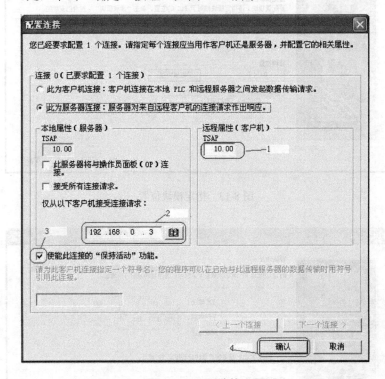

图 8-16　配置连接

⑦ CRC 保护与保持现用间隔。选中序号"1"处的选项,单击"下一步"按钮,如图 8-17 所示。

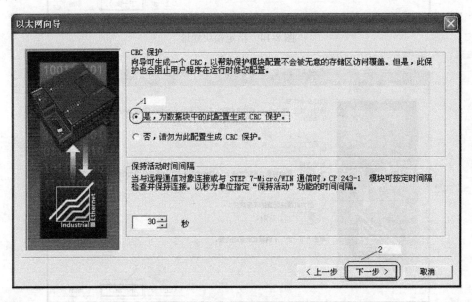

图 8-17　CRC 保护与保持现用间隔

⑧ 分配配置内存。单击"建议地址"按钮，再单击"下一步"按钮，如图 8-18 所示。注意生成的建议地址 VB159～VB317 供通信使用，读者编程不可使用。

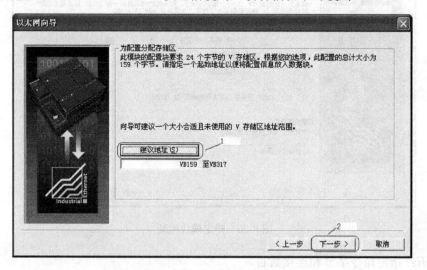

图 8-18　分配配置内存

⑨ 生成项目部件。单击"完成"按钮，以太网向导完成，如图 8-19 所示，STEP7-Micro/WIN 自动生成通信指令。

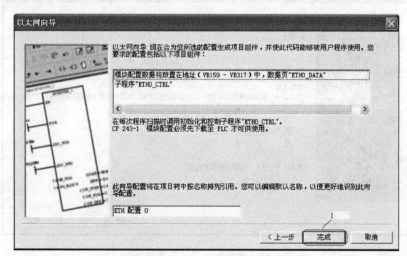

图 8-19　生成项目部件

（3）将另一台 S7-200 设置成客户端

将 S7-200 设置成客户端的步骤①～③与将 S7-200 设置成服务器端的步骤相同，在此不再赘述，只是在步骤①中将工程命名为"EtanClient"，以下将从步骤四开始。

步骤四：指定模块地址。

在 IP 地址中输入"192.168.0.3"，在"子网掩码"中输入"255.255.255.0"，网关可以空置，"为此模块指定通信连接类型"中选择"自动检测通信"选项，最后单击"下一步"按钮，如图 8-20 所示。IP 地址的末位可以为小于等于 255，但应为除 2 外的所有整数。

217

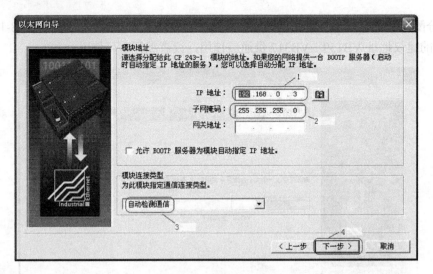

图 8-20　指定模块地址

步骤五：指定命令字节和连接数目。

因为只有两个模块，所以"为此模块配置的连接数"选定为"1"，再单击"下一步"按钮，如图 8-21 所示。

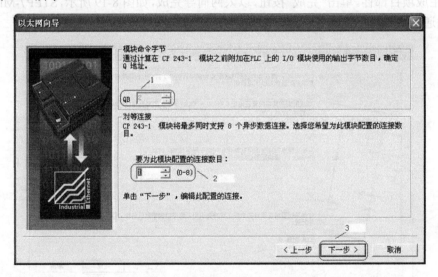

图 8-21　指定命令字节和连接数目

步骤六：配置连接。

将"远程属性"设置为"10.00"，再将"为此连接服务器端的 IP 地址"设定"192.168.0.3"，注意，服务器端的 IP 地址必须是前面设置服务器端的 IP 地址，否则不能通信。单击"确定"按钮，如图 8-22 所示。

有关远程对象的 TSAP 的含义如下。

如果连接的远程对象是 S7-200 PLC，使用以下算法确定远程 TSAP。

① TSAP 的第一个字节是 0x10 + 连接数目。

② TSAP 的第二个字节是模块位置。

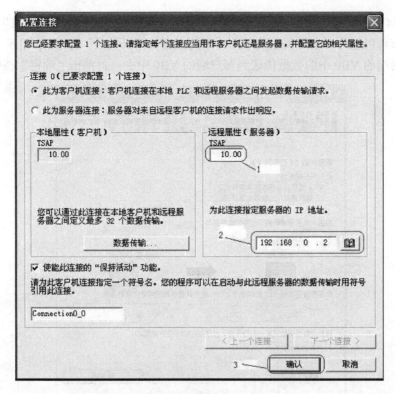

图 8-22 配置连接（1）

如果连接远程对象是 S7-300 或 S7-400，使用以下算法确定远程 TSAP。

① TSAP 的第一个字节是 0x3 + 连接数目。

② TSAP 的第二个字节代表模块架和槽位的编码数值。字节的第三个位是模块架，最后 5 个位是编码槽号。

单击"新传输"按钮，再单击"确定"按钮，如图 8-23 所示。

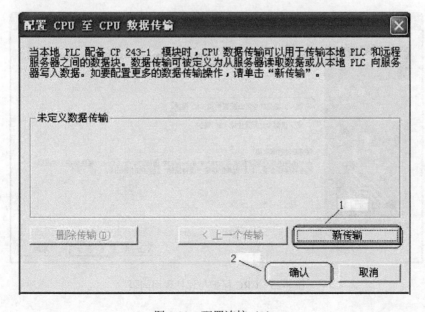

图 8-23 配置连接（2）

如图 8-24 所示，在序"1"处，选定"从远程服务器端读取数据"；序"2"处选定 1，因为一个字节可以包含 8 个开关量信息，而本例只有一个开关量；序"3"和序"4"处的含义是将服务器端的 VB0 中的数据传送到客户端的 VB0 中去；再单击"确定"按钮。

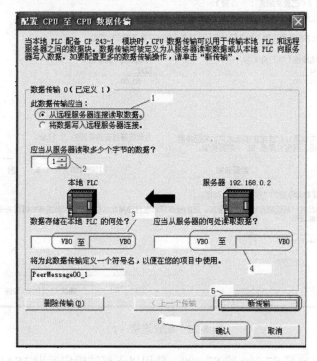

图 8-24　配置连接（3）

步骤七：CRC 保护与保持现用间隔。

如图 8-25 所示，先选定"是，为数据块中的此配置生成 CRC 保护"，再单击"下一步"按钮。

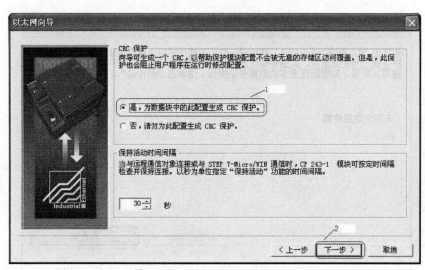

图 8-25　CRC 保护与保持现用间隔

步骤八：分配配置内存。

如图 8-26 所示，先单击"建议地址"，再单击"下一步"按钮。

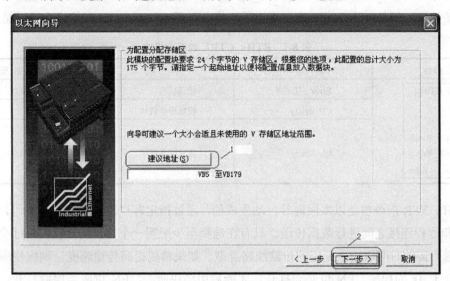

图 8-26 分配配置内存

步骤九：生成项目部件。

如图 8-27 所示，单击"完成"按钮，完成客户端的配置。

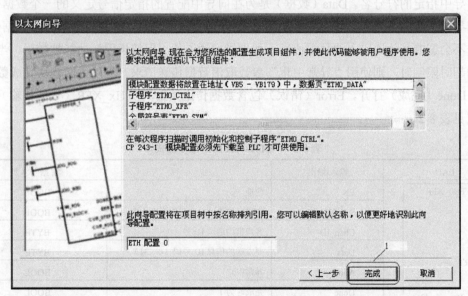

图 8-27 生成项目部件

（4）编写程序

① 模块控制指令使用说明 ETHx_CTRL 指令是以太网向导自动生成的，它开始和执行以太网模块错误检查。应当在每次扫描开始调用该指令，且每个模块仅限使用一次。每次 CPU更改为 RUN（运行）模式时，该指令命令 CP243-1 以太网模块检查 V 内存区是否存在新配

置。如果配置不同或 CRC 保护被禁止，则用新配置重设模块。当以太网模块准备从其他指令接收命令时，CP_Ready 变为现用。Ch_Ready 有一个指定给每个通道的位，显示该特定通道的连接状态。例如，当通道 0 建立连接后，位 0 打开。ETHx_CTRL 的指令格式见表 8-1。

表 8-1   ETHx_CTRL 的指令格式

LAD	输入/输出	说　明	数 据 类 型
ETH0_CTRL EN CP_Ready Ch_Ready Error	Error（错误）	错误代码	WORD
	CP_Ready	模块准备就绪	BOOL
	Ch_Ready	通道准备就绪	WORD

ETHx_XFR 指令也是以太网向导自动生成的，通过指定客户端连接和信息号码，命令在 S7-200 和远程连接之间进行数据传送。只有在选择至少配置一个客户端连接时，才会生成。数据传送所需的时间取决于使用的传输线路类型。如果希望提高传输速度，则应使用配备扫描时间低于 1s 的程序。EN 位必须打开，才能启用模块命令，EN 位应当保持打开，直至设置表示执行完成的 Done（完成）位置位。当 START（开始）输入打开且模块目前不繁忙时，XFR 命令在每次扫描时均被发送至以太网模块。START（开始）输入可通过仅允许发送一条命令的边缘检测元素用脉冲方式打开。Chan_ID 是在向导中配置的一条客户端通道的号码。使用向导中指定的符号名。Data（数据）是为在向导中配置的指定信号定义的一个数据传送。使用向导中指定的符号名。Abort（异常中止）命令以太网模块停止在指定通道上的数据传送。该命令不会影响其他通道上的数据传送。如果指定通道的"保持现用"功能被禁用，当超出预期的超时限制时，则使用"异常中止"参数取消数据传送请求。当以太网模块完成数据传送时，Done（完成）打开。Error（错误）包含数据传送结果。ETHx_XFR（数据传输）的指令格式见表 8-2。

表 8-2   ETHx_XFR 的指令格式

LAD	输入/输出	说　明	数 据 类 型
ETH0_XFR EN START Chan_ID　　Done Data　　　Error Abort	EN	使能	BOOL
	START	如果模块不忙，向其发送开始命令	BOOL
	Chan_ID	客户机的通道 ID 号（0～7）	BYTE
	Data	要发送的信息 ID 号码（0～31）	BYTE
	Abort	异常中止	BOOL
	Done	完成时为 1	BOOL
	Error	错误代码	BYTE

② 编写程序　先编写服务器端的程序如图 8-28 所示，再将程序下载到服务器端中。再编写客户端的程序如图 8-29 所示，再将程序下载到客户端中。

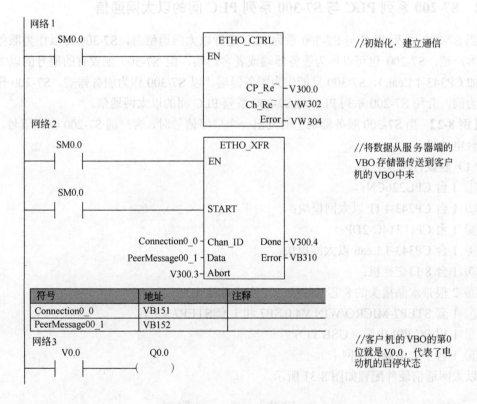

图 8-28 服务器端程序

图 8-29 客户端程序

客户端通道号码（Chan_ID）的符号是 PeerMessage00_1，数据（Data）的符号是 Connectin0_0，这两个符号是以太网向导自动生成的，当打开如图 8-30 的符号表可知：PeerMessage00_1 的地址是 VB152，Connectin0_0 的地址是 VB151，编写程序时，只要将 VB151 写入客户端通道号码（Chan_ID）中，将自动弹出 Connectin0_0，将 VB152 写入数据（Data）中，将自动弹出 PeerMessage00_1。

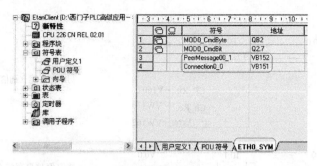

图 8-30 符号表

③ 程序运行结果 当服务器端和客户端及运行时，若服务器端上的 I0.0 闭合，客户端上 Q0.0 控制的电动机启动，若服务器端上的 I0.1 闭合，客户端上 Q0.0 控制的电动机停止转动。

8.2.2 S7-200 系列 PLC 与 S7-300 系列 PLC 间的以太网通信

当 S7-200 系列 PLC 与 S7-300 系列 PLC 进行以太网通信时，S7-300 可以作为服务器端或者客户端，S7-200 也可以作为服务器端或者客户端，但 S7-300 配置有的型号的以太网模块（如 CP343-1 Lean），S7-300 只能作为服务器端。以 S7-300 作为服务器端，S7-200 作为客户端为例，介绍 S7-200 系列 PLC 与 S7-300 系列 PLC 间的以太网通信。

【例 8-2】 当 S7-300 服务器端上的发出一个启停信号时，客户端 S7-200 收到信号，并启停一台电动机。

（1）软硬件配置

① 1 台 CPU226CN；

② 1 台 CP243-1 IT 以太网模块；

③ 1 台 CPU 314C-2DP；

④ 1 台 CP343-1 Lean 以太网模块；

⑤ 1 台 8 口交换机；

⑥ 2 根带水晶接头的 8 芯双绞线（正线或者反线）；

⑦ 1 套 STEP7-MICRO/WIN V4.0 SP7 和 1 套 STEP7 V5.5；

⑧ 1 根 PC/PPI 电缆（USB 口）；

⑨ 1 台个人电脑（含网卡）。

以太网通信硬件配置如图 8-31 所示。

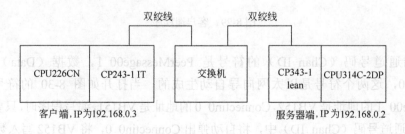

图 8-31 S7-200 系列 PLC 与 S7-300 系列 PLC 间的以太网通信硬件配置

【关键点】 CP343-1 Lean 只能作为服务器端，不能作为客户端，但 CP343-1 IT 模块既可以作为服务器端，又可以作为客户端。

（2）配置客户端

① 打开"以太网向导"。单击"工具"→"以太网向导"，弹出"以太网向导"如图 8-32 和图 8-33 所示，单击"下一步"按钮。

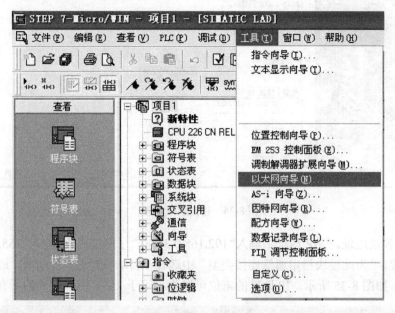

图 8-32　打开以太网向导

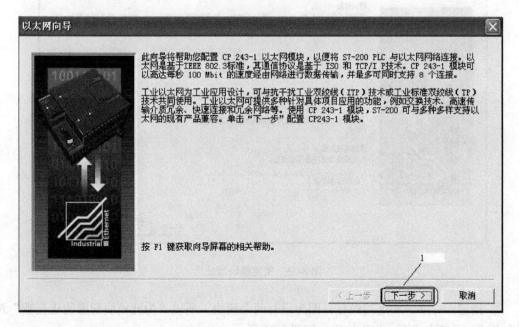

图 8-33　以太网向导初始界面

② 指定模块位置。在模块位置中输入位置号，本例为"0"，再单击"读取模块"按钮，若读取成功，则模块的信息显示在如图 8-34 所示的序号"3"处。

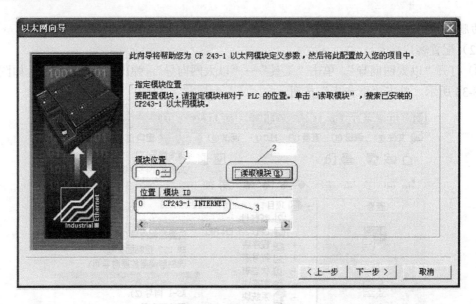

图 8-34　指定模块位置

③ 指定模块地址。在 IP 地址中输入"192.168.0.3"，在"子网掩码"中输入"255.255.255.0"，网关可以空置，"为此模块指定通信连接类型"中选择"自动检测通信"选项，最后单击"下一步"按钮，如图 8-35 所示。IP 地址的末位可以为小等于 255，但除 2 外的所有整数。

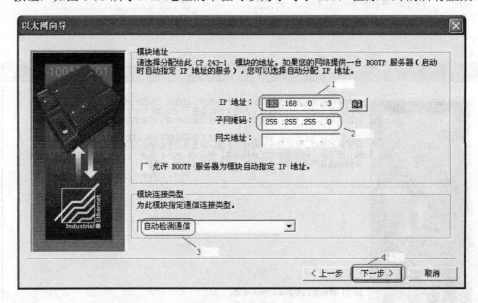

图 8-35　指定模块地址

④ 指定命令字节和连接数目。因为只有两个模块，所以"为此模块配置的连接数"选定为"1"，再单击"下一步"按钮，如图 8-36 所示。

⑤ 配置连接。将"远程对象"设置为"03.02"（若为 S7-200 则设定为 10.00），再将"为此连接服务器端的 IP 地址"设定"192.168.0.2"。单击"确定"按钮，如图 8-37 所示。

单击"新传输"按钮，再单击"确定"按钮，如图 8-38 所示。

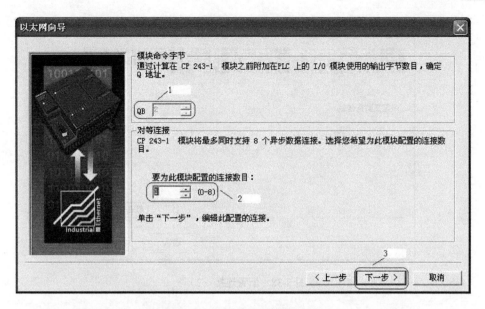

图 8-36 指定命令字节和连接数目

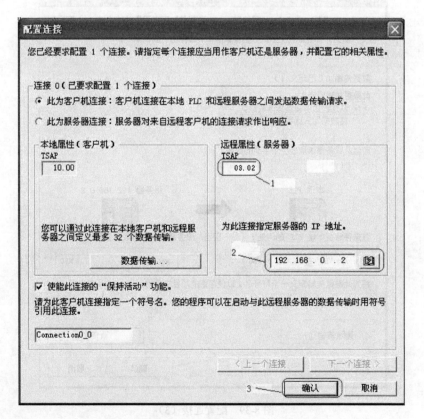

图 8-37 配置连接（1）

如图 8-39 所示，在序"1"处，选定"从远程服务器端读取数据"；序"2"处选定 1，因为一个字节可以包含 8 个开关量信息，而本例只有一个开关量；序"3"和序"4"处的含义是将服务器端的 MB0 中的数据传送到客户端的 VB0 中去；再单击"确定"按钮。

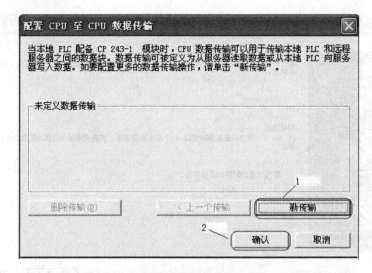

图 8-38　配置连接（2）

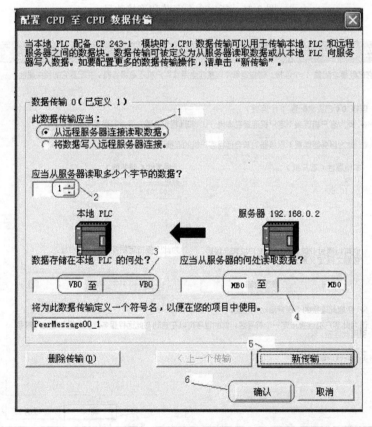

图 8-39　配置连接（3）

⑥ CRC 保护与保持现用间隔。如图 8-40 所示，先选定"是，为数据块中的此配置生成 CRC 保护"，再单击"下一步"按钮。

⑦ 分配配置内存。如图 8-41 所示，先单击"建议地址"，再单击"下一步"按钮。

⑧ 生成项目部件。如图 8-42 所示，单击"完成"按钮，完成客户端的配置。

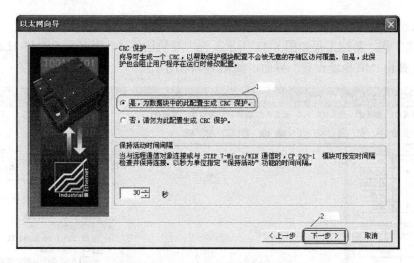

图 8-40　CRC 保护与保持现用间隔

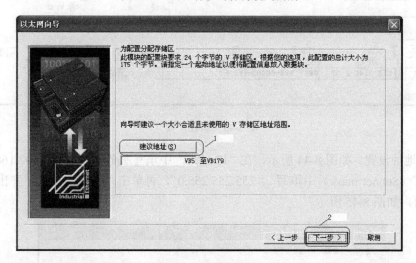

图 8-41　分配配置内存

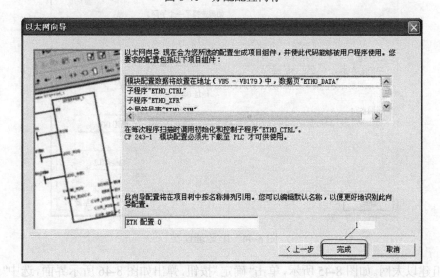

图 8-42　生成项目部件

（3）配置服务器端

① 新建工程。新建工程如图 8-43 所示，选中导轨槽位 4，再双击 CP343-1Lean 模块的 V2.0 版本，弹出"IP 地址设置"界面，如图 8-44 所示。

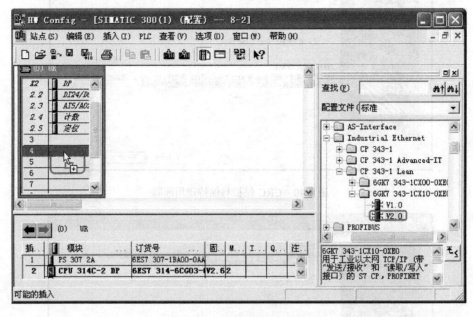

图 8-43　新建工程

② IP 地址设置。如图 8-44 所示，在"IP 地址"中填写服务器端地址"192.168.0.2"，在"子网掩码"（Subnet mask）中填写 "255.255.255.0"，再单击"新建"按钮，弹出"组件以太网"界面，如图 8-45 所示。

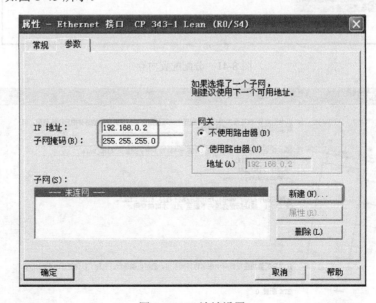

图 8-44　IP 地址设置

③ 组建以太网。如图 8-45 所示，单击"确定"按钮，弹出如图 8-46 所示界面，选中"Ethernet (1)"，单击"确定"按钮，以太网组建完成。

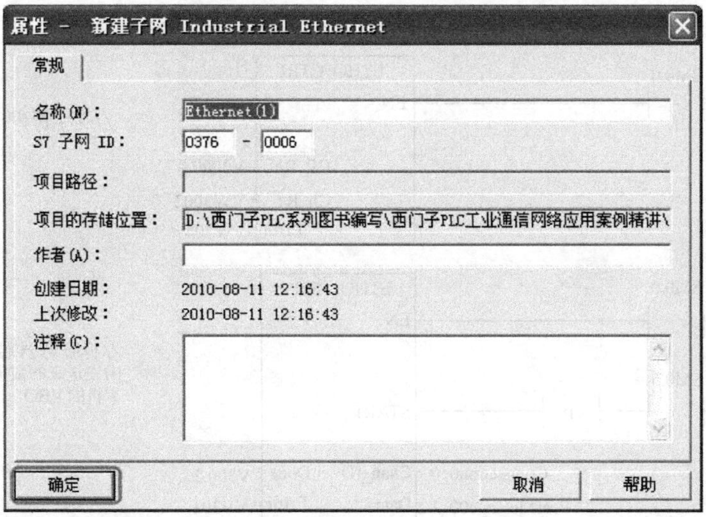

图 8-45　组建以太网（1）

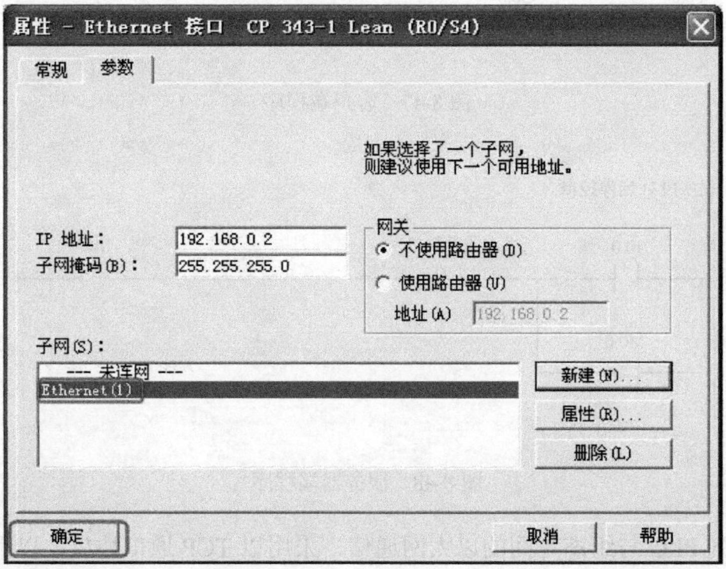

图 8-46　组建以太网（2）

（4）编写程序

客户端程序如图 8-47 所示，服务器端程序如图 8-48 所示。

8.2.3　S7-200 系列 PLC 与组态王的以太网通信

组态软件是数据采集监控系统 SCADA（Supervisory Control and Data Acquisition）的软件平台工具，是工业应用软件的一个组成部分。

组态王是北京亚控公司的产品，是国产组态软件的代表，在国内有一定的市场。组态王提供了资源管理器式的操作界面，并且提供以汉字为关键字的脚本语言支持。另外，组态王提供了丰富的国内外硬件设备驱动程序。

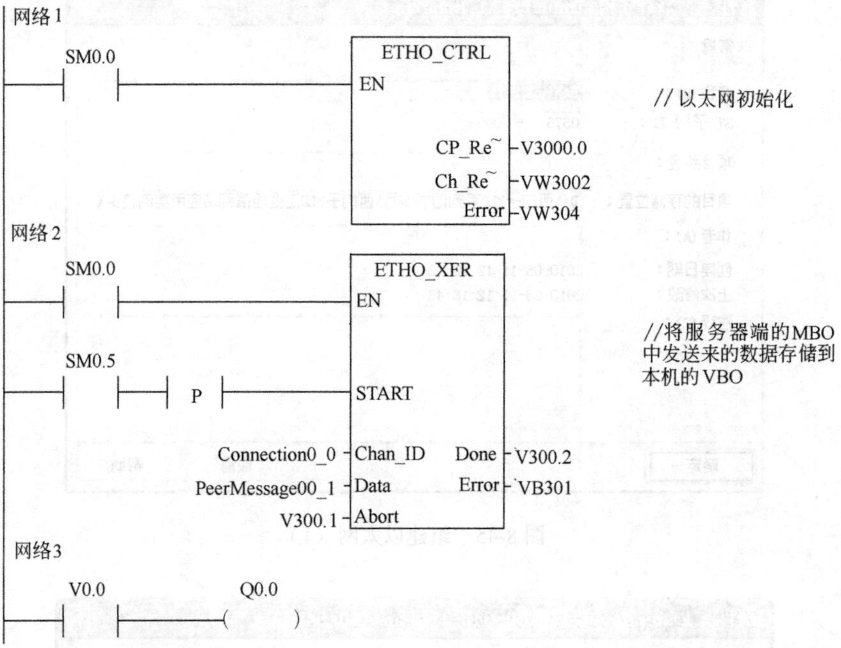

网络1

SM0.0 ┤├───────────┤ ETHO_CTRL ├──   // 以太网初始化
                    ┤ EN

                         CP_Re~ ─ V3000.0
                         Ch_Re~ ─ VW3002
                          Error ─ VW304

网络2

SM0.0 ┤├───────────┤ ETHO_XFR ├──   //将服务器端的MBO
                    ┤ EN   中发送来的数据存储到
                                        本机的VBO
SM0.5 ┤├──┤ P ├──── START

Connection0_0 ─ Chan_ID   Done ─ V300.2
PeerMessage00_1 ─ Data   Error ─ VB301
        V300.1 ─ Abort

网络3

V0.0   Q0.0
┤├───────────────( )

图 8-47 客户端程序

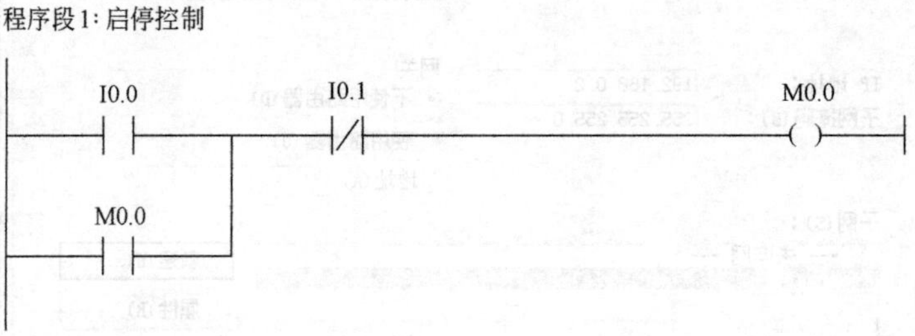

程序段1: 启停控制

I0.0   I0.1   M0.0
┤├────┬─────┤/├──────────────────────( )
     │
M0.0 │
┤├───┘

图 8-48 服务器端程序

S7-200 系列 PLC 与组态王间的以太网通信，采用以 TCP 通信协议，以下举例介绍。

【例 8-3】 计算机（作服务器端，使用组态王软件）监视客户端 S7-200 上 Q1.0 的状态，请提出解决方案。

（1）本例软硬件配置

① 1 台 CPU226CN；

② 1 台 CP243-1 IT 以太网模块；

③ 1 套 STEP7-Micro/WIN V4.0 SP7 和组态王 6.5. 3；

④ 1 台个人电脑（含网卡）；

⑤ 1 台 8 口交换机（可省）；

⑥ 2 根带水晶接头的 8 芯双绞线（正线或者反线）；

⑦ 1 根 PC/PPI 电缆（USB 口）。

硬件配置如图 8-49 所示。

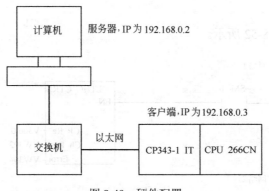

图 8-49　硬件配置

（2）将 CPU226CN 设置成客户端

① 新建工程，将 CPU226CN 的 IP 地址设置成"192.168.0.3"，如图 8-50 所示。

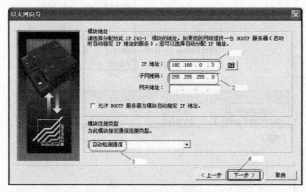

图 8-50　设置 IP 地址

② 数据传送设置。将客户端的"VB1"送至服务器端的"QB1"，如图 8-51 所示。其余的设置参考前面的章节。

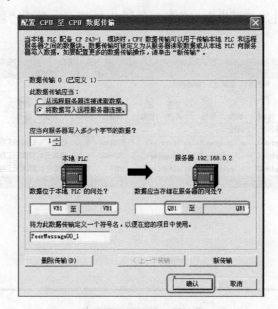

图 8-51　数据传送设置

233

（3）编写程序

客户端的程序如图 8-52 所示。

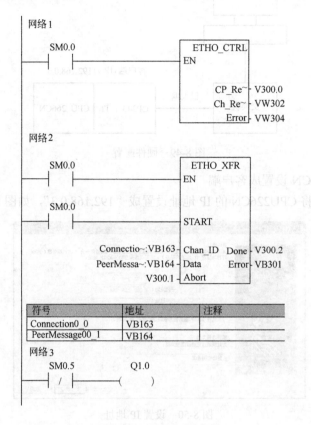

符号	地址	注释
Connection0_0	VB163	
PeerMessage00_1	VB164	

图 8-52　数据传送设置

（4）组态王的设置

① 打开组态王软件。打开组态王软件，如图 8-53 所示。单击"新建"按钮，弹出"工程向导"界面。

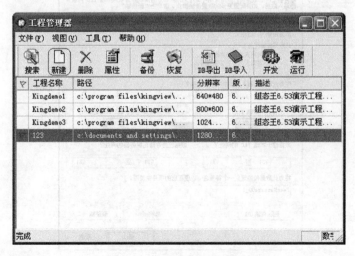

图 8-53　打开组态王软件

② 新建工程。利用"工程向导"新建工程，单击"下一步"按钮，如图 8-54 所示；将工程命名为"Etanzutai"，单击"下一步"按钮，如图 8-55 所示；最后将工程命名为"Etanzutai"，单击 "确定"按钮，如图 8-56 所示，新建工程完成。

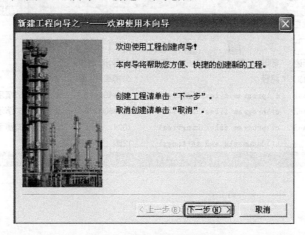

图 8-54 新建工程向导之一

图 8-55 新建工程向导之二

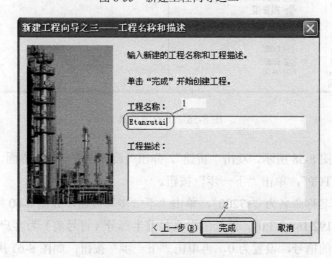

图 8-56 新建工程向导之三

③ 创建逻辑设备。回到"工程管理器"界面，选中"Etanzutai"，如图 8-57 所示，单击"开发"按钮，弹出"工程浏览器"界面，如图 8-58 所示。

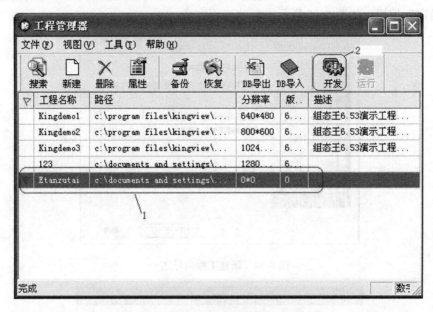

图 8-57　工程管理器

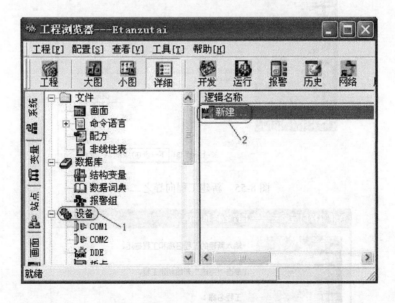

图 8-58　工程浏览器

选中设备，如图 8-58 所示，双击"新建"，弹出"设备设置向导"界面，如图 8-59 所示，选中通信方式为"TCP"，单击"下一步"按钮。

将设备的逻辑名称命名为"s7200"，单击"下一步"按钮，如图 8-60 所示。

将地址设为"192.168.0.3:0"，地址的含义是前半部分（冒号前）为客户端的 IP 地址，而后半部分为客户端的槽号，设置为 0，再单击"下一步"按钮，如图 8-61 所示。

图 8-59　设备配置向导-生产厂家、设备名称、通信方式　　　　图 8-60　设备配置向导-逻辑名称

通信参数一般使用默认值，单击"下一步"按钮，如图 8-62 所示；接着弹出"信息总结"界面，单击"完成"按钮，逻辑设备设置完成。如图 8-63 所示。

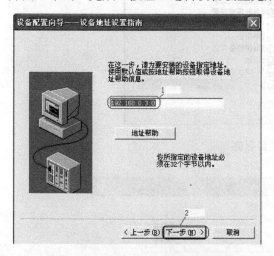

图 8-61　设备配置向导-设备地址指南　　　　　　　　图 8-62　设备配置向导-通信参数

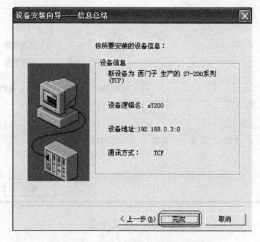

图 8-63　设备配置向导-信息总结

④ 新建变量。在"工程浏览器"中，选中"数据词典"，单击"新建"，如图 8-64 所示。弹出"定义变量"界面，如图 8-65 所示，并做如下设置。

变量名：QB10

变量类型：I/O 离散（就是与外部设备有关的离散量）

连接设备：S7200

寄存器：Q1.0

数据类型：Bit

读写属性：读写

再单击"确定"按钮。

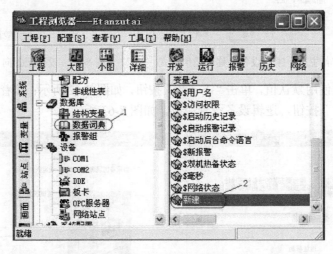

图 8-64　新建变量

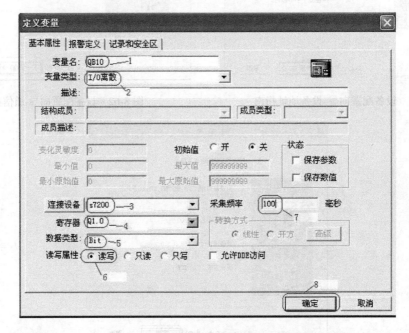

图 8-65　定义变量

⑤ 新建画面。在"工程浏览器"中，选中"画面"，单击"新建"，如图 8-66 所示。弹出"新画面"界面，如图 8-67 所示，将画面名称设置为"xxh0"，单击"确定"按钮。

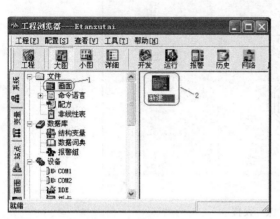
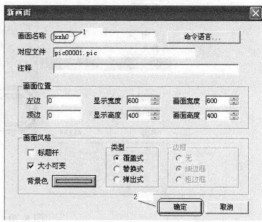

图 8-66　新建画面　　　　　　　　　　　图 8-67　新画面

⑥ 动画连接。先在新建的画面中，将图库中的带灯按钮拖入画面，如图 8-68 所示；选中带灯按钮，再单击变量后面的"？"，将带灯按钮与参数 Q10 连接，如图 8-69 所示。最后单击"确定"按钮即可。

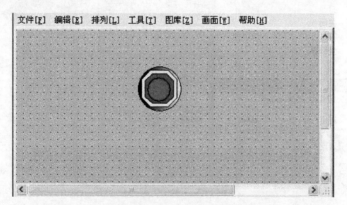

图 8-68　拖入带灯按钮

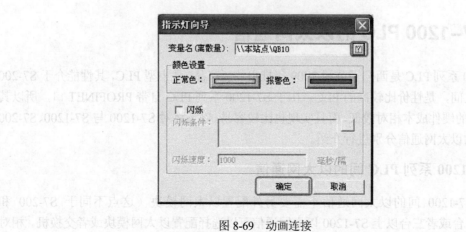

图 8-69　动画连接

239

⑦ 保存设置。单击"文件"→"全部保存",如图 8-70 所示,所有设置全部保存。

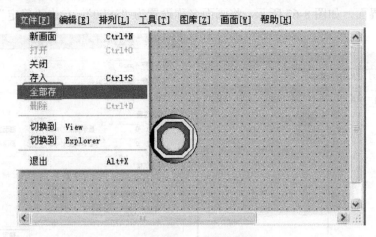

图 8-70　保存设置

⑧ 运行监控。单击"文件"→"切换到",如图 8-71 所示,组态王便可监控 Q1.0 的状态。

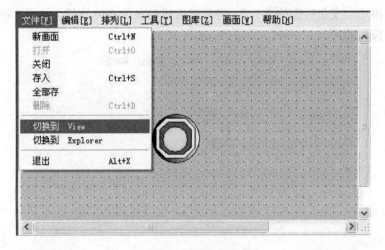

图 8-71　运行监控

8.3　S7–1200 PLC 的以太网通信

S7-1200 系列 PLC 是西门子公司 2009 年推出的新产品,是小型 PLC,其性能介于 S7-200 和 S7-300 之间,是性价比较高的 PLC。由于 S7-1200 系列 PLC 自带 PROFINET 口,所以其以太网通信的硬件成本相对较低,而且实现也比较容易。以下将对 S7-1200 与 S7-1200、S7-200 和 S7-300 的以太网通信分别进行介绍。

8.3.1　S7-1200 系列 PLC 间的以太网通信

两台 S7-1200 间的以太网通信不需要另外配置以太网模块(这点不同于 S7-200 和 S7-300),三台或者三台以上 S7-1200 以太网通信可以选择配置以太网模块或者交换机。相对于 S7-200 和 S7-300 而言，S7-1200 系列 PLC 的以太网通信是一种比较经济的通信解决方案。此外，S7-1200 的编译软件 STEP7 Basic 自带以太网通信指令，而且组态也比较简单，因此 S7-1200 间的以太网通信比较容易实现。

【例 8-4】 当一台 S7-1200 上发出一个启停信号时，另一台 S7-1200 收到信号，并启停一台电动机。

（1）主要软硬件配置

① 1 套 STEP7 Basic V10.5；

② 1 根网线（正连接和反连接均可）；

③ 2 台 CPU 1214C。

硬件配置如图 8-72 所示。

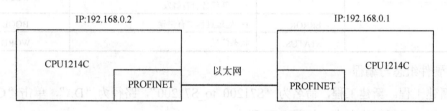

图 8-72 以太网通信硬件配置

【关键点】 多台 S7-1200 进行以太网通信时，网络中应该配置交换机或者以太网模块，若要求不高，配置 HUB 也可行。

（2）相关指令介绍

① TSEND_C 指令 TSEND_C 指令可以用"TCP"协议或者"ISO_on_TCP"协议，使本地机与远程机进行通信，本地机向远程机发送数据。该指令能被 CPU 自动监控和维护。TSEND_C 指令主要参数见表 8-3。

表 8-3 TSEND_C 指令的主要参数

指 令	参 数	说 明	数据类型
	EN	使能	BOOL
	REQ	当上升沿时，启动向远程机发送数据	BOOL
	CONT	1 表示连接，0 表示断开连接	BOOL
	LEN	发送数据的最大长度，用字节数表示	INT
	CONNECT	连接数据 DB	ANY
	DATA	发送数据，包含要发送数据的地址和长度	ANY
	DONE	0—任务没有开始或者正在运行；1—任务没有错误地执行	BOOL
	BUSY	0—任务已经完成；1—任务没有完成或者一个新任务没有触发	BOOL
	ERROR	1—处理过程中有错误	BOOL
	STATUS	状态信息	WORD

② TRCV_C 指令 TRCV_C 指令可以用"TCP"协议或者"ISO_on_TCP"协议，使本地机与远程机进行通信，本地机接收远程机发送来的数据。该指令能被 CPU 自动监控和维护。TRCV_C 指令主要参数见表 8-4。

241

表 8-4   TRCV_C 指令的主要参数

指　令	参　数	说　明	数 据 类 型
	EN	使能	BOOL
	EN_R	为 1 时，为接收数据做准备	BOOL
	CONT	1 表示连接，0 表示断开连接	BOOL
	LEN	发送数据的最大长度，用字节数表示	INT
	CONNECT	连接数据 DB	ANY
	DATA	发送数据，包含要发送数据的地址和长度	ANY
	DONE	0—任务没有开始或者正在运行；1—任务没有错误地执行	BOOL
	BUSY	0—任务已经完成；1—任务没有完成或者一个新任务没有触发	BOOL
	ERROR	1—处理过程中有错误	BOOL
	STATUS	状态信息	WORD

（3）硬件组态与编程

① 新建工程。新建工程，命名为 "S71200_to_S71200"，路径为 "D:\"，单击 "Create"（创建）按钮，工程创建完成，如图 8-73 所示。

【关键点】　路径和工程名中最好全用英文字符，编译软件的某些界面中不能显示汉字，汉字字符只显示方框，但并不影响工程使用。但若安装补丁后则可以显示汉字。

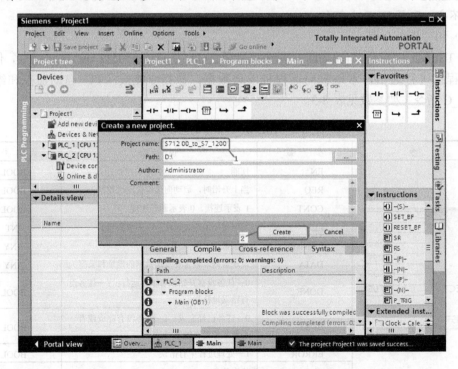

图 8-73　新建工程

② 添加硬件。先单击 "Add Device"（添加硬件），再选中要添加的 CPU 的类型，再选中 "Open device view"，单击 "OK"（确认）按钮即可，如图 8-74 所示。重复以上步骤，添

加另一台 CPU。

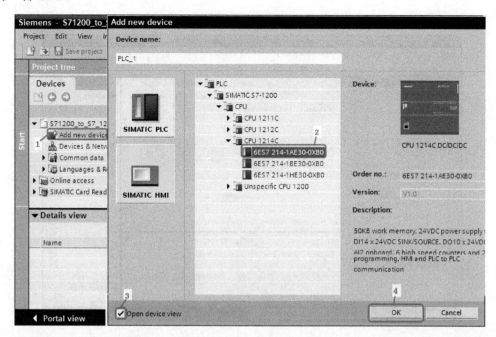

图 8-74　添加硬件

③ 用子网连接两个 CPU。双击"Device & Network"（硬件和网络），弹出网络界面，用鼠标的左键选中"2"处，按住鼠标左键不放，拖动鼠标到"3"处，并释放，如图 8-75 所示。

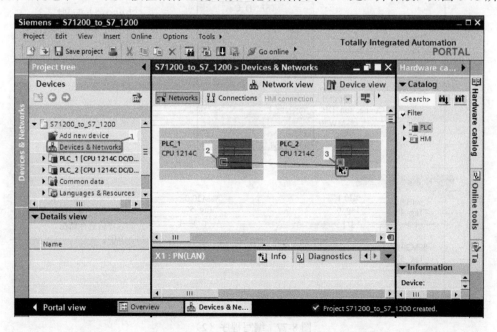

图 8-75　用子网连接两个 CPU

④ 编写主控 CPU 程序。先选中"PLC_1"，再选中"Program block"（程序块），双击

"Main(OB1)"（主程序），如图 8-76 所示。此时弹出程序编写界面，编写如图 8-77 所示的程序。

图 8-76　编写程序（1）

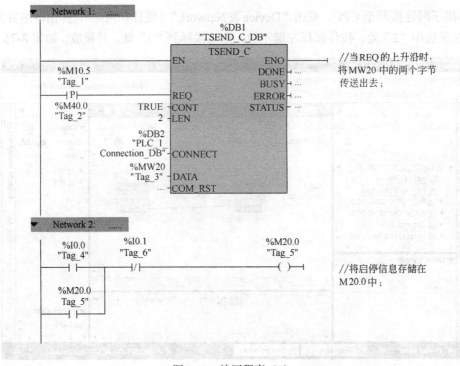

图 8-77　编写程序（2）

⑤ 调整主控 CPU 的连接参数。选中图 8-77 中的"TSEND_C"指令，再先选中"Properties"（属性），再选中"Connection parameter"（连接参数），将本地机命名为"PLC_1"，

再将远程机名选中为"PLC_2",将本地机的 IP 地址确立"192.168.0.2",再将远程机的 IP 地址确立"192.168.0.1"。再将本地机的连接类型（以太网通信协议）选定"ISO-on-TCP"（本例远程机的连接类型在另一个界面中设定），连接 ID 为"1"（此连 ID 与远程机要相同），本地机的连接数据选定为"PLC_1_Connection_DB",这与图 8-77 中的"TSEND_C"的"Connection"端子上的参数是一致的,远程机的连接数据选定为"PLC_2_Connection_DB"。选择"Establish active connection"就是将本地机设定为主控机。将"Local TSAP"设定为"PLC1"（由设计者命名），将"Partner TSAP"设定为"PLC2"。调整连接参数如图 8-78 所示。

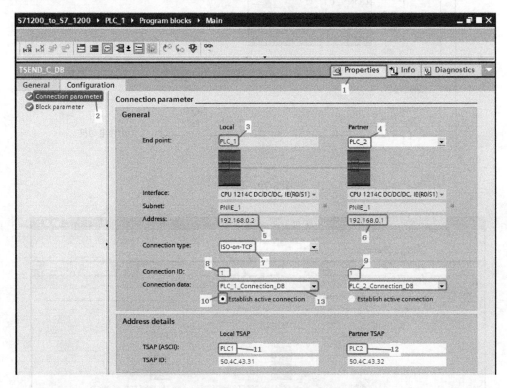

图 8-78　调整连接参数

⑥ 编写另一台 CPU 的程序。主控 CPU 中发出控制信息,另一台 CPU 则接收控制信息,启停电动机,其程序如图 8-79 所示。其实,信息是可以双向传送的,也就是说主控 CPU 也可以接收另一台 CPU 发送的信息,只不过本例比较简单,不需要这个步骤而已。

⑦ 调整另一台 CPU 的连接参数。选中图 8-79 中的"TRCV_C"指令,再先选中"Properties"（属性），再选中"Connection parameter"（连接参数），将本地机命名为"PLC_2",再将远程机名选中为"PLC_1",将本地机的 IP 地址确立"192.168.0.1",再将远程机的 IP 地址确立"192.168.0.2"。再将本地机的连接类型（以太网通信协议）选定"ISO-on-TCP"（本例远程机的连接类型在另一个界面中设定），连接 ID 为"1"（此处 ID 与远程机要相同），本地机的连接数据选定为"PLC_2_Connection_DB",这与图 8-79 中的"TRCV_C"的"Connection"端子上的参数是一致的,远程机的连接数据选定为"PLC_1_Connection_DB"。选择"Establish active connection" 就是将远程机设定为主控机。将"Local TSAP"设定为"PLC2"（由设计者命名），将"Partner TSAP"设定为"PLC1"。调整连接参数如图 8-80 所示。

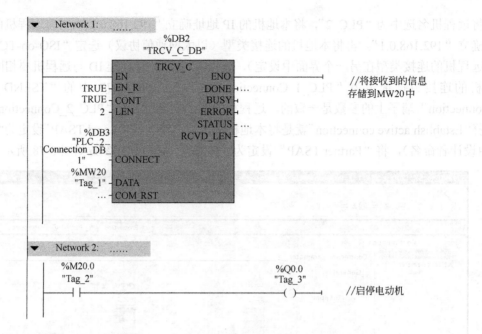

图 8-79　程序

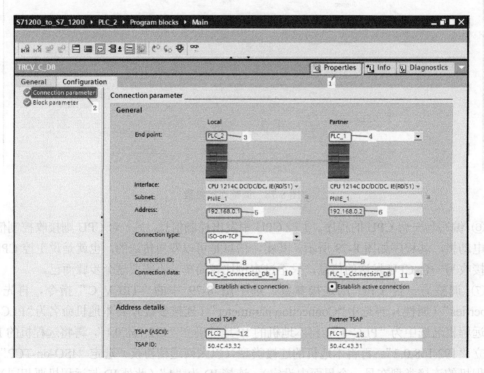

图 8-80　调整 CPU 的连接参数

【关键点】 要注意图 8-78 和图 8-80 中的参数设定的细微区别。此外，在添加设备时，系统已经将默认的 IP 地址分配给 CPU，可以不必重新分配。但若读者要根据自己需要更改 IP 地址是可行的，先选中 "device configuration"（硬件组态），再单击 "Ethernet Address"（以太网地址），最后在 IP 地址中填入读者需要的 IP 地址即可，如图 8-81 所示。

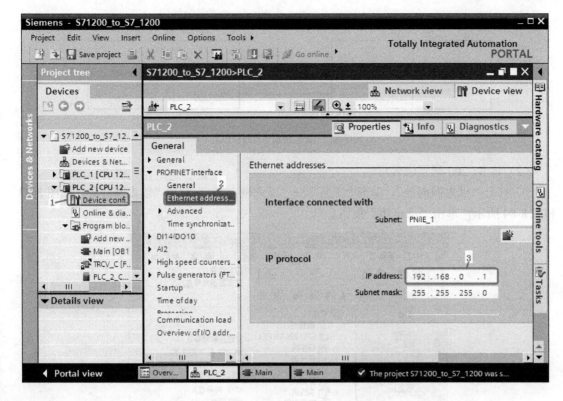

图 8-81　修改 CPU 的 IP 地址

8.3.2　S7-200 系列 PLC 与 S7-1200 系列 PLC 间的以太网通信

S7-200 系列 PLC 与 S7-1200 系列 PLC 间的以太网通信，S7-1200 系列 PLC 只能做服务器端，因此不需要编写通信程序，编写程序只要处理服务器端中的数据接受区和数据发送区中的数据。必须用 S7-200 系列 PLC 做客户端，编写程序要复杂一些。以下用一个例子介绍此通信。

【例 8-5】　当 S7-1200 服务器端上的发出一个启停信号时，S7-200 客户端收到信号，并启停一台电动机。

（1）主要软硬件配置

① 1 套 STEP7-Micro/WIN V4.0 SP7 和 1 套 STEP7 Basic V10.5；

② 1 根 PC/PPI 电缆（或者 CP5611 卡）和 1 根网线；

③ 1 台 CPU 226CN；

④ 1 台 CPU 1214C；

⑤ 1 台 CP243-1 IT。

硬件配置如图 8-82 所示。

【关键点】　S7-200 没有以太网口，因此要进行以太网通信，必须配置以太网模块（如 CP243-1 IT），而 S7-1200 自带 PROFINET 口，而且具有自动交叉线功能，所以网线的正连接或者反连接都不影响通信的建立，这一点不同于 S7-200 间的以太网通信。

247

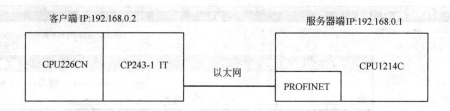

图 8-82　以太网通信硬件配置

（2）将 S7-200 配置成客户端

① 打开"以太网向导"。单击"工具"→"以太网向导"，弹出"以太网向导"如图 8-83 和图 8-84 所示，单击"下一步"按钮。

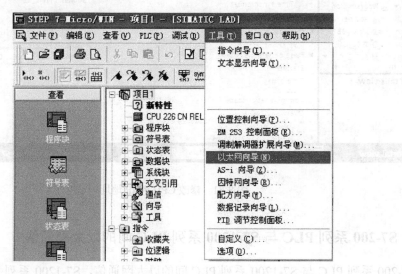

图 8-83　打开以太网向导

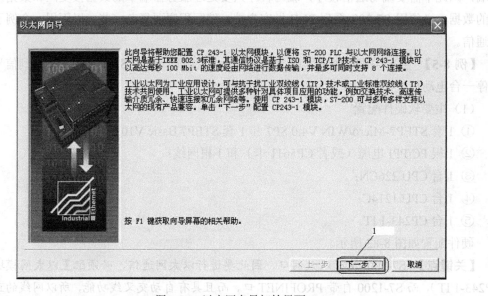

图 8-84　以太网向导初始界面

② 指定模块位置。在模块位置中输入位置号，本例为"0"，再单击"读取模块"按钮，若读取成功，则模块的信息显示在如图 8-85 所示的序号"3"处。

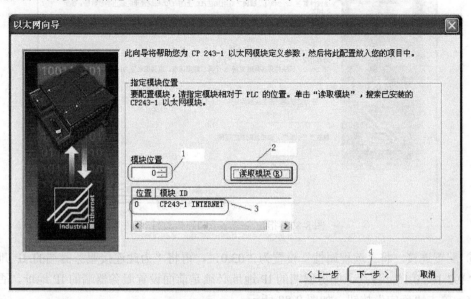

图 8-85　指定模块位置

③ 指定模块地址。在 IP 地址中输入"192.168.0.2"（也可以是其他有效 IP 地址），在"子网掩码"中输入"255.255.255.0"，网关可以空置，"为此模块指定通信连接类型"中选择"自动检测通信"选项，最后单击"下一步"按钮，如图 8-86 所示。

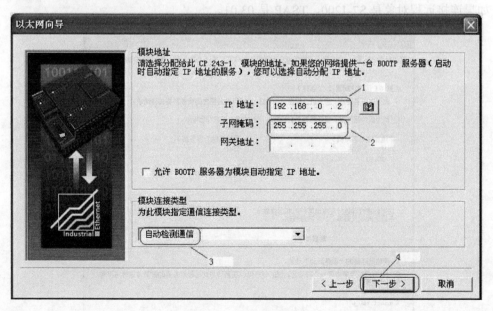

图 8-86　指定模块地址

④ 指定命令字节和连接数目。因为只有两个模块，所以"为此模块配置的连接数"选定为"1"，再单击"下一步"按钮，如图 8-87 所示。

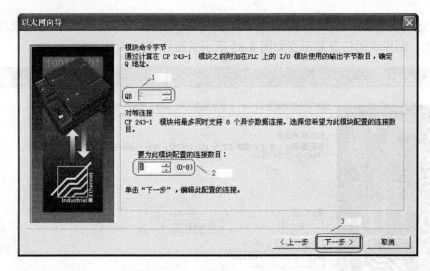

图 8-87　指定命令字节和连接数目

⑤ 配置连接。将"远程属性"设置为"03.01"，再将"为此连接服务器端的 IP 地址"设定"192.168.0.1"，注意，服务器端的 IP 地址必须是前面设置服务器端的 IP 地址，否则不能通信。单击"确定"按钮，如图 8-88 所示。

有关远程对象的 TSAP 的含义如下。

如果连接的远程对象是 S7-200 PLC，使用以下算法确定远程 TSAP：

a. TSAP 的第一个字节是 0x10 + 连接数目。

b. TSAP 的第二个字节是模块位置。

如果连接远程对象是 S7-1200，TSAP 是 03.01。

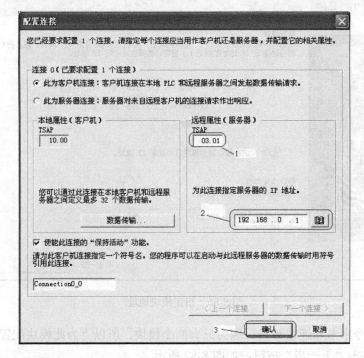

图 8-88　配置连接（1）

单击"新传输"按钮，再单击"确认"按钮，如图 8-89 所示。

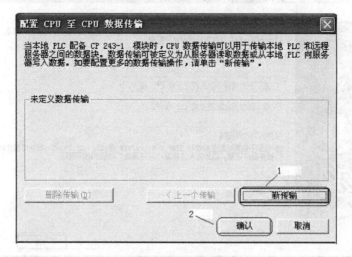

图 8-89　配置连接（2）

如图 8-90 所示，在序"1"处，选定"从远程服务器端读取数据"；序"2"处选定 1，因为一个字节可以包含 8 个开关量信息，而本例只有一个开关量；序"3"和序"4"处的含义是将服务器端的 MB10 中的数据传送到客户端的 VB1000 中去；再单击"确定"按钮。

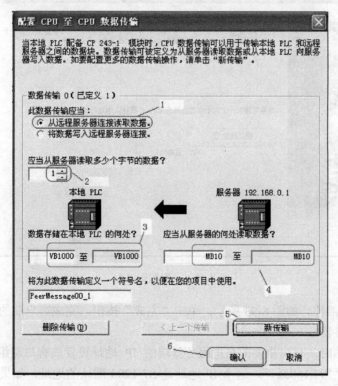

图 8-90　配置连接（3）

⑥ CRC 保护与保持现用间隔。如图 8-91 所示，先选定"是，为数据块中的此配置生成 CRC 保护"，再单击"下一步"按钮。

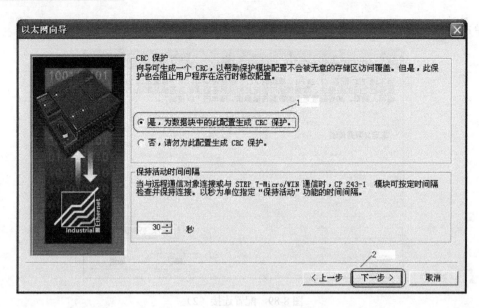

图 8-91　CRC 保护与保持现用间隔

⑦ 分配配置内存。如图 8-92 所示，先单击"建议地址"，再单击"下一步"按钮。

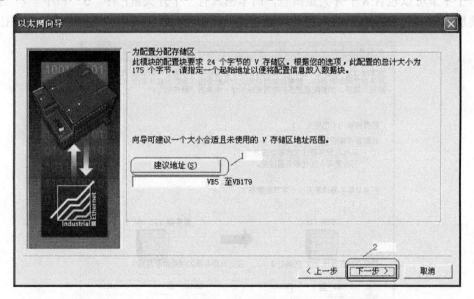

图 8-92　分配配置内存

⑧ 生成项目部件。如图 8-93 所示，单击"完成"按钮，完成客户端的配置。

（3）组态服务器端

组态服务器端时，最为重要的是把服务器端的 IP 地址设置成客户端组态时所规定的数值，本例规定为"192.168.0.1"，这个 IP 地址是 S7-1200 默认的地址，如果是新的 PLC，可以不做改动，但仍然建议按照以下步骤设置参数。首先双击"Device configuration"（硬件组态），再选中"PROFINET interface"（PROFINET 接口），在 IP 地址中输入"192.168.0.1"，在子网掩码中输入"255.2555.255.0"，如图 8-94 所示。注意：更改后的硬件组态一定要下载到 S7-1200 中才能起作用。

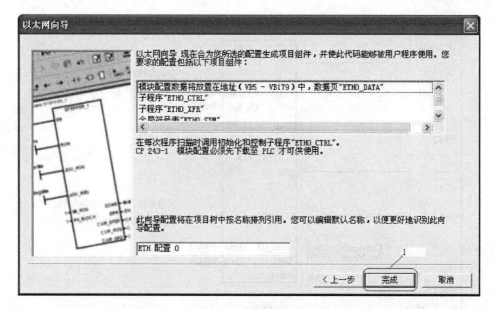

图 8-93 生成项目部件

图 8-94 生成项目部件

（4）编写程序

客户端程序如图 8-95 所示，同 S7-200 之间通信的程序类似。服务器端程序如图 8-96 所示，由于服务器端的程序中没有通信指令，因此其程序简单得多。

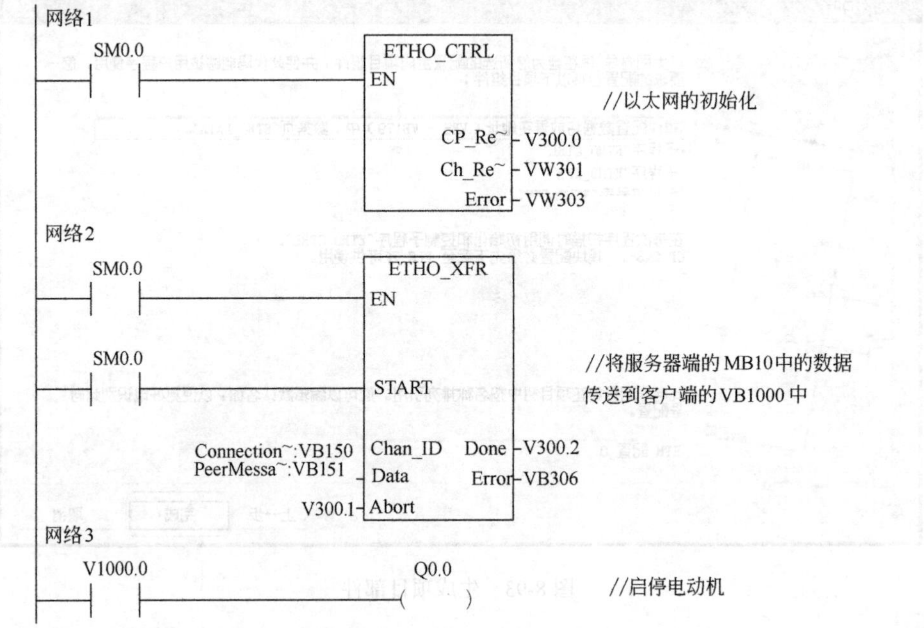

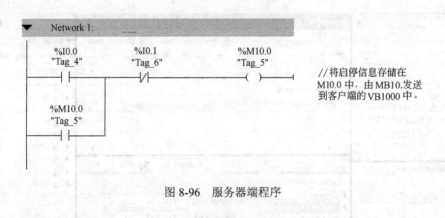

图 8-95　客户端程序

图 8-96　服务器端程序

8.3.3　S7-1200 系列 PLC 与 S7-300 系列 PLC 间的以太网通信

从前面的章节可知，S7-300 系列 PLC 的以太网的通信协议很丰富，通信指令也丰富，因此有比较大的选择余地，而 S7-200 系列 PLC 仅能用 S7 协议进行以太网通信，S7-1200 系列 PLC 的通信协议比较丰富，可以根据不同的情况选用 S7、ISO-on-TCP 或者 TCP 协议。以下用 ISO-on-TCP 协议为例讲解 S7-1200 系列 PLC 与 S7-300 系列 PLC 间的以太网通信。

【例 8-6】　当 S7-1200 PLC 上发出一个启停信号时，S7-300 收到信号，并启/停一台电动机。

（1）主要软硬件配置

① 1 套 STEP7 V5.5 和 1 套 STEP7 Basic V10.5；

② 1 根 PC/MPI 电缆（或者 CP5611 卡，可省）和 1 根网线；

③ 1 台 CPU 314C-2DP；

④ 1台 CPU 1214C；

⑤ 1台 CP343-1 Lean。

硬件配置如图 8-97 所示。

图 8-97 以太网通信硬件配置

（2）组态 S7-1200，并编写程序

① 建立工程，并组态 S7-1200。新建工程，命名为"Ethant_s71200"，组态硬件 CPU 1214C，将界面切换到程序块，打开主程序块（OB1），在 OB1 中编写程序，如图 8-98 所示。

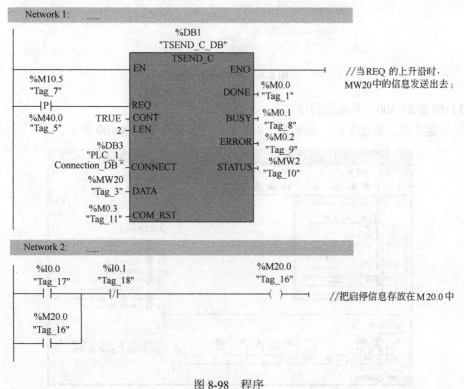

图 8-98 程序

② 连接参数的设置。编写完成程序，以太网通信并不能进行，还必须对连接参数进行设置，这直接关系到通信是否能够成功。在 OB1 中，先选中"Properties"（属性），再选中"Connection parameter"（连接参数），将本地机命名为"PLC_1"，再将远程机名选中为"Unspecified"，将本地机的 IP 地址确立"192.168.0.1"，再将远程机的 IP 地址确立"192.168.0.2"。再将本地机的连接类型（以太网通信协议）选定"ISO-on-TCP"（本例远程机的连接类型在 STEP7 中设定，将在后续讲解），连处 ID 为"1"（此处 ID 与远程机要相同），连接数据选定为"PLC_1_Connection_DB"，这与图 8-98 中的"TSEND_C"的"Connection"

255

端子上的参数是一致的。选择 "Establish active connection" 就是将本地机设定为主控机。将 "Local TSAP" 设定为 "PLC1"（由设计者命名），将 "Partner TSAP" 设定为 "PLC2"。连接参数的设置如图 8-99 所示。

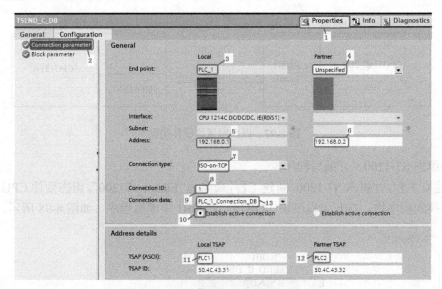

图 8-99 连接参数设定

（3）组态 S7-300，并编写程序

① 新建工程。新建工程，命名为 "8-6"，其硬件组态如图 8-100 所示。

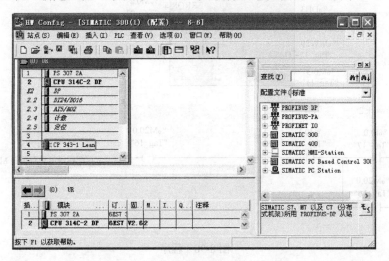

图 8-100 硬件组态

② 新建网络。双击如图 8-100 所示的 "CP 343-1Lean"，弹出 "属性" 界面，如图 8-101 所示。双击 "属性" 按钮，弹出图 8-102 所示界面。先单击 "新建" 按钮，在 "IP 地址" 中输入 "CP 343-1Lean" 的 IP 为 "192.168.0.2"。

③ 建立网络连接。在管理界面中双击 "Ethernet(1)"，如图 8-103 所示，弹出 "新建连接" 界面，如图 8-104 所示，选中 "1" 处，单击右键，单击 "插入新连接"，弹出如图 8-105 所示界面。

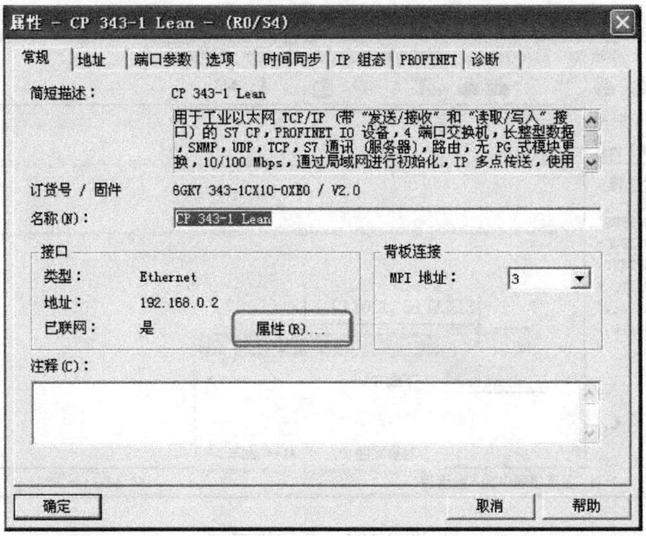

属性 - CP 343-1 Lean - (R0/S4)
常规 地址 端口参数 选项 时间同步 IP 组态 PROFINET 诊断
简短描述： CP 343-1 Lean
用于工业以太网 TCP/IP (带"发送/接收"和"读取/写入"接口) 的 S7 CP，PROFINET IO 设备，4 端口交换机，长整型数据，SNMP，UDP，TCP，S7 通讯 (服务器)，路由，无 PG 式模块更换，10/100 Mbps，通过局域网进行初始化，IP 多点传送，使用
订货号 / 固件 6GK7 343-1CX10-0XE0 / V2.0
名称(N)： CP 343-1 Lean
接口
类型： Ethernet
地址： 192.168.0.2
已联网： 是
属性(R)...
背板连接
MPI 地址： 3
注释(C)：
确定 取消 帮助

图 8-101 属性

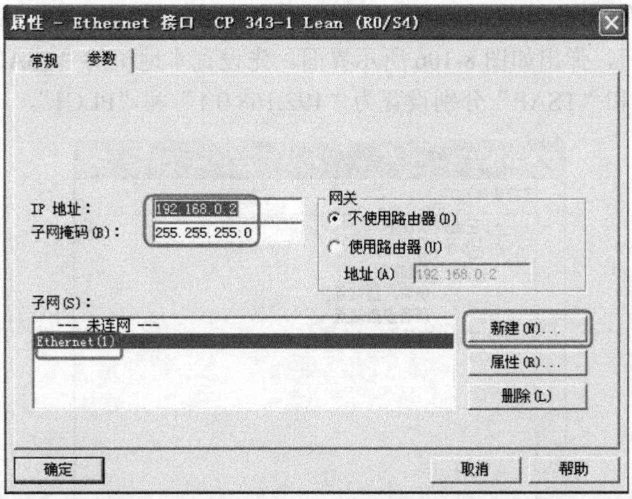

属性 - Ethernet 接口 CP 343-1 Lean (R0/S4)
常规 参数
IP 地址： 192.168.0.2
子网掩码(B)： 255.255.255.0
网关
不使用路由器(D)
使用路由器(U)
地址(A) 192.168.0.2
子网(S)：
--- 未连网 ---
Ethernet(1)
新建(N)...
属性(R)...
删除(L)
确定 取消 帮助

图 8-102 新建网络与 IP 地址设定

SIMATIC Manager - [8-6 -- D:\西门子PLC系列图书编写\...\程序\8-6]
文件(F) 编辑(E) 插入(I) PLC 视图(V) 选项(O) 窗口(W) 帮助(H)
<无过滤器>
8-6
SIMATIC 300(1)
CPU 314C-2 DP
S7 程序(1)
源文件
块
CP 343-1 Lean
程序(1)
块
SIMATIC 300(1)
MPI(1)
Ethernet(1)
按下 F1，获得帮助。
PC Adapter(MPI)

图 8-103 管理界面

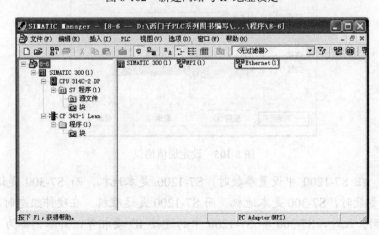

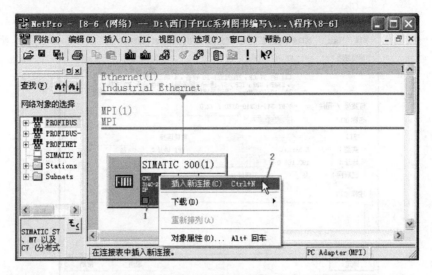

图 8-104　新建连接

④ 设定通信参数。通信协议的设置如图 8-105 所示，先选定"未指定"（因为在 S7-300 的硬件组态中，没有组态 S7-1200，所以选此项），再选择通信协议为"ISO-on-TCP 连接"，再单击"确定"按钮，弹出如图 8-106 所示界面。先设置本地机的"TSAP"为"PLC2"，再将远程机的 IP 地址和"TSAP"分别设置为"192.168.0.1"和"PLC1"。

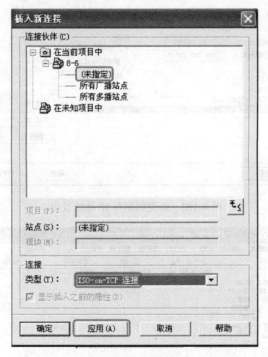

图 8-105　设定通信协议

【关键点】 在 S7-1200 中设置参数时，S7-1200 是本地机，而 S7-300 是远程机，而在 S7-300 中设置参数时，S7-300 是本地机，而 S7-1200 是远程机。在硬件组态时，TSAP 是对应的，不能颠倒。此外，S7-300 和 S7-1200 中的连接 ID 要相等，如本例都为 1（当然也可都为 2）。

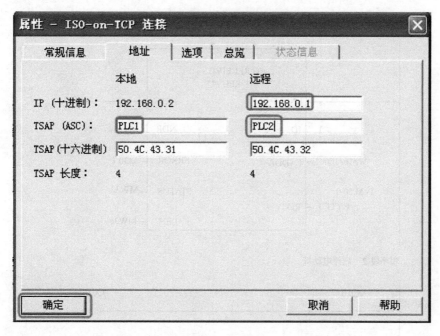

图 8-106 "ISO-on-TCP connection" 属性

⑤ 编写程序。AG_RECV 功能（FC）：接收从以太网 CP 在已组态的连接上传送的数据。为数据接收指定的数据区可以是一个位存储区或一个数据块区。当可以从以太网 CP 上接收数据时，指示无错执行该功能。AG_RECV 的各项参数见表 8-5。

表 8-5 AG_RECV 的指令格式

LAD	输入/输出	说　明	数据类型
"AG_RECV" EN — ENO ID — NDR LADDR — ERROR RECV — STATUS LEN	EN	使能	BOOL
	ID	组态时的连接号	INT
	LADDR	模块硬件组态地址	WORD
	RECV	接收数据区	ANY
	NDR	接收数据确认	BOOL
	ERROR	错误代码	BOOL
	STATUS	返回数值（如错误值）	WORD
	LEN	接收数据长度	INT

由于"AG_RECV"指令支持"ISO-on-TCP"协议，故可以使用此指令。编程思想是，先将信息接收到 M50.0 开始的 2 个字节中（即 MW50）中，再把启停信息（即 M50.0）取出，并传递给 Q0.0，从而控制电动机的启停，其程序如图 8-107 所示。

【关键点】 本例还可以用 TCP 和 S7 协议进行通信，用 S7 协议通信时，CP343-1 做客户端，S7-300 中用 PUT/GET 指令和 S7-1200 进行通信，但要注意 CP343-1 Lean 是不能做客户端的。用 TCP 协议通信的方法与用"ISO-on-TCP"协议类似。

程序段 1：收到信息到 MB50 中

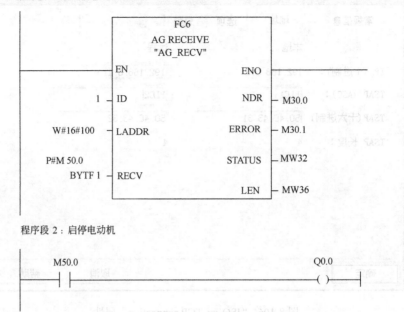

程序段 2：启停电动机

图 8-107 程序

8.4 S7–300/400 系列 PLC 的以太网通信

8.4.1 西门子工业以太网通信方式简介

西门子工业以太网的通信主要利用第二层（ISO）和第四层（TCP）的协议。以下是西门子以太网的几种通信方式。

（1）ISO 传输协议

ISO 传输协议支持基于 ISO 的发送和接收，使得设备（例如 SIMATIC S5 或 PC）在工业以太网上的通信非常容易，该服务支持大数据量的数据传输（最大 8KB）。ISO 数据接收由通信方确认，通过功能块可以看到确认信息。用于 SIMATIC S5 和 SIMATIC S7 的工业以太网连接。

（2）ISO-on-TCP

ISO-on-TCP 支持第四层 TCP/IP 协议的开放数据通信。用于支持 SIMATIC S7 和 PC 以及非西门子支持的 TCP/IP 以太网系统。ISO-on-TCP 符合 TCP/IP，但相对于标准的 TCP/IP，还附加了 RFC 1006 协议，RFC 1006 是一个标准协议，该协议描述了如何将 ISO 映射到 TCP 上去。

（3）UDP

UDP（User Datagram Protocol，用户数据报协议），属于第四层协议，提供了 S5 兼容通信协议，适用于简单的、交叉网络的数据传输，没有数据确认报文，不检测数据传输的正确性。UDP 支持基于 UDP 的发送和接收，使得设备（例如 PC 或非西门子公司设备）在工业以太网上的通信非常容易。该协议支持较大数据量的数据传输（最大 2KB），数据可以通过工业以太网或 TCP/IP 网络（拨号网络或因特网）传输。通过 UDP，SIMATIC S7 通过建立 UDP 连接，提供了发送/接收通信功能，与 TCP 不同，UDP 实际上并没有在通信双方建立一个固定的连接。

（4）TCP/IP

TCP/IP 中传输控制协议，支持第四层 TCP/IP 协议的开放数据通信。提供了数据流通信，但并不将数据封装成消息块，因而用户并不接收到每一个任务的确认信号。TCP 支持面向 TCP/IP 的 Socket。

TCP 支持给予 TCP/IP 的发送和接收，使得设备（例如 PC 或非西门子设备）在工业以太网上的通信非常容易。该协议支持大数据量的数据传输（最大 8KB），数据可以通过工业以太网或 TCP/IP 网络（拨号网络或因特网）传输。通过 TCP，SIMATIC S7 可以通过建立 TCP 连接来发送/接收数据。

（5）S7 通信

S7 通信（S7 Communication）集成在每一个 SIMATIC S7/M7 和 C7 的系统中，属于 OSI 参考模型第 7 层应用层的协议，它独立于各个网络，可以应用于多种网络（MPI、PROFIBUS、工业以太网）。S7 通信通过不断地重复接收数据来保证网络报文的正确。在 SIMATIC S7 中，通过组态建立 S7 连接来实现 S7 通信，在 PC 上，S7 通信需要通过 SAPI-S7 接口函数或 OPC（过程控制用对象链接与嵌入）来实现。

在 STEP7 中，S7 通信需要调用功能块 SFB（S7-400）或功能 FB（S7-300），最大的通信数据可达 64KB。对于 S7-400，可以用功能块来实现 S7 通信；对于 S7-300，也可以用功能块来实现 S7 通信。

（6）PG/OP 通信

PG/OP 通信分别是 PG 和 OP 与 PLC 通信来进行组态、编程、监控以及人机交互等操作的服务。

8.4.2 S7-300/400 工业以太网通信举例

S7-300/400 系列的 PLC 之间的组态可以采用很多连接方式，如 TCP/IP、ISO-on-TCP 和 S7 通信等。以下以一台 S7-300 和一台 S7-400 的以太网通信为例，分别介绍 S7-300/400 系列 PLC 三种通信协议的以太网通信。

8.4.2.1 TCP/IP 连接

【例 8-7】 当 S7-300（服务器端）上发出一个启停信号时，S7-400（客户端）收到信号，并启/停一台电动机，客户端向服务器端反馈电动机的运行状态。

（1）软硬件配置

① 1 台 CPU 314C-2DP；

② 1 台 CP343-1 lean 以太网模块；

③ 1 台 CPU 414 -2DP；

④ 1 台 CP443-1 以太网模块；

⑤ 1 台 8 口交换机；

⑥ 2 根带水晶接头的 8 芯双绞线（正线）；

⑦ 1 套 STEP7 V5.4 SP4 HF3 编程软件；

⑧ 1 根 PC/MPI 适配器（USB 口）；

⑨ 1 台个人电脑（含网卡）。

S7-300/400 的以太网通信硬件配置如图 8-108 所示。

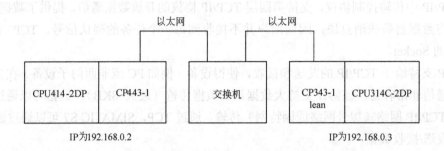

图 8-108　S7-300/400 的以太网通信硬件配置图

（2）硬件组态

① 新建工程。插入两个站分别是 SIMATIC 400（1）和 SIMATIC 300（1），站点上分别配置 CP443-1 和 CP343-1 lean 以太网通信模块，如图 8-109 所示。

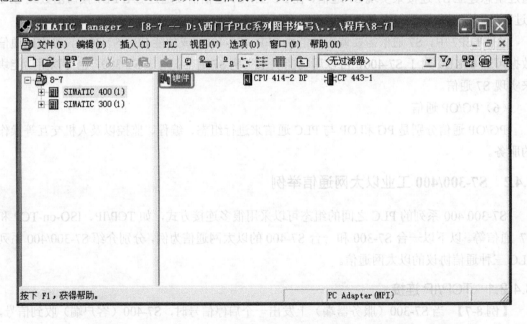

图 8-109　新建工程

② 组态以太网。双击"硬件"，弹出如图 8-109 所示界面；选中 8-110 中的"CP 443-1"，并双击之，弹出如图 8-111 所示界面，单击"属性"，弹出如图 8-112 所示界面。

③ 新建网络。如图 8-112 所示，单击"新建"按钮，弹出如图 8-113 所示界面；单击"确定"按钮，弹出如图 8-114 所示界面。

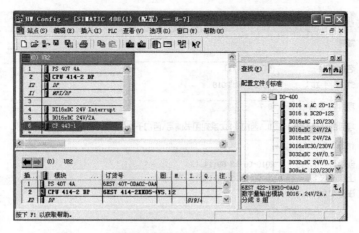

图 8-110　组态以太网（1）

图 8-111　组态以太网（2）

图 8-112　新建以太网（1）

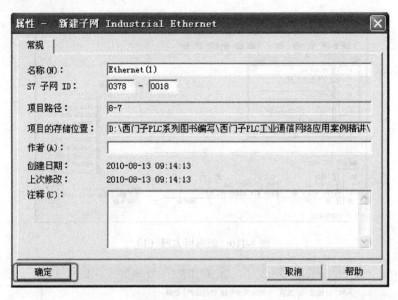

图 8-113　新建以太网（2）

④ 设置网络参数。如图 8-114 所示，先选中 Ethernet（1），再在"IP 地址"中设置"192.168.0.2"，在"子网掩码"中设置"255.255.255.0"，单击"确定"按钮。

⑤ 采用同样的方法，配置 CP343-1 lean 以太网模块的参数，不同之处在于，将"IP 地址"中设置成"192.168.0.3"。

【关键点】 同一个网络中，IP 地址是唯一的，绝对不允许重复。

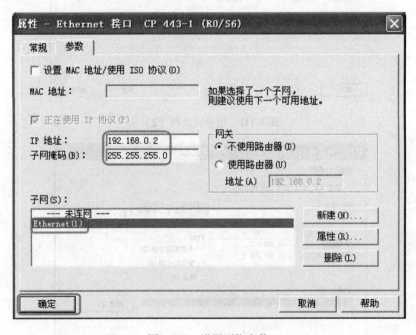

图 8-114　设置网络参数

⑥ 打开网络连接。返回管理界面，如图 8-115 所示，先选中"Ethernet（1）"，再双击"Ethernet（1）"，弹出如图 8-116 所示界面。

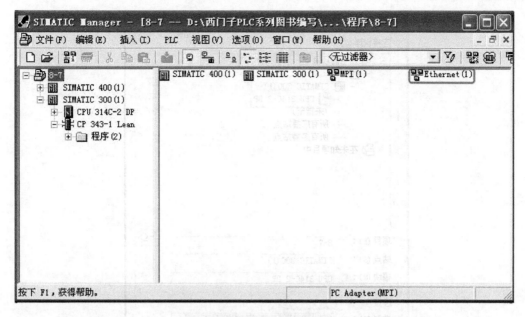

图 8-115　打开网络连接界面

⑦ 组态以太网连接。如图 8-116 所示，先选中 "1" 处，单击右键，弹出快捷菜单，再单击 "插入新连接"，弹出如图 8-117 所示界面。

【关键点】 若一个 PLC 中选择了 "插入新连接" 选项，另一 PLC 则不必激活此项，必须有一台 PLC 选择此选项，以便在通信初始化中起到主动连接的作用。

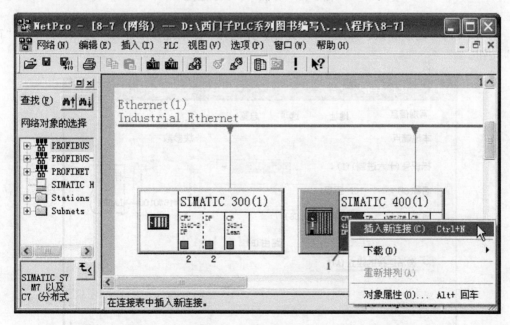

图 8-116　组态以太网连接

⑧ 添加一个 TCP 连接。如图 8-117 所示，先选中 "CPU 314C-2DP"，再选择 "TCP 连接"，再单击 "应用" 按钮，弹出如图 8-118 所示界面。

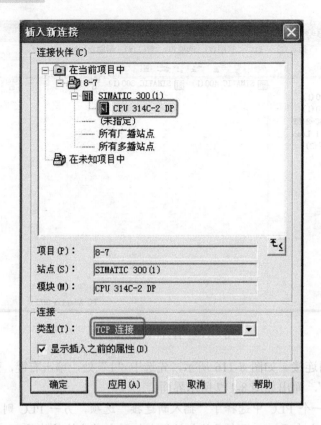

图 8-117　添加一个 TCP 连接

⑨ 设置网络连接参数。如图 8-118 所示，先选择"激活连接的建立"选项，再单击"确定"按钮。

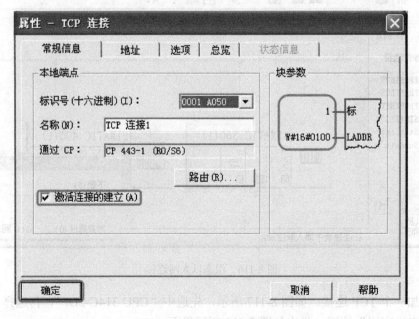

图 8-118　设置网络连接参数

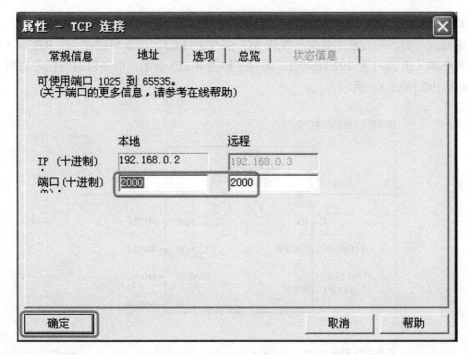

图 8-119　设置 TCP/IP 端口

在如图 8-119 中的"地址"选项卡中可以看到通信双方的 IP 地址,占用的端口号可以自己设置,也可以使用默认值,如 2000。编译后存盘,至此硬件组态完成。

【关键点】　图 8-118 中的 ID 是组态时的连接号,LADDR 是模块硬件组态地址,地址相同才能通信,在编程时要用到。

(3)相关指令简介

AG_SEND 块将数据传送给以太网 CP,用于在一个已组态的 ISO 传输连接上进行传输。所选择的数据区可以是一个位存储器区或一个数据块区。当可以在以太网上发送整个用户数据区时,指示无错执行该功能。AG_SEND 的各项参数见表 8-6。

表 8-6　AG_SEND（FC5）指令格式

LAD	输入/输出	说　明	数 据 类 型
	EN	使能	BOOL
	ACT	发送请求	BOOL
"AG_SEND"	ID	组态时的连接号	INT
EN ENO	LADDR	模块硬件组态地址	WORD
ACT DONE	SEND	发送的数据区	ANY
ID ERROR	LEN	发送数据长度	INT
LADDR STATUS	ERROR	错误代码	BOOL
SEND	STATUS	返回数值（如错误值）	WORD
LEN	DONE	发送是否完成	BOOL

267

（4）编写程序

在编写程序时，双方都需要编写发送 AG_SEND（FC5）指令和接收 AG_RECV（FC6）指令，客户端（IP 地址为 192.168.0.2）的程序如图 8-120 所示，服务器端的程序如图 8-121（IP 地址为 192.168.0.3）所示。

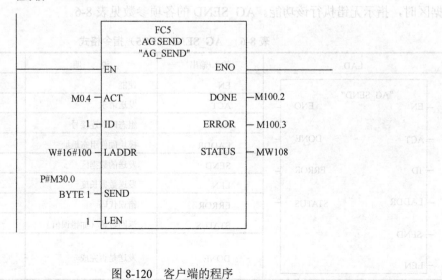

图 8-120　客户端的程序

程序段1：启停控制

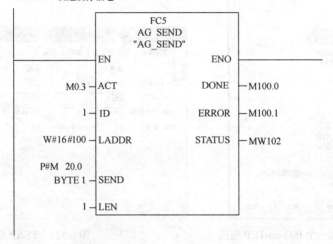

```
       I0.0        I0.1                                          M20.0
      ─┤ ├──────────┤/├──────────────────────────────────────────( )──
       M20.0
      ─┤ ├─
```

程序段2：发送启停信息

```
                    ┌─────────────────────────┐
                    │          FC5            │
                    │        AG_SEND          │
                    │       "AG_SEND"         │
                    │                         │
           ─────────┤EN                   ENO ├─────────
                    │                         │
           M0.3 ────┤ACT                 DONE ├──── M100.0
                    │                         │
              1 ────┤ID                 ERROR ├──── M100.1
                    │                         │
       W#16#100 ────┤LADDR             STATUS ├──── MW102
                    │                         │
       P#M 20.0     │                         │
       BYTE 1  ─────┤SEND                     │
                    │                         │
              1 ────┤LEN                      │
                    └─────────────────────────┘
```

程序段3：收到信息到MB50中

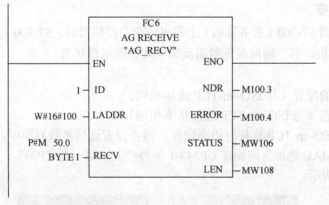

```
                    ┌─────────────────────────┐
                    │          FC6            │
                    │       AG RECEIVE        │
                    │       "AG_RECV"         │
                    │                         │
           ─────────┤EN                   ENO ├─────────
                    │                         │
              1 ────┤ID                   NDR ├──── M100.3
                    │                         │
       W#16#100 ────┤LADDR             ERROR ├──── M100.4
                    │                         │
       P#M 50.0     │                 STATUS ├──── MW106
       BYTE 1  ─────┤RECV                     │
                    │                   LEN ├──── MW108
                    └─────────────────────────┘
```

程序段：4 显示反馈信息

```
       M50.0                                                      Q0.0
      ─┤ ├──────────────────────────────────────────────────────( )──
```

图 8-121　服务器端程序

【关键点】 对于 S7-300 和 S7-400 而言，接收指令是 FC6，发送指令是 FC5，但其实指令不在同一个库中，对于 S7-300 在 CP_300 库中，而对于 S7-400 在 CP_400 库中。这个程序的 S7-400 中（客户端），还可以用 FC50 和 FC60 指令，效果类似。但 S7-300 不支持 FC50 和 FC60 指令。

8.4.2.2 ISO-on-TCP 连接

ISO-on-TCP 连接时的硬件组态只有两步与 TCP/IP 连接时不同，图 8-121 步骤不同，只要将"连接类型"选项，选为"ISO-on-TCP 连接"；图 8-122 中也不同，"地址"选项卡中可以看到通信双方的 IP 地址，TSAP 可以自己设置（见图 8-123），也可以使用默认值，其余硬件组态都相同，服务器端和客户端的程序也相同。

图 8-122　添加一个 ISO-on-TCP 连接

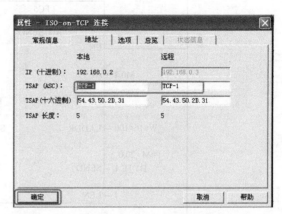

图 8-123　TSAP 设置

8.4.2.3 S7 连接

【例 8-8】 当 S7-300（服务器端）上发出一个启停信号时，S7-300（客户端）收到信号，并启/停一台电动机，客户端向服务器端反馈电动机的运行状态。

【解】

（1）软硬件的配置（与 ISO-on-TCP 连接相同）

（2）硬件组态（与 ISO-on-TCP 连接基本相同）

① 先按照 ISO-on-TCP 连接时组态硬件，再在设置通信参数界面中，作如图 8-124 所示的设置，其中"MAC 地址"印刷在 CP343-1 的外壳上。另一台 CP343-1 也要作类似的设置，具体如图 8-125 所示。

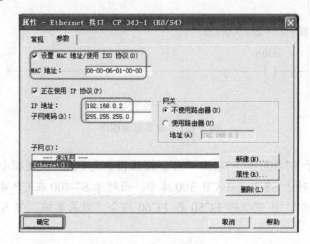

图 8-124　设置通信参数（1）

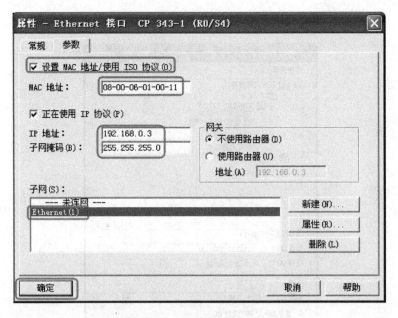

图 8-125 设置通信参数（2）

② 组态以太网连接。如图 8-126 所示，先选中"1"处，单击右键，弹出快捷菜单，再单击"插入新连接"，弹出如图 8-127 所示界面。

【关键点】 若一个 PLC 中选择了"插入新连接"选项，该站为主动站，另一则不必激活此项。

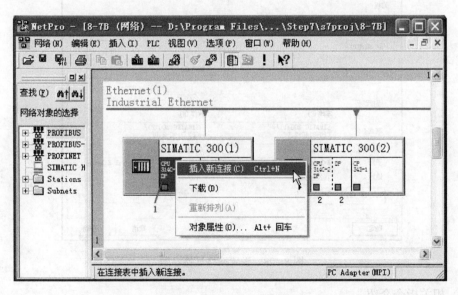

图 8-126 组态以太网连接

③ 添加一个 S7 连接。如图 8-127 所示，先选中"CPU314C-2DP"，再选择"S7 连接"，弹出如图 8-128 所示界面，选择"单向"，最后单击"确定"按钮，以太网配置完成。

【关键点】 选择单向，表示要使用单边通信，使用"PUT/GET"程序块；对于 S7-300 使用 FB14/FB15 指令，对于 S7-400 使用 SFB14/SFB15 指令；而选择"建立主动连接"，则表示双边通信，要使用"BSEND/BRCV"程序块，"BSEND/BRCV"在前面的章节已经介绍在

271

此不做赘述。

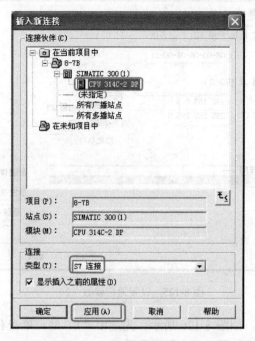

图 8-127 添加一个 S7 连接

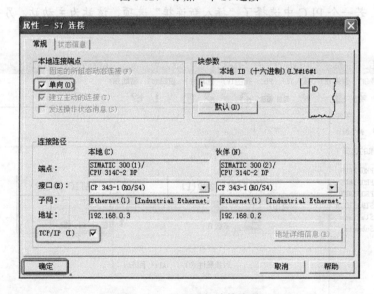

图 8-128 设置网络连接参数

（3）相关指令介绍

通过使用 SFB/FB 15（PUT），可以将数据写入到远程 CPU。在 REQ 的上升沿处发送数据。在 REQ 的每个上升沿处传送参数 ID、ADDR_1 和 SD_1。在每个作业结束之后，可以给 ID、ADDR_1 和 SD_1 参数分配新数值。如果正在写入数据时发生访问故障，或如果执行检查过程中出错，则出错和警告信息将通过 ERROR 和 STATUS 输出表示。发送指令 PUT（FB15）的格式见表 8-7。

表 8-7　PUT（FB15）指令格式

LAD	输入/输出	说　明	数据类型
"PUT" EN　　ENO REQ　　DONE ID　　ERROR ADDR_1　STATUS SD_1	EN	使能	BOOL
	REQ	发送请求，上升沿激活数据交换	BOOL
	ID	组态时的连接号	INT
	ADDR_1	指针，指向伙伴要写入数据的地址	ANY
	SD_1	发送的数据区	ANY
	ERROR	错误代码，为 1 时出错	BOOL
	STATUS	返回数值（如错误值）	WORD
	DONE	发送是否完成	BOOL

可以通过 SFB/FB 14（GET），从远程 CPU 中读取数据。在 REQ 的上升沿处读取数据。在 REQ 的每个上升沿处传送参数 ID、ADDR_1 和 RD_1。在每个作业结束之后，可以分配新数值给 ID、ADDR_1 和 RD_1 参数。如果正在读取数据时发生访问故障，或如果数据类型检查过程中出错，则出错和警告信息将通过 ERROR 和 STATUS 输出表示。接收指令 GET（FB14）的格式见表 8-8。

表 8-8　GET（FB14）指令格式

LAD	输入/输出	说　明	数据类型
"GET" EN　　ENO REQ　　NDR ID　　ERROR ADDR_1　STATUS RD_1	EN	使能	BOOL
	REQ	接收请求，上升沿激活数据交换	BOOL
	ID	组态时的连接号	INT
	ADDR_1	指针，指向伙伴被读的数据地址	ANY
	RD_1	接收数据的区域	ANY
	NDR	接收数据确认（作业是否完成）	BOOL
	ERROR	错误代码，为 1 时出错	BOOL
	STATUS	返回数值（如错误值）	WORD

（4）编写程序

① 插入数据块，创建数组。先选中主动站（即 IP 地址为 192.168.0.3）的"Block"，再单击鼠标右键，弹出快捷菜单，选中"插入新对象"，单击"数据块"，将数据块命名为"DB3"，打开数据块 DB3，创建如图 8-129 所示的数组。Send 表示 DB3.DB0～DB3.DB9 共十个字节，存储向伙伴 CPU 发送的数据。Receive 表示 DB3.DB10～DB3.DB19 共十个字节，存储从伙伴 CPU 读取的数据。

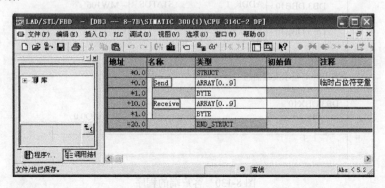

图 8-129　插入数据块，创建数组

② 编写程序。客户端的程序如图 8-130 所示，注意 M0.5 是以 1Hz 为周期的脉冲，设置方法请参考前面章节内容。

服务器端的程序如图 8-131 所示。

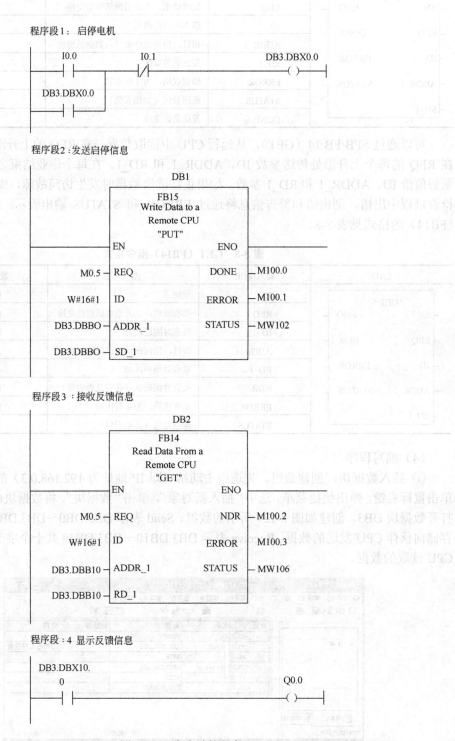

程序段1：启停电机

程序段2：发送启停信息

程序段3：接收反馈信息

程序段：4 显示反馈信息

图 8-130 客户端的程序

程序段1：接收启停信息，并启停电机

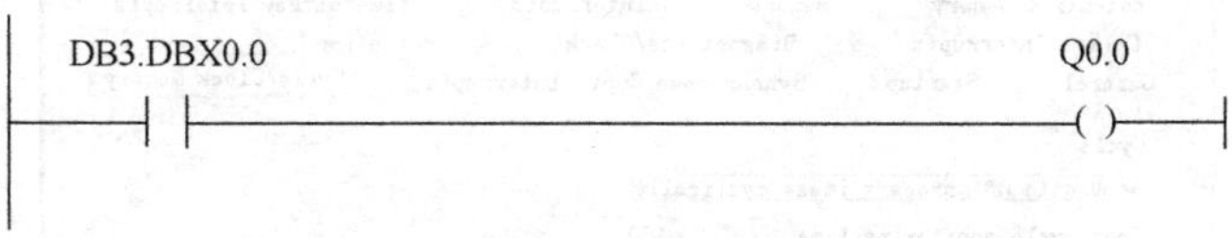

```
  DB3.DBX0.0                                                Q0.0
───┤ ├──────────────────────────────────────────────────────( )───
```

程序段 2： 将电机状态存入 DB3.DBX10.0，供伙伴读

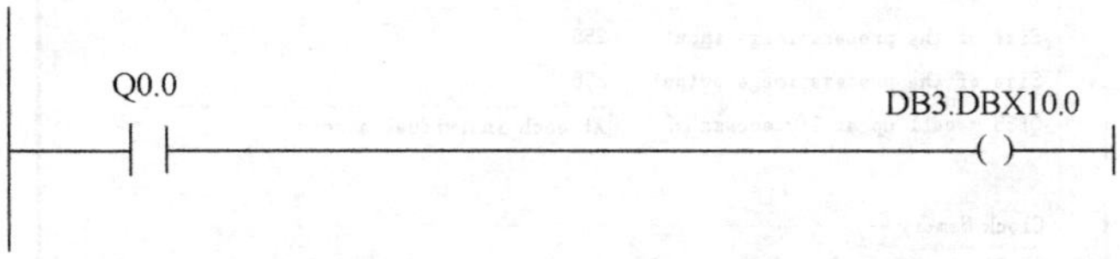

```
   Q0.0                                                  DB3.DBX10.0
───┤ ├──────────────────────────────────────────────────────( )───
```

图 8-131   服务器端的程序

8.4.3   S7300/400 工业以太网通信仿真

早期西门子的仿真软件 PLCSIM 是不能进行仿真的，从 PLCSIM V5.4 SP3 之后增加了通信的仿真功能。以下用一个实例介绍通信仿真的使用方法。

【例 8-9】 当 S7-400（1）（客户端）上发出一个信号时，S7-400（2）（服务器端）收到信号，请用工业以太网连接，并用通信进行仿真。

【解】

（1）硬件组态

先对客户端进行组态，硬件配置如图 8-132 所示，双击 "CPU-414-3PN/DP"，弹出如图 8-133 所示界面，勾选 "Clock memory"，再在右侧的框中输入 100，其含义是 MB100 各位变成按照一定周期变动的脉冲，例如 M100.5 就是 1Hz 的脉冲。之后新建以太网，将客户端的 IP 地址设置为 "192.168.0.2"，如图 8-134 所示。

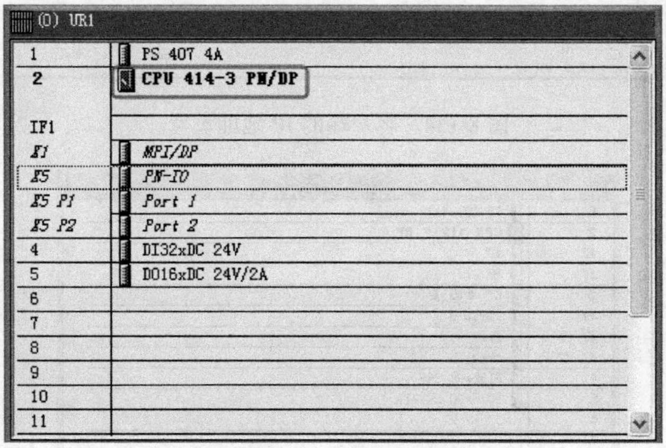

图 8-132   客户端硬件配置

再对服务器端进行组态，硬件配置如图 8-135 所示，将服务器端的 IP 地址设置为 "192.168.0.3"，如图 8-136 所示。

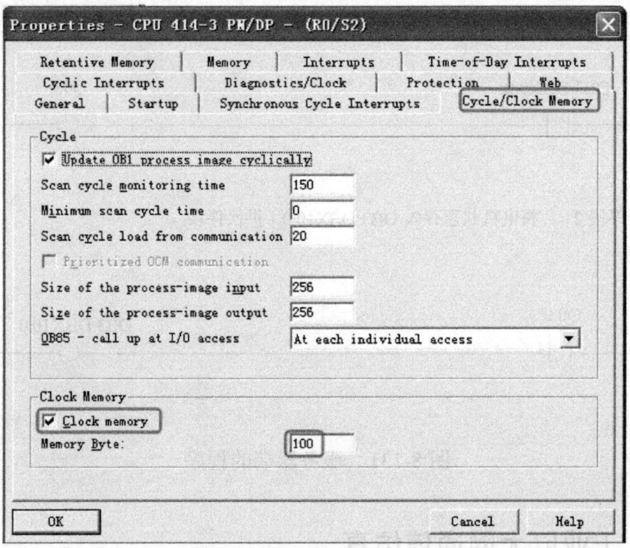

图 8-133　设置时钟脉冲

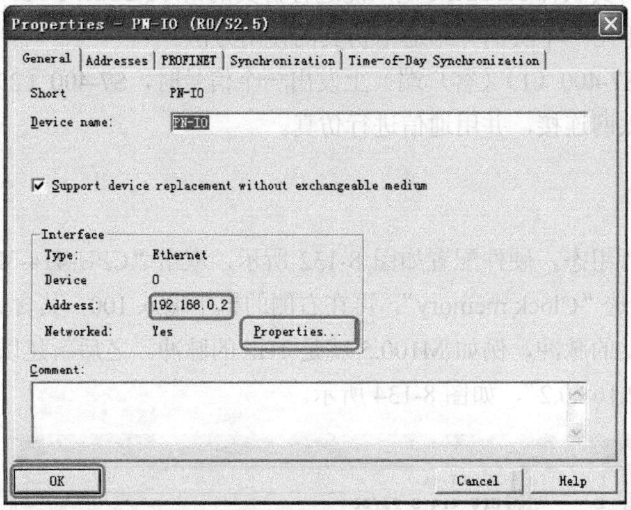

图 8-134　客户端的 IP 地址设置

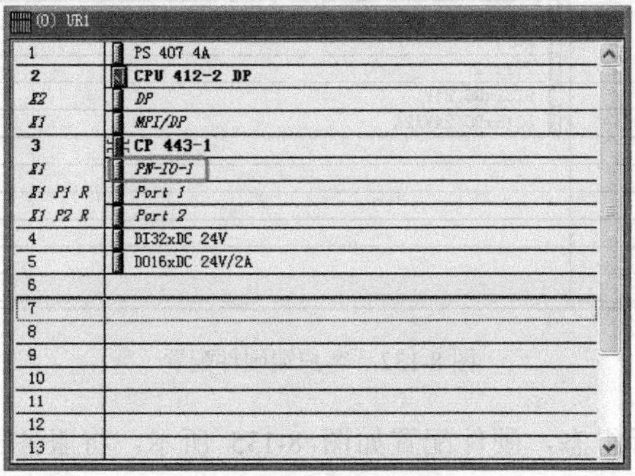

图 8-135　服务器端硬件配置

（2）网络组态

切换到网络组态界面，如图 8-137 所示，选中客户端的"1"处，右击鼠标，弹出快捷菜单，单击"Insert New Connection"选项。弹出如图 8-138 所示的界面，连接类型选择"S7-Connection"（S7 连接），单击"OK"按钮。弹出如图 8-139 所示的界面，注意 Local ID 为 1，这个数值在编写程序时要用到，单击"确定"按钮即可。

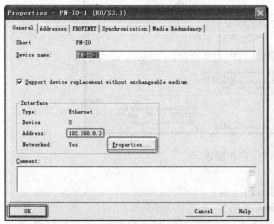

图 8-136　服务器端的 IP 地址设置

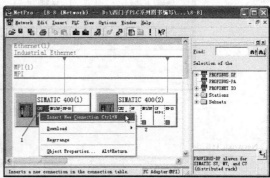

图 8-137　网络组态

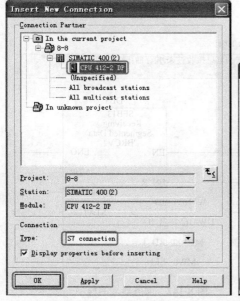

图 8-138　插入新连接

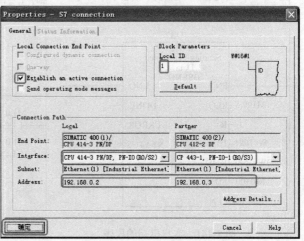

图 8-139　属性-S7 连接

单击工具栏的保存和编译按钮 ，如图 8-140 所示，如果没有错误，会弹出一个"No errors."（无错误）的对话框，画面中的橙色部分也变成白色。

（3）编写程序

客户机端的程序如图 8-141 所示，服务器端的程序如图 142 所示。

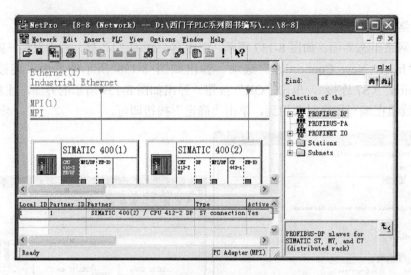

图 8-140　网络的保存和编译

Network 1: Title:

向MW10赋值1

```
      MOVE
    EN    ENO
  1-IN   OUT-MW10
```

Network 1: Title:

向MW0赋值1

```
      MOVE
    EN    ENO
  1-IN   OUT-MW0
```

Network 2: Title:

把MB100中的信息发送到通信伙伴,信息的
长度为1个字节

```
              DB2
             SFB12
       Sending Segmented
             Data
            "BSEND"
      EN             ENO
M100.5-REQ          DONE  …
   …-R             ERROR  …
W#16#1-ID          STATUS  …
DW#16#1-R_ID
MB100-SD_1
MW10-LEN
```

图 8-141　客户机端的程序

Network 2: Title:

把对方发送的信息接收过来,并存储在MB100中

```
              DB3
             SFB13
           Receiving
       Segmented Data
            "BRCV"
      EN             ENO
M1.0                NDR   …
    ─┤├── EN_R
M1.0               ERROR  …
    ─┤/├──
        W#16#1-ID   STATUS …
        DW#16#1-R_ID
        MB100-RD_1
        MW0-LEN
```

图 8-142　服务器端的程序

（4）仿真

① 下载客户端的程序。首先回到项目管理器界面，如图 8-143 所示，单击工具栏中的仿真按钮，再选中 SIMATIC 400(1)，最后单击下载按钮。程序下载完成后，仿真器 S7-PLCSIM1 如图 8-144 所示。

② 下载服务器端的程序。首先新建一个仿真器，单击菜单"File"→"New PLC"，如图 8-145 所示。再回到项目管理器界面，如图 8-146 所示，单击工具栏中的仿真按钮，再

选中 SIMATIC 400(2)，最后单击下载按钮 。程序下载完成后，仿真器 S7-PLCSIM2 如图 8-147 所示。

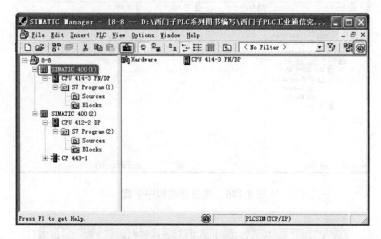

图 8-143　客户端程序下载

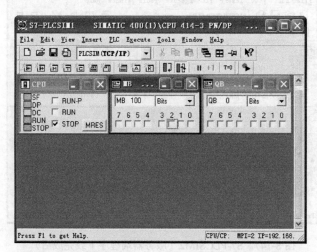

图 8-144　S7-PLCSIM1（客户端程序下载完成后）

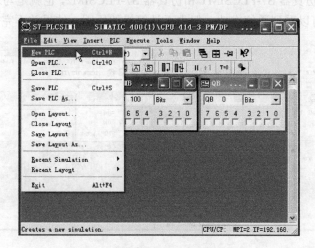

图 8-145　新建仿真器

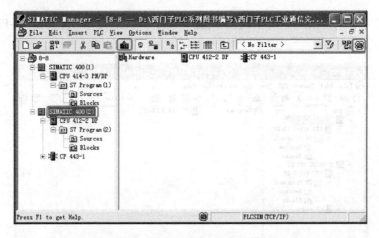

图 8-146　服务器端程序下载

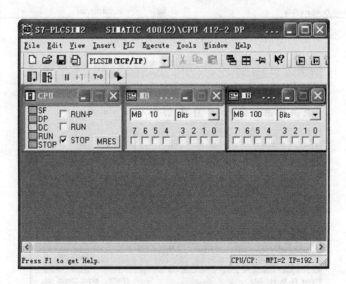

图 8-147　S7-PLCSIM2（服务器端程序下载完成后）

③ 仿真。运行仿真器 S7-PLCSIM1 和仿真器 S7-PLCSIM2，也就是勾选 CPU 的 "RUN"，如图 8-148 所示，可以看到通信成功，但由于计算机的原因，结果并不完全同步。

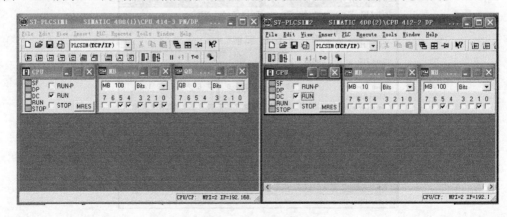

图 8-148　通信仿真

第9章

使用第三方网关模块进行以太网络通信

9.1 第三方网关模块简介

一个听不懂中文的美国人和一个听不懂英文的中国人直接对话，他们是不可能听懂对方说什么的，换句话说，他们之间不能直接进行信息交换，解决问题有效办法是配一个翻译。同样，当一个控制系统有多种通信协议存在时，彼此要互相进行直接通信显然也是不可能的，解决问题有效办法是把不同的协议转换成同一协议，然后再进行信息交换，这种协议转换的设备就是网关。这是第三方制造网关的一个重要的原因。

再者，西门子的 PPI 网络最多只能有 8 个站点，而利用网关组成以太网，站点可以多达32 个站点。

此外，西门子的 PLC 进行以太网通信，一般要配置以太网模块（S7-1200 和部分高端的S7-300/400 自带以太网口的除外），一般的以太网模块的价格比较高，例如一台 CP343-1 的价格通常在 5000 元以上。针对这种情况，国内的厂家研制了一些网关模块，取代西门子的以太网模块，其价格具有很大的优势，不到西门子以太网模块的价格的一半。这些模块在要求不高的场合已经得到应用。

第三方的网关设备提供商较多，如德国的赫优讯（Hilscher），生产种类繁多的网关，国产的网关设备提供商也不少，以下将以无锡北辰自动化技术有限公司的 BCNet-S7PPI 和BCNet-S7MPI 模块为例进行介绍。

9.2 BCNet-S7PPI 网关

（1）BCNet-S7PPI 简介

BCNet-S7PPI 为西门子 S7-200 系列 PLC 控制系统以及西门子 SINUMERIK 数控系统的S7 总线至以太网的数据通讯网关，应用场合包括 PLC 编程调试、设备的以太网数据采集（生产管理系统）和 Internet 远程设备维护等。BCNet-S7PPI 网关的外形如图 9-1 所示。

使用时，将 X1 口插到 S7-200 的 PPI 接口（即编程口）上，X2 是扩展通信口，可连接触摸屏，X2 实际就是 PPI 口；X3 是网络接口，BCNet-S7PPI 将 PPI 协议的信息转化成 S7 以太网信息就从 X3 送到其他设备，反之亦然；X4 是电源接口，可接 24V 直流电源，但 S7-200内部提供 24V 直流电源，因此这个接口不可接入电源。

（2）BCNet-S7PPI 网关的主要功能

① 支持 S7 总线多主站令牌通讯，扩展通讯口 X2 可以连接非西门子触摸屏；

② S7 总线的波特率自动检测，无需设置；

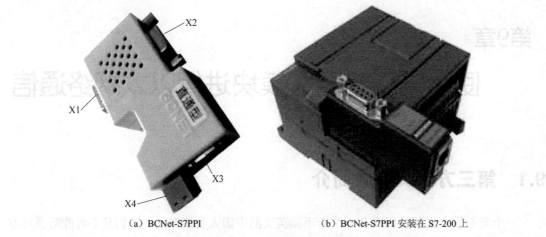

(a) BCNet-S7PPI   (b) BCNet-S7PPI 安装在 S7-200 上

图 9-1   BCNet-S7PPI 网关的外形

③ 当连接到 S7 总线时自动查询 PLC 控制器，显示 PLC 地址列表；

④ 从 PLC 通讯口直接取得电源，无需外接电源；

⑤ 支持 MicroWIN、STEP7 编程、WINCC 监控以及大多数监控组态软件的通讯；

⑥ 开放以太网端口 BCNetS7 协议，采用高级语言（VB/VC/C#）可直接和 PLC 通讯；

⑦ 提供免费的并经过许多大型设备联网项目验证的 BCNetS7OPC 服务器；

⑧ 集成 BCNetS7-DX 通讯，用于实现 PLC 之间的数据自动交换；

⑨ 集成 ModbusTCP 服务器；

⑩ 可同时处理 24 个以上的以太网客户机连接。

（3）BCNet-S7PPI 网关的使用方法

BCNet-S7PPI 网关的使用比较简单，即插即用，不需要安装驱动。下面以 Step7-MicroWin 软件通过 BCNet-S7PPI 与 S7-200 通信的过程来介绍 BCNet-S7PPI 的使用方法。具体操作如下：

① 先将安装 Step7-MicroWin 的计算机的 IP 地址设置成与网关的 IP 地址在同一个网段，这是所有以太网通信的一个规律。打开计算机的"控制面板"→"网络连接"，弹出如图 9-2 所示的界面，选中"本地连接"，右击鼠标，弹出快捷菜单，单击"属性"选项。弹出如图 9-3 所示的界面，选中"Internet 协议"选项，单击"属性"按钮，弹出"Internet 协议"界面，如图 9-4 所示。

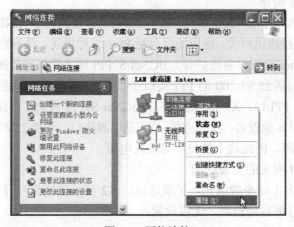

图 9-2   网络连接

　　按照如图 9-4 设置 IP 地址和子网掩码。IP 地址要与 BCNet-S7PPI 网关的 IP 地址在同一网段，通常新购得的 BCNet-S7PPI 网关的 IP 地址的前三位是"192.168.1"，单击"确定"按钮即可。

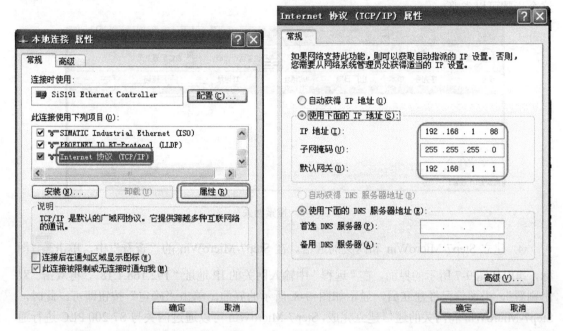

图 9-3 网络连接-属性　　　　　　　　　　　图 9-4 Internet 协议

　　② 设置 PG/PC 接口。打开 Step7-MicroWin，在"查看"中，单击 图标，弹出如图 9-5 所示的界面，选择"TCP/IP->SiS191 Ethernet controller"选项，单击"确定"按钮即可。

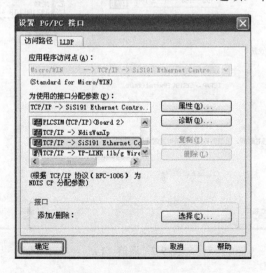

图 9-5 设置 PG/PC 接口

　　【关键点】 以上的选项"TCP/IP->SiS191 Ethernet controller"中的"SiS191 Ethernet controller"是与网卡的型号相关的，读者的不一定是"SiS191 Ethernet controller"。此外，不能选择"TCP/IP->Auto"选项。

283

③ 验证以上设置是否正确。在验证之前，要在计算机上安装北辰自动化公司免费提供的"BCNetPro"，打开此软件，如图 9-6 所示。单击"搜索设备"按钮，"BCNetPro"软件开始搜索网关，当成功搜索到网关后，网关的 IP 地址显示在列表中，本例为"192.168.1.18"。这个步骤可以省略。

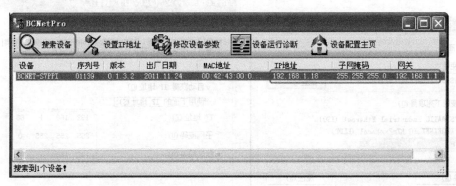

图 9-6 搜索网关

④ 建立 Step7-MicroWin 和网关的通信。在 Step7-MicroWin 的"查看"中，单击图标，弹出如图 9-7 所示的界面，在"远程"中输入网关的 IP 地址"192.168.1.18"，再双击"双击刷新"，当通信已经建立后，显示如图 9-8 所示的界面，单击"确定"按钮即可。此时，Step7-MicroWin 和网关的通信建立完成，Step7-MicroWin 可以通过网关与 S7-200 PLC 进行通信了（如下载和上传程序等）。

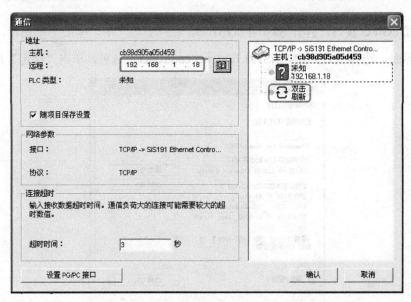

图 9-7 通信（1）

⑤ 改变网关的 IP 地址。单击如图 9-9 中的"设置 IP 地址"按钮，弹出"设置地址"界面，在"IP 地址"中输入想要设置的 IP 地址，本例为"192.168.1.68"，最后单击"设置"按钮即可。

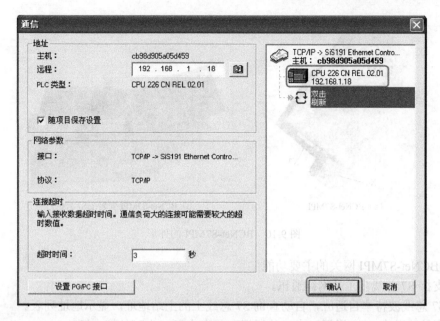

图 9-8 通信（2）

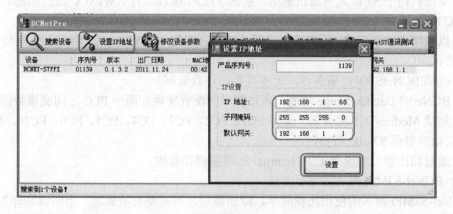

图 9-9 通信

9.3 BCNet-S7MPI 网关

（1）BCNet-S7MPI 简介

BCNet-S7MPI 为西门子 S7-300 系列 PLC 控制系统以及西门子 SINUMERIK 数控系统的 S7 总线至以太网的数据通讯网关，应用场合包括 PLC 编程调试、设备的以太网数据采集（生产管理系统）和 Internet 远程设备维护等。BCNet-S7MPI 的外形如图 9-10 所示。

使用时，将 X1 口插到 S7-300 的 MPI 接口（即编程口）上，X2 是扩展通信口，可连接触摸屏，X2 实际就是 PPI 口；X3 是网络接口，BCNet-S7MPI 将 MPI 协议的信息转化成 S7 以太网信息就从 X3 送到其他设备，反之亦然；X4 是电源接口，可接 24V 直流电源，但 S7-300 内部提供 24V 直流电源，因此这个接口不可接入电源。

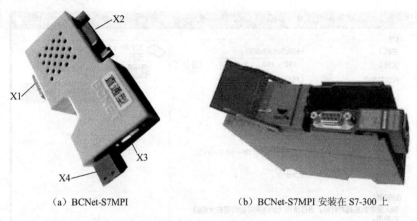

（a）BCNet-S7MPI　　　　　　（b）BCNet-S7MPI 安装在 S7-300 上

图 9-10　BCNet-S7MPI 的外形

（2）BCNet-S7MPI 网关的主要功能

① 支持 S7 总线多主站网络通讯。

② S7 总线波特率自适应，自动查询 S7 总线上的主站地址，显示地址列表。

③ 直接安装在 PLC 通讯口上，从通讯口获取电源（也可外接电源）。

④ 支持西门子 S7 以太网通讯驱动，包括 STEP7 编程软件、WINCC 监控组态软件以及 SIMATIC NET 等。

⑤ 以太网端协议开放，用户可以采用高级语言编程（如 VB、VC、C#等）实现与 S7-300 的数据通讯。

⑥ 提供 BCNetS7OPC 服务器，无连接数、点数限制。

⑦ BCNetS7 DataExchange 功能，通过简单的配置实现在两个 PLC 之间交换数据。

⑧ 集成 ModbusTCP 服务器，支持 FC1、FC2、FC3、FC4、FC5、FC6、FC16，Modbus 数据区自动映射至 S7-300 数据区。

⑨ 通过路由器可实现 PLC 的 Internet 远程编程和监控。

（3）BCNet-S7MPI 网关的使用方法

BCNet-S7MPI 网关的使用比较简单，即插即用，不需要安装驱动。下面以 Step7 软件通过 BCNet-S7MPI 网关与 S7-300 通信的过程来介绍 BCNet-S7MPI 的使用方法，具体操作如下。

① 设置 PG/PC　打开 STEP7 编程软件，选择菜单"Options"→"Set PG/PC Interface…"，在弹出对话框中选择"TCP/IP->Broadcom NetLink"（计算机网卡，与计算机配置的网卡型号相关），单击"确定"按钮，如图 9-11 所示。

计算机的 IP 地址设置详见上一节，在此不做赘述。

② 程序上载　打开 STEP7 软件，在硬件组态界面，选择菜单"PLC"→"Upload Station to PG…"。在弹出的"Select Node Address"对话框的 IP address 一栏中输入 BCNet-S7MPI 的 IP 地址。点击"View"按钮，查看 PLC 类型，点击"OK"按钮执行程序上载，如图 9-12 所示。

③ 程序下载　STEP7 软件在执行下载和监控时会自动检查当前 S7300 Station 的硬件配置是否存在以太网通讯接口。为了使得 STEP7 软件能够通过以太网路由到 BCNet-S7MPI，需要在 STEP7 项目中新建一个 PC Station。步骤如下：

a. 在 S7300 Station 项目里，设置 CPU 的 MPI 接口连接到 MPI(1)，如果没有 MPI(1)，则新建 MPI 网络，如图 9-13 所示。

图 9-11　设置 PG/PC

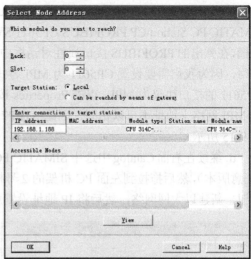

图 9-12　选择被上载的节点

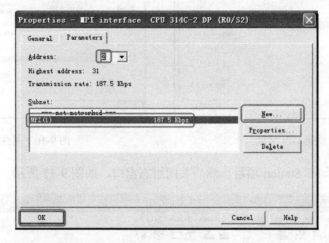

图 9-13　新建 MPI 网络

b．在项目管理器界面，单击菜单"Insert"→"Station"→"SIMATIC PC Station"，如图 9-14 所示。

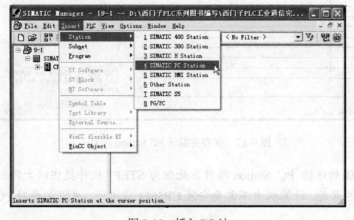

图 9-14　插入 PC 站

c. 选择新建的 PC Station，双击 Configuration 打开组态对话框，在右面 Catalog 中选中 SIMATIC PC Station\CP PROFIBUS\CP5611\SW6.0（任意版本），然后拖拉到左面 PC 机架的 1 号槽，在弹出的 PROFIBUS 接口属性对话框中直接点击 OK 按钮即可（不要去新建 PROFIBUS 网络，因为我们需要设置 CP5611 为 MPI 方式）。双击 CP5611，在弹出的属性对话框中设置 CP5611 的接口协议为 MPI，点击 Properties 按钮，在弹出的 MPI 接口属性中选择 MPI(1)。由于 MPI 网络上地址不可以相同，因此 STEP7 软件会自动给 CP5611 提供一个 MPI 地址，如图 9-15 所示。

d. 继续在右面 Catalog 中选中 SIMATIC PC Station\CP Industrial Ethernet\IE General\SW6.2（任意版本），然后拖拉到左面 PC 机架的 2 号槽，在弹出的以太网接口属性对话框中点击 New 按钮，新建以太网网络，然后将 IP 地址设置成 BCNet-S7MPI 的 IP 地址，如图 9-16 所示。

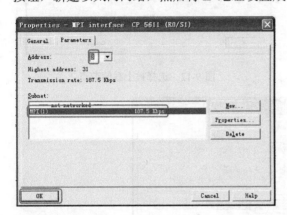

图 9-15　设置 MPI 地址　　　　　　　　　　图 9-16　属性-以太网

e. 保存并编译 PC Station 项目，然后关闭组态窗口，如图 9-17 所示。

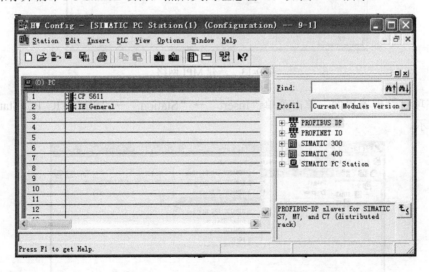

图 9-17　保存并编译 PC Station 项目

【关键点】　①新建的 PC Station 项目在此仅为 STEP7 软件提供以太网到 MPI 的路由功能，并无实际硬件意义。计算机中不需要安装 CP5611 通讯卡，也没必要对 PC Station 进行任何操作。

② PC Station 机架的 IE General 的 IP 地址应为 BCNet-S7MPI 的 IP 地址。

③ BCNet-S7MPI 的 STEP7 编程站地址参数应预先设置为当前 PLC 的 MPI 站。

做完以上设置，STEP7 就可以和 BCNet-S7MPI 通信了。

9.4 第三方网关的应用实例

【例 9-1】 某车间有 4 台单机设备，2 台由 CPU226CN 控制，2 台由 CPU314-2DP 控制，厂家要对这 5 台设备进行升级改造，具体改造要求为：用组态软件 WinCC 进行监控，监控的项目是实时产量，设备的运行状态，控制室离现场有 300 米，请设计一个解决方案。

【解】

熟悉西门子系统的工程师，解决这个问题，并不难，可以提出几个解决方案。最容易想到的有以下两个。方案 1 如图 9-18 所示，这个方案从技术上考虑是可行的，但其价格高，原因是以太网模块的价格很高。方案 2 如图 9-19 所示，从技术上考虑，也是可行的，其价格比方案 1 要低一些。

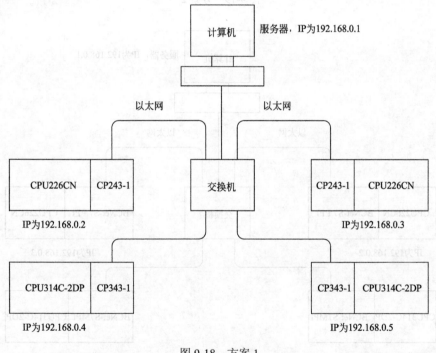

图 9-18　方案 1

由于是技改项目，之前在设计控制柜时并没有预留安装通信模块（以太网模块或者 PROFIBUS-DP 模块）的位置，重新设计控制柜，不仅花费增多，而且设备停产，耽误生产，很不合算。

方案 3 如图 9-20 所示。因此这个工程采用了方案 3，原因有三个，首先采用方案 3，价格比方案 1 和方案 2 要节省不少；再者，这个改造项目的控制柜已经没有安装西门子通信模块的位置，而 BCNet-S7PPI 和 BCNet-S7MPI 模块，分别直接插在 S7-200 的 PPI 口和 S7-300 的 MPI 接口上，不占用控制柜的空间，而且不需要外接电源，使用十分方便，改造周期短，对生产影响小；最后，此改造项目的通信数据量不大，而且用 BCNet-S7PPI 和 BCNet-S7MPI 模块完全能满足要求。

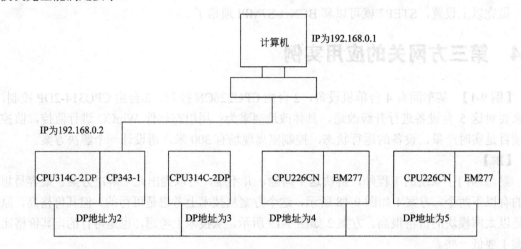

图 9-19 方案 2

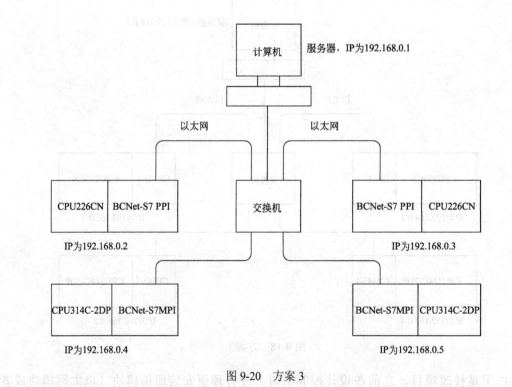

图 9-20 方案 3

第10章

OPC 通信

10.1 OPC 基本知识

10.1.1 OPC 概念

（1）OPC 产生的原因

在 OPC 之前，需要花费很多时间使用软件应用程序控制不同供应商的硬件。存在多种不同的系统和协议；用户必须为每一家供应商和每一种协议订购特殊的软件，才能存取具体的接口和驱动程序。因此，用户程序取决于供应商、协议或系统。而 OPC 具有统一和非专有的软件接口，在自动化工程中具有强大的数据交换功能。

一些与微软公司合作的自动化硬件和软件供应商联合制定了一套称为 OPC 规范的 OLE/COM 接口协议，以此来提高过程控制工业中的自动化/控制应用程序，现场系统/设备以及办公室应用程序之间的互操作性。可以说 OPC 是工业监控软件的现场总线，其基本思想是：每个硬件供应商为其设备开发一个通用的数据接口（即 OPC Server），供其他系统读写信息，客户应用软件也可以通过 OPC 规范的接口来读写硬件设备的信息（作为 OPC Client）。由于硬件供应商通常将硬件驱动程序封装成 OPC Server 单独出售，这样作为 OPC 数据客户端的上层应用，可以不包含任何通讯接口程序，不必关心底层硬件内部的具体细节，只需遵循 OPC 数据接口协议，就能够从不同的硬件供应商提供的 OPC 数据服务器中取得数据。

（2）OPC 的定义

OPC（OLE for Process Control）是嵌入式过程控制标准，规范以 OLE/DCOM 为技术基础，是用于服务器/客户机连接的统一而开放的接口标准和技术规范。它是许多世界领先的自动化软、硬件公司与微软公司合作的结晶。它由一系列用于过程控制和制造业自动化应用领域的标准接口、属性以及方法组成。OLE 是微软为 Windows 系统、应用程序间的数据交换而开发的技术，是 Object Linking and Embedding 的缩写。

10.1.2 OPC 的宗旨

OPC 的宗旨是在 Microsoft COM、DCOM 和 Active X 技术的功能规程基础上开发一个开放的和互操作的接口标准。

这个标准的目标是促使自动化/控制应用、现场系统/设备和商业/办公室应用之间具有更强大的互操作能力。

10.1.3 OPC 技术基础

OPC 技术基于微软的 OLE（现在的 Active X）、COM（部件对象模型）和 DCOM（分布式部件对象模型)技术。

OPC 包括一整套接口、属性和方法的标准集，用于过程控制和制造业自动化系统。

Active X/COM 技术定义各种不同的软件部件如何交互使用和分享数据。

不论过程中采用什么软件或设备，OPC 为多种多样的过程控制设备之间进行通信提供了公用的接口。

10.1.4　OPC 基金会

管理 OPC 标准的组织是 OPC 基金会。其前身由一个 Fisher-Rosemount、Rockwell Software、Siemens、Opto22、Intellution 和 Intuitive Technology 等著名大公司组成专门的工作组，仅仅用了短短的一年时间便开发出一个基本的可运行的 OPC 技术规范。在 1996 年 8 月发布了简化的、一步到位的解决方案。

OPC 基金会的工作比其他许多标准化集团能够更高速运转。原因十分简单，只是由于 OPC 是建立在已普遍使用的 Mricrosoft 标准基础上。而其他标准化集团必经完全从最基本开始定义标准，因此在其工作范围内达成一致的意见往往是费时费力，自然其工作效率是不能和 OPC 基金会比拟的。

Micosoft 是 OPC 基金会的一个成员，已给予 OPC 基金会强有力的支持。但 Microsoft 在 OPC 中的作用主要在于其强大的后援支持，而让具有丰富的行业经验的成员公司指导 OPC 基金会的工作。

OPC 中国基金会的宗旨是在中国推广 OPC，以消除中国与其他发达国家的信息差距。

通过定期召开中国基金会会员大会、制定相应的规章制度，同时针对中国市场建立相应的市场营销体系，提供培训、信息以及展会的组织，以进一步加强各会员的利益，以本地化的形式加强与 OPC 基金会的联系。OPC 中国基金会的网址是 http://www.opcchina.org/。

10.1.5　OPC 特性

- 任何客户机都可以与服务器连接，即插即用的互操作性是其目标
- 该标准已被公开并出版
- OPC 基金会是管理此工业标准的组织
- 灵活性，接纳所有类型的客户机及服务器
- 高效性，优化快速传输数据
- 可以支持所有编程语言，如 C, C++, VB, Java, HTML, DHTML
- 可利用 Internet

10.1.6　OPC 数据通讯

（1）OPC 方式

OPC 这个标准为过程控制和工厂自动化提供真正的即插即用软件技术，使得过程控制和工厂自动化的每一系统、每一设备、每一驱动器能够自由地连接和通讯，有了这样一个标准，使得系统及设备之间，包括从车间到 MES（制造执行系统）或更远距离，完全无缝地、真正开放和方便地进行企业级的通讯的通讯成为可能，如图 10-1 所示。

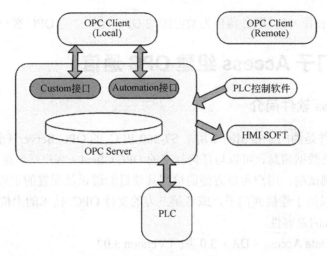

图 10-1　OPC 方式

（2）OPC 数据通讯实现

OPC 服务器是根据各个供应厂商的硬件所开发的，使之可以消除各个供应厂商硬件和系统的差异，从而实现不依存于硬件的系统构成。同时利用一种叫 Variant 的数据类型，可以不依存于硬件中固有的数据类型，按照应用程序的要求提供数据格式。

（3）OPC 技术在自动化软件中的应用实现

OPC 技术在自动化软件中的应用实现如图 10-2 所示。

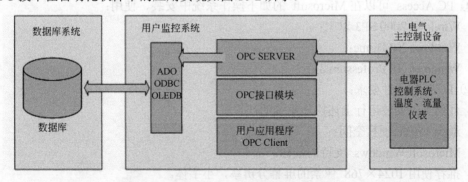

图 10-2　OPC 技术在自动化软件中的应用实现

10.1.7　服务器与客户机的概念

OPC 服务器和客户机的概念与超级市场相似，存放各种供选择商品的通道代表服务器。供选择的商品构成服务器读取和写入的所有进程数据位置。客户机就如同沿着通道移动并选择需要的物品的购物车。OPC 数据项是 OPC 服务器与数据来源的连接。所有与 OPC 数据项的读写存取均通过包含 OPC 项目的 OPC 群组目标进行。同一个 OPC 项目可包含在几个群组中。当某个变量被查询时，对应的数值会从最新进程数据中获取并被返回，这些数值可以是传感器、控制参数、状态信息或网络连接状态的数值。OPC 的结构由 3 类对象组成：服务器、组和数据项。

OPC 服务器：提供数据的 OPC 元件被称为 OPC 服务器。OPC 服务器向下对设备数据进行采集，向上与 OPC 客户应用程序通信完成数据交换。

OPC 客户端：使用 OPC 服务器作为数据源的 OPC 元件称为 OPC 客户端。

10.2　用西门子 Access 组建 OPC 通信

10.2.1　PC Access 软件简介

PC Access 软件是西门子推出的专用于 S7-200 PLC 的 OPC Server（服务器）软件，它向 OPC 客户端提供数据信息，可以与任何标准的 OPC Client（客户端）通讯。PC Access 软件自带 OPC 客户测试端，用户可以方便的检测其项目的通讯及配置的正确性。

PC Access 可以用于连接西门子，或者第三方的支持 OPC 技术的上位软件。

（1）PC Access 的兼容性

① 支持 OPC Data Access（DA）3.0 版（Version 3.0）

② 可以运行在 Windows 2000 或 Windows XP

③ 可以从 Micro/WIN 项目（V3.x -V4.x）中导入符号表

④ 支持新的 S7-200 智能电缆（RS-232 或 USB）

⑤ 支持多种语言：英语、中文、德语、法语、意大利语、西班牙语

PC Access 的升级包可以在 S7-200 产品主页上免费下载、安装。下载地址链接：http://support.automation.siemens.com/WW/view/en/18785011/133100。

（2）PC Access 安装的要求

① PC Access 可以在 Microsoft 的如下操作系统中安装、使用：

* Windows 2000 SP3 以上；
* Windows XP Home；
* Windows XP Professional。

② PC 机的硬件要求：

* 任何可以安装运行上述操作系统的计算机；
* 最少 150M 硬盘空间；
* Microsoft Windows 支持的鼠标；
* 推荐使用 1024×768 像素的屏幕分辨率，小字体。

（3）PC Access 支持的硬件连接

PC Access 可以通过如下硬件连接与 S7-200 通讯：

* 通过 PC/PPI 电缆（USB/PPI 电缆）连接 PC 机上的 USB 口和 S7-200；
* 通过 PC/PPI 电缆（RS-232/PPI 电缆）连接 PC 机上的串行 COM 口和 S7-200；
* 通过西门子通讯处理器（CP）卡和 MPI 电缆连接 S7-200；
* 通过 PC 机上安装的调制解调器（Modem）连接 S7-200 上的 EM241 模块；
* 通过以太网连接 S7-200 上的 CP243-1 或 CP243-1 IT 模块；

上述 S7-200 的通讯口可以是 CPU 通讯口，也可以是 EM277 的通讯口。

【关键点】 PC Access 不支持 CP5613 和 CP5614 通讯卡。

（4）PC Access 的协议连接

① PC Access 所支持的协议：

* PPI（通过 RS-232PPI 和 USB/PPI 电缆）；

- MPI（通过相关的 CP 卡）；
- Profibus-DP（通过 CP 卡）；
- S7 协议（以太网）；
- Modems（内部的或外部的，使用 TAPI 驱动器）；

② 所有协议允许同时有 8 个 PLC 连接；

③ 一个 PLC 通讯口允许有 4 个 PC 机的连接，其中一个连接预留给 Step7-Micro/WIN；

④ PC Access 与 Step7-Micro/WIN 可以同时访问 CPU；

⑤ 支持 S7-200 所有内存数据类型。

（5）PC Access 的特性

- 内置的 OPC 测试 Client 端，直接将 Item 中的数据标签拖入 Test Client 窗口中，并点击工具栏中的 Test Client Status 按钮即可监测数据；
- 可以添加 Excel 客户端，用于简单的电子表格对 S7-200 数据的监控；
- 提供任何 OPC Client 端的标准接口；
- 针对于每一标签刷新的时间戳。

（6）PC Access 技术要点

- 不能直接访问 PLC 存储卡中的信息（数据归档、配方）；
- 不包含用于创建 VB 客户端的控件；
- 可以在你的 PC 机上用 Step7-Micro/WIN 4.0 和 PC Access 同时访问 PLC（必须使用同一种通讯方式）；
- 在同一 PC 机上不能同时使用 PC/PPI 电缆、Modem 或 Ethernet 访问同一个或不同的 PLC，它只支持 PG/PC-Interface 中所设置的单一的通讯方式；
- PC Access 中没有打印工具；
- 使用同一通讯通道，最多可以同时监控 8 个 PLC；
- Item 的个数没有限制；
- 可应用于当前 Siemens 提供的所有 CP 卡；
- PC Access 专为 S7-200 而设计，不能应用于 S7-300 或 S7-400 PLC。

10.2.2　WinCC 与 S7-200 的通信

WinCC 中没有提供 S7-200 系列 PLC 的驱动程序，要用 WinCC 对 S7-200 PLC 进行监控，必须使用 OPC 通信，以下用一个简单的例子，讲解这个过程。

【例 10-1】　WinCC 对 S7-200 PLC 进行监控，在 WinCC 画面上启动和停止 S7-200 PLC 的一盏灯，并将灯的明暗状态显示在 WinCC 画面上。

【解】

（1）所需要的软硬件

① 1 套 S7-200 PC Access V1.0；

② 1 套 STEP7-Mincro/Win V4.0 SP7；

③ 1 套 WinCC V7.0 SP1；

④ 1 台 CPU226CN；

⑤ 1 根 PC/PPI 电缆；

⑥ 1 台个人计算机（具备安装和运行 WinCC V7.0 SP1 的条件）；

具体步骤如下：

（2）在 S7-200 PC Access 中创建 OPC

① 新建项目。打开 S7-200 PC Access 软件（此软件可以在西门子的官网上，免费下载），新建项目，如图 10-3 所示。

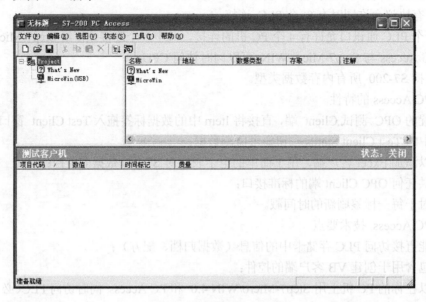

图 10-3　新建项目

② 新建 PLC。在左侧的浏览器窗口中，如图 10-4 所示，选中"MicroWin(USB)"，单击右键，弹出快捷菜单，单击"新 PLC"选项，弹出"PLC 属性"界面，如图 10-5 所示。将 PLC 命名为"S7-200"，单击"确定"按钮。

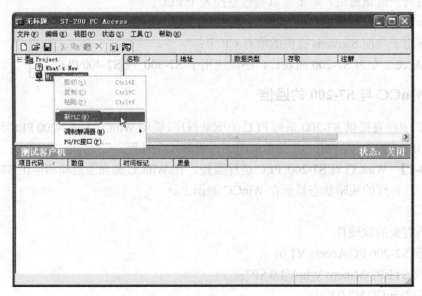

图 10-4　新建 PLC

③ 新建变量。在左侧的浏览器窗口中，选择以上步骤中创建的 PLC "S7-200"，右击鼠

标弹出快捷菜单，单击"新"→"项目"，如图 10-6 所示。

如图 10-7 所示，在名称中输入"START"，在地址中输入"M0.0"，最后单击"确定"按钮。这样做的结果表明，变量"START"的地址是"M0.0"。用同样的方法操作，使变量"STOP"的地址是"M0.1"，使变量"MOTOR"的地址是"Q0.0"。操作完成后所有的变量和地址都显示在如图 10-8 所示的界面上。

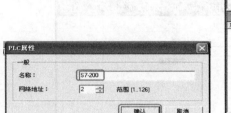

图 10-5　PLC 属性　　　　　　　　　　　　　　图 10-6　新建变量（1）

图 10-7　新建变量（2）　　　　　　　　　　　　图 10-8　新建变量（3）

④ 保存 OPC。单击工具栏中的"保存"按钮⊟，弹出如图 10-9 所示的界面，命名为"S7-200.pca"，单击"保存"按钮。

（3）在 WinCC 中创建工程，完成通信。

① 新建工程。单击工具栏上的"新建"图标，弹出如图 10-10 所示的界面，将项目名称定为"S7200"，单击"创建"按钮。

② 添加驱动程序。如图 10-11 所示，选中左侧的浏览器窗口的变量管理器，右击鼠标，弹出快捷菜单，单击"添加新的驱动程序"，弹出如图 10-12 所示界面，选中"OPC.chn"，单击"打开"按钮。

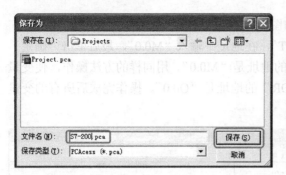

图 10-9　保存变量

图 10-10　新建工程

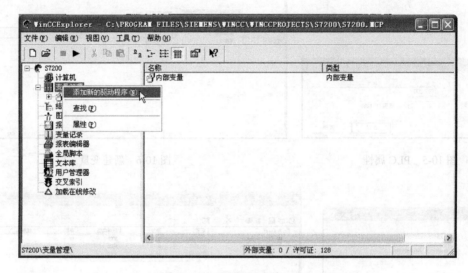

图 10-11　添加驱动程序（1）

图 10-12　添加驱动程序（2）

③ 打开系统参数。如图 10-13 所示，选中左侧的浏览器窗口的 "OPC Group"，右击鼠标，弹出快捷菜单，单击 "系统参数"，弹出如图 10-14 所示界面，选中 "S7200.OPCSever"，单击 "浏览服务器" 按钮。

如图 10-15 所示，单击 "下一步" 按钮，弹出如图 10-16 所示的界面，单击 "添加项目" 按钮。

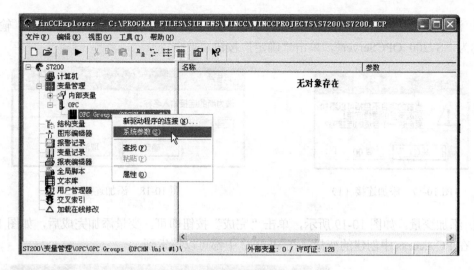

图 10-13　打开系统参数

图 10-14　OPC 项目管理器

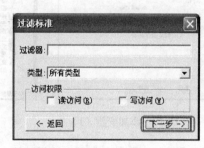

图 10-15　过滤标准

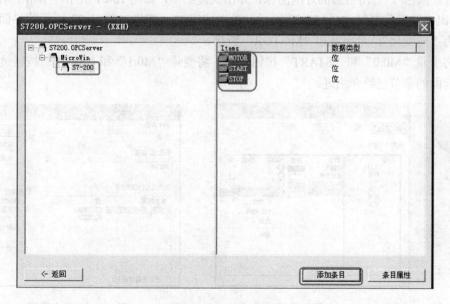

图 10-16　添加项目

④ 添加连接。单击"是"按钮，如图 10-17 所示，弹出如图 10-18 所示的界面，输入连接名称为"S7200_OPCServer"，单击"确定"按钮。

图 10-17　添加连接（1）　　　　　　　　　图 10-18　添加连接（2）

⑤ 添加变量。如图 10-19 所示，单击"完成"按钮即可。变量添加完成后，如图 10-20 所示，在 PC Access 中创建的变量，在 WinCC 中都可以搜索到。

图 10-19　添加变量（1）　　　　　　　　　图 10-20　添加变量（2）

⑥ 动画链接。在图形编辑器中，拖入一个圆，选中此圆，双击之，弹出"对象属性"，选择"背景颜色"，右击右边的灯泡图标，弹出快捷菜单，如图 10-21 所示，单击"动态对话框"，弹出"动态范围"，如图 10-22 所示，单击按钮 ，弹出如图 10-23 所示的界面，将触发器改为"随变化"，将变量和"MOTOR"链接。

再将变量"M0.0"和"START"按钮链接，将变量"M0.1"和"STOP"按钮链接，此方法在前面的章节已经介绍过。

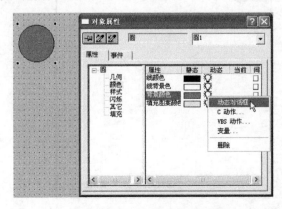

图 10-21　对象属性设置　　　　　　　　　图 10-22　动态范围

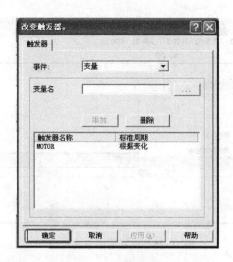

图 10-23 改变触发器

⑦ 保存工程。在图形编辑器界面中，保存工程。

⑧ 运行和显示。在图形编辑器界面中，单击"激活"按钮▶，再单击"START"按钮灯为红色，单击"STOP"按钮，灯为灰色，如图 10-24 所示。

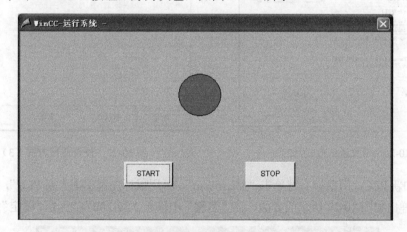

图 10-24 运行和显示

10.2.3 用 Excel 访问 PC Access

【例 10-2】 用 Excel 作为 OPC 的客户端访问 PC Access 的数据，并读取 S7-200 QB0 中的数据，且将 QB1 上第一位和第四位置位。

【解】

（1）创建 PC Access 项目

① 打开 PC Access 软件，设置 PC Access 通信访问接口。先打开 PC Access 软件，用鼠标右键单击"MicroWin"，再用鼠标左键单击"PG/PC 接口"，如图 10-25 所示；弹出如图 10-26 所示的界面，选定"PC/PPI cable(PPI)"，再单击"属性"按钮，弹出如图 10-27 所示的界面，选择 PC/PPI 电缆与 PC 连接端的接口形式，本例为 USB 接口，故选择 USB，若 PC/PPI 电缆与 PC 连接端的接口形式是 RS-232C，则此处应选择 COM1。

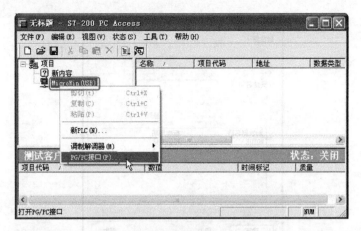

图 10-25 设置通信方式（1）

图 10-26 设置通信方式（2）

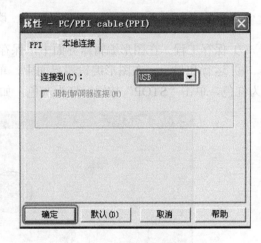

图 10-27 设置通信方式（3）

　　② 添加新 PLC。用鼠标右键单击"MicroWin"，再用鼠标左键单击"新 PLC"，如图 10-28 所示；接着弹出如图 10-29 所示的界面，在"名称"中输入"S7-200"，单击"确定"按钮即可。

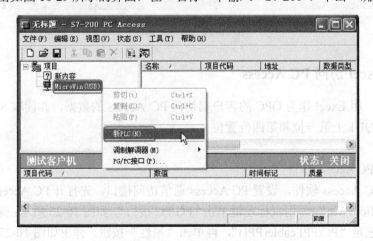

图 10-28 添加 PLC（1）

　　③ 添加文件夹并命名。用鼠标右键单击"S7-200"，再用鼠标左键单击"新"→"文件

夹",如图 10-30 所示;接着弹出如图 10-31 所示的界面,将文件名"NewFolder"改为"PLC1"。

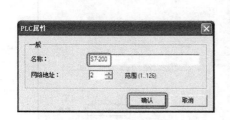

图 10-29 添加 PLC (2)

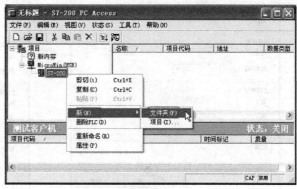

图 10-30 添加文件夹

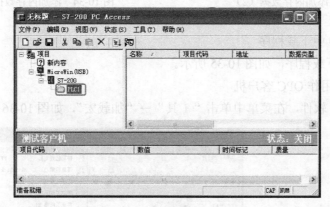

图 10-31 文件夹重命名

④ 添加内存数据。用鼠标右键单击"PLC1",再用鼠标左键单击"新"→"项目",如图 10-32 所示;接着弹出如图 10-33 所示的界面,将符号名称"NewItem"改为"QB0",将地址"VB0"改为"QB0",存取方式改为"读取",最后单击"确定"按钮。再用鼠标左键单击"新"→"项目",如图 10-37 所示;接着弹出如图 10-34 所示的界面,将符号名称"NewItem"改为"QB1",将地址"VB0"改为"QB1",存取方式改为"写入",最后单击"确定"按钮。

至此,PC Access 的项目已经建立完成。

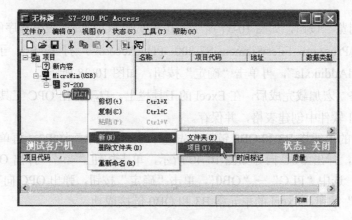

图 10-32 添加内存数据 (1)

图 10-33　添加内存数据（2）　　　　　　　　图 10-34　添加内存数据（3）

（2）向 S7-200 中下载程序

向 S7-200 中下载程序，如图 10-35 所示。

（3）将 Excel 用作 OPC 客户机

① 打开 Excel 软件，在菜单中单击"工具"→"加载宏"，如图 10-36 所示。

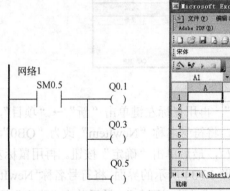

图 10-35　PLC 中的程序　　　　　　　　　图 10-36　加载宏（1）

② 单击"浏览"按钮，如图 10-37 所示，找到安装 PC Access 应用程序的文件夹，其默认路径为：C:\Program Files\Siemens\S7-200 PC Access\。打开 \Bin 子目录，选中"OPCS7200ExcellAddin.xla"，再单击"确定"按钮，如图 10-38 所示。

③ 创建表格。宏加载完成后，在 Excel 的工具栏上，自动弹出 OPC 工具条，如图 10-39 所示，再在 Excel 软件中创建表格，并保存。

④ 将 Excel 的单元格 B3 和 QB0 链接。先选中 Excel 的单元格 B3，再单击 OPC 工具条上的" 🏠 "按钮，弹出 OPC 向导如图 10-40 所示，单击按钮" ... "，弹出 OPC 项目浏览器如图 10-41 所示，选中"PLC"→"QB0"，单击"确定"按钮，弹出 OPC 向导如图 10-42 所示，单击"添加"按钮，Excel 的单元格 B3 和 QB0 链接成功。

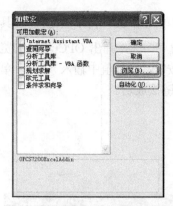

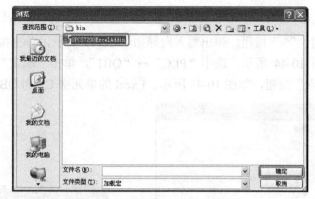

图 10-37 浏览（1）　　　　　　　　　　　图 10-38 浏览（2）

图 10-39 创建表格

图 10-40 OPC 向导　　　　　　　　　　图 10-42 OPC 向导

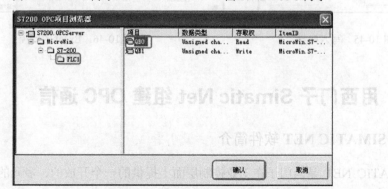

图 10-41 OPC 项目浏览器

10.3 图西门子 Simatic Net 组建 OPC 通信

10.3.1 SIMATIC NET 软件简介

SIMATIC NET

⑤ 将 Excel 的单元格 C3 和 QB1 链接。先选中 Excel 的单元格 C3，再单击 OPC 工具条上的"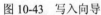"按钮，弹出写入向导如图 10-43 所示，单击按钮"…"，弹出 OPC 项目浏览器如图 10-44 所示，选中"PLC"→"QB1"，单击"确定"按钮，在数值中输入"18"，单击"写入"按钮，如图 10-45 所示。Excel 的单元格 C3 和 QB1 链接成功。

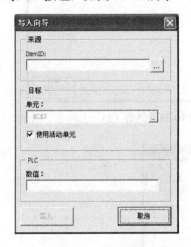

图 10-43　写入向导

图 10-44　OPC 项目浏览器

⑥ Excel 的监控。如图 10-46 所示，可以看到 B3 单元格中的数据以 1 秒为周期，从 0 到 42 变换。而 PLC 的 QB1＝18，也就是第一盏等和第四盏信号灯亮。

图 10-45　写入向导

图 10-46　Excel 的监控

10.3　用西门子 Simatic Net 组建 OPC 通信

10.3.1　SIMATIC NET 软件简介

SIMATIC NET 是西门子在工业控制层面上提供的一个开放的、多元的通信系统。它意味着可以将工业现场的 PLC、主机、工作站和个人电脑联网通信，为了适应自动化工程中的种类多样性，SIMATIC NET 推出了多种不同的通讯网络以因地制宜，这些通讯网络符合德国或国际标准，他们包括：

- 工业以太网
- PROFIBUS
- AS-I
- MPI

SIMATIC NET 系统包括：

① 传输介质，网络配件和相应的传输设备及传输技术；

② 数据传输的协议和服务；

③ 连接 PLC 和电脑到 LAN 网上的通讯处理器（CP 模块）。

高级 PC Station 组态是随 SIMATIC NET V6.0 以上提供的。Advanced PC Configuration 代表一个 PC 站的全新、简单、一致和经济的调试和诊断解决方案。一台 PC 可以和 PLC 一样，在 SIMATIC S7 中进行组态，并通过网络装入。PC Station 包含了 SIMATIC NET 通信模块和软件应用，SIMATIC NET OPC server 就是允许和其他应用通信的一个典型应用软件。

10.3.2 WinCC 与 S7-1200 的通信

WinCC 中没有提供 S7-1200 系列 PLC 的驱动程序，要用 WinCC 对 S7-1200 PLC 进行监控，必须使用 OPC 通信，以下用一个简单的例子，讲解这个过程。

【例 10-3】 WinCC 对 S7-1200 PLC 进行监控，在 WinCC 画面上启动和停止 S7-1200 PLC 的一盏灯，并将灯明暗状态显示在 WinCC 画面上。

【解】

（1）所需要的软硬件

① 1 套 STEP 7 Basic V11；

② 1 套 STEP 7 V5.5；

③ 1 套 SIMATIC NET V7.1；

④ 1 套 WinCC V7.0 SP1；

⑤ 1 台 S7 1200 CPU；

⑥ 1 根 TP 网线；

⑦ 1 台个人计算机（具备安装和运行 WinCC V7.0 SP1 的条件，带网卡）；

（2）STEP7 中组态 PC Station

① 在 STEP7 中新建项目，组态 PC Station。

打开 STEP7 并新建一个项目，命名为"S7-1200_OPC"，单击菜单"Insert"→"Station"→"SIMATIC PC Station"，插入一个 PC 站，PC 站的名字为："SIMATIC PC Station(1)"，重命名为"PC"，如图 10-47 所示。

【关键点】STEP7 中 PC Station 的名称"PC"要与 SIMATIC NET 中"Station Configuration Editor"的"Station Name"完全一致，才能保证下载成功。

② 双击 Configuration 进入 PC Station 硬件组态界面。

单击菜单"SIMATIC PC Station"→"User Application"→"OPC Server"，选择版本"SW V6.2 SP1"，添加一个 OPC Sever 的应用到第一个槽中，如图 10-48 所示。

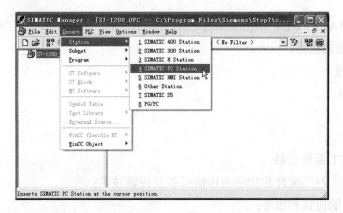

图 10-47　插入 PC Station

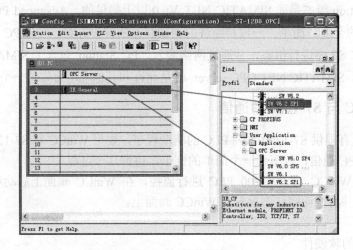

图 10-48　硬件组态

单击菜单"SIMATIC PC Station"→"CP Industrial Ethernet"→"IE General"，选择版本"SW V6.2 SP1"，添加一个 IE General 到第三个槽，并设置 IP 地址，如图 10-49 所示。

【关键点】　因为使用的是普通以太网卡，所以要选择添加"IE General"。

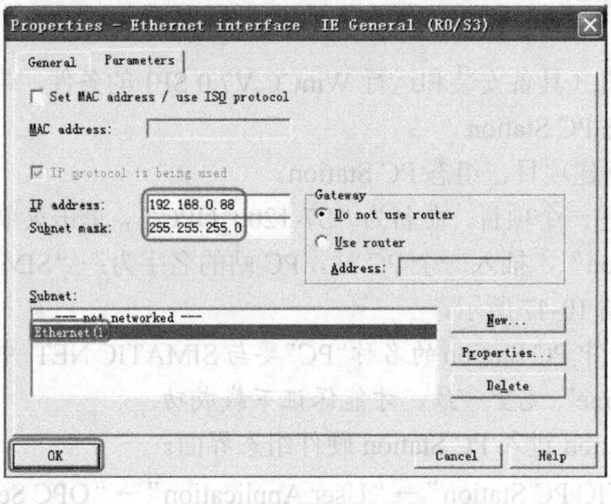

图 10-49　设置 IP 地址

③ 配置网络连接。通过点击工具栏右上角"网络配置"按钮，进入网络配置，然后在 NetPro 网络配置中，用鼠标选择 OPC Server 后，在连接表第一行，右击鼠标，插入一个新的连接或通过"Insert→New Connection"也可建立一个新连接然后定义连接属性，如图 10-50 和图 10-51 所示。

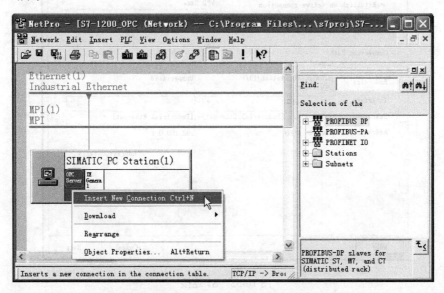

图 10-50　插入新连接（1）

如图 10-51 所示，单击"Apply"(应用)按钮，弹出详细地址信息界面，如图 10-52 所示，将"Partner"（伙伴）的"TSAP"设为"03.01"，将"Local"（本地）的"TSAP"设为"10.11"，之后单击"OK"（确定）按钮。

最后将如图 10-53 所示的界面的 IP 地址设为"192.168.0.1"，单击"确定"按钮即可。

图 10-51　插入新连接（2）

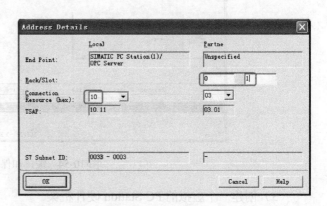

图 10-52　详细地址信息

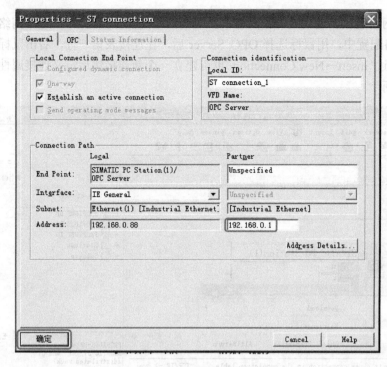

图 10-53 S7 连接

确认完成所有配置后，已建好的 S7 连接会显示在连接列表中。点击"编译保存"按钮，如图 10-54 所示，或选择"Network"→"Save and Compile"，如得到无错误（No error）的编译结果，则正确组态完成。这里编译结果信息非常重要，如果有错误信息（error Message），说明组态不正确，是不能下载到 PC Station 中的。

成功编译完成后，在 STEP7 中的所有 PC Station 的硬件组态就完成了。

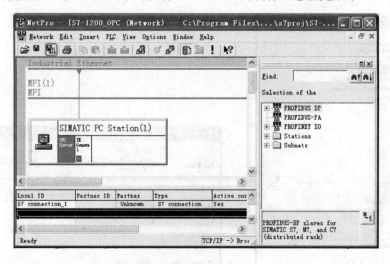

图 10-54 编译和保存

（3）创建一个虚拟的 PC Station 硬件机架

通过"Station Configuration Editor"创建一个虚拟的 PC Station 硬件机架，以便在 STEP7

中组态的 PC Station 下载到这个虚拟的 PC Station 硬件机架中去。

① 点击桌面右下角的 图标，进入 PC Station 硬件机架组态界面。

② 选择第一号插槽，如图 10-55 所示，点击"Add"（添加）按钮或鼠标右键选择添加，在添加组件窗口中选择 OPC Server，单击"OK"（确定）按钮，"OPC Server"添加到第一槽。

③ 选择第三号插槽，点击"Add"(添加)按钮或单击鼠标右键选择"添加"按钮，在添加组件窗口中选择 IE General，如图 10-56 所示。

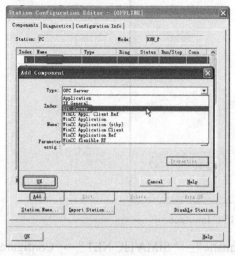
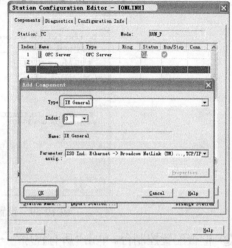

图 10-55 添加组件（1）　　　　　图 10-56 添加组件（2）

【关键点】 STEP7 中的 PC Station 硬件组态与虚拟 PC Station 硬件机架的名字、组件及"Index"必须完全一致。

④ 插入 IE General 后，随即会弹出组件属性对话框。点击 Network Properties，进行网卡参数配置，如图 10-57 所示，此处的 IP 地址和子网掩码与 STEP7 中硬件组态时的完全一致。

⑤ 命名 PC Station。这里的"PC Station"的名字一定要与 STEP 7 硬件组态中的"PC Station"的名字一致，如图 10-58 所示，本例的为"PC"。

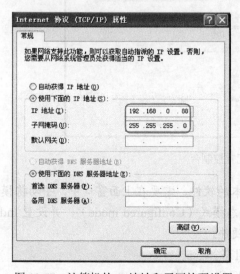
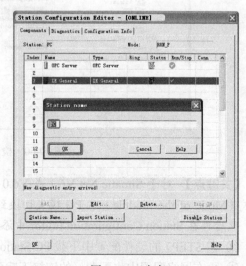

图 10-57 计算机的 IP 地址和子网掩码设置　　　　　图 10-58 命名

311

（4）下载 PC Station 硬件组态及网络连接

① 首先设置 PG/PC 接口，在 STEP7 软件中，通过"Options"→"Set PG/PC Interface"进入设置界面，如图 10-59 所示，先选中"PC internal（local）"，再单击"OK"（确定）按钮。

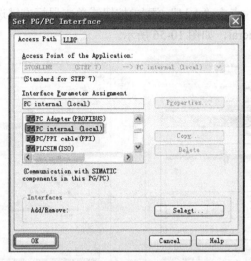

图 10-59　设置 PG/PC Interface

② 检查配置控制台。单击"所有程序"→"Simatic"→"SIMATIC NET"→"Configuration Console"，打开配置控制台检查软件，如图 10-60 所示。

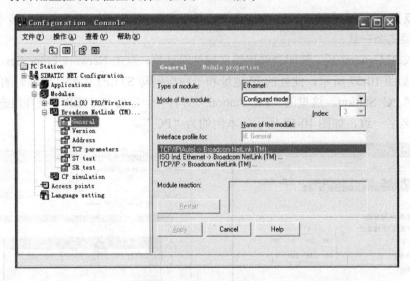

图 10-60　检查配置控制台

【关键点】　对于 Simatic Net V6.1 或 V6.0 版本的软件，需要在上面窗口中，手动将模块模式（Mode of the module）从 PG 模式切换到组态模式（Configured mode），并设置 Index 号。然后再在 Station Configuration Editor 中添加硬件。

③ 在 STEP7 的硬件配置中下载 PC Station 组态。

④ 再在网络配置中将配置好的连接下载到 PC Station 中。

下载完成后在"Station Configuration Editor"中状态显示，如图 10-61 所示。在编程过程中，可以根据这些状态显示进行判断组态是否正确。

"1 处"的铅笔图标表明组件已经配置下载，"2 处"的对号图标表明组件可运行，"3 处"的插头图标表明连接已经下载。

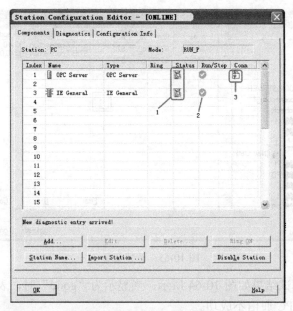

图 10-61 下载完成后的状态

（5）使用 OPC Scout 测试 S7 OPC Sever

SIMATIC NET 自带 OPC Client 端软件 OPC Scout，可以使用这个软件测试所组态的 OPC Sever。通过点击左下角的"所有程序"→"Simatic"→"SIMATIC NET"→"OPC Scout"启动 OPC SCOUT 软件进行测试。

① 双击 OPC.SimaticNET，新建一个组并输入变量组的名称，例如 S7-1200，如图 10-62 所示。

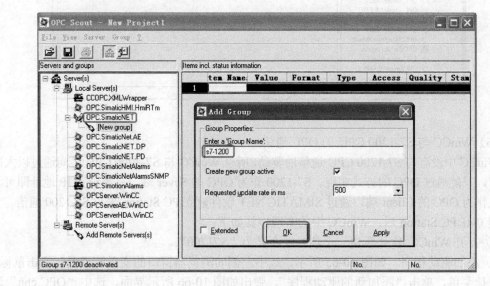

图 10-62 新建组

② 选择一个数据，点击"S7:"→"S7 connection_1"→"objects"→"Q"→"New Definition"来添加一个变量，并为变量选择数据类型、起始地址、数据长度，并添加到右侧窗口中,如图10-63 所示。

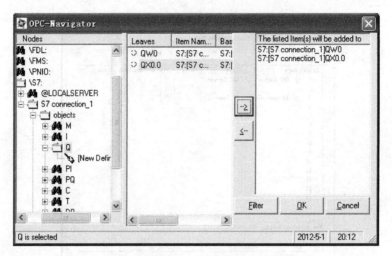

图 10-63　新建变量

③ 测试结果。测试结果如图 10-64 所示，当显示为"good"时，表明 OPC 通信成功，如果为"bad"表明 OPC 通信不成功。

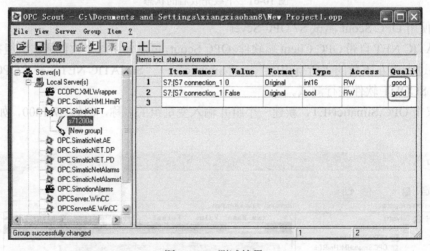

图 10-64　测试结果

（6）WinCC 与 S7-1200 CPU 的 OPC 通信

WinCC 中没有与 S7-1200 CPU 通信的驱动，所以 WinCC 与 S7-1200 CPU 之间通过以太网的通信，只能通过 OPC 的方式实现。S7-1200 作为 OPC 的 Sever 端，只需设置 IP 地址即可。上位机作为 OPC 的 Client 端，通过 SIMATIC NET 软件建立 PC Station 来与 S7-1200 通信。

建立好 PC Station 后，WinCC 中的实现步骤如下：

① 打开 WinCC 软件新建一个项目，命名为"S71200"。

② 添加驱动程序。如图 10-65 所示，选中左侧的浏览器窗口的变量管理器，右击鼠标，弹出快捷菜单，单击"添加新的驱动程序"，弹出如图 10-66 所示界面，选中"OPC.chn"选项，单击"打开"按钮。

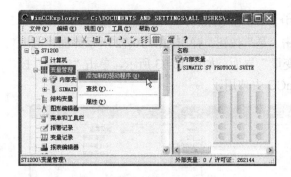

图 10-65　添加驱动程序（1）　　　　　　　　　图 10-66　添加驱动程序（2）

③ 打开系统参数。如图 10-67 所示，选中左侧的浏览器窗口的"OPC Group"，右击鼠标，弹出快捷菜单，单击"系统参数"选项，弹出如图 10-68 所示界面。

④ 在 WinCC 中搜索及添加 OPC Scout 中定义的变量。如图 10-68 所示，先展开"LOCAL"选项，再选中"OPC.Simatic.1"，最后单击"浏览服务器"按钮，弹出"过滤标准"界面，如图 10-69 所示，单击"下一步"按钮，弹出 10-70 所示的界面。

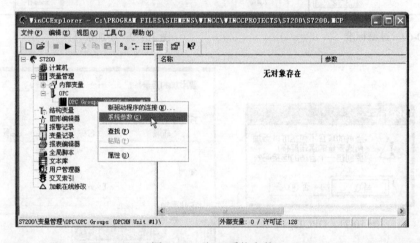

图 10-67　打开系统参数

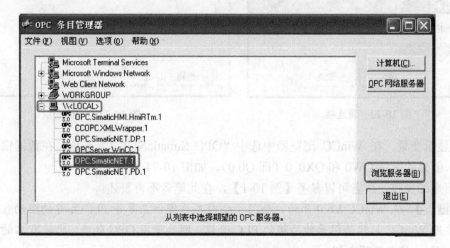

图 10-68　OPC 条目管理器

在浏览器中，展开找到"Q"选项，再选中 QW0 和 QX0.0，单击"添加条目"按钮，如图 10-70 所示，弹出如图 10-71 所示界面，单击"是"按钮。弹出如图 10-72 所示界面，单击"确定"按钮，新连接建立，最后弹出"添加变量"界面，如图 10-73 所示，单击"完成"按钮。至此，OPC 中创建的变量已经可以在 WinCC 中使用了。

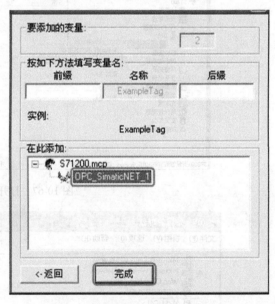

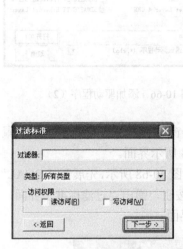

图 10-69 过滤标准   图 10-70 添加条目

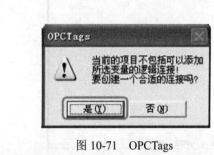

图 10-71 OPCTags

图 10-72 新连接   图 10-73 添加变量

⑤ 显示变量。在 WinCC 浏览器中选中"OPC_SimaticNET_1"选项，在数据窗口中可以看到，创建的变量 QW0 和 QX0_0（即 Q0.0），如图 10-74 所示。

接下来的操作，读者可以参考【例 10-1】，在此笔者不再赘述。

【关键点】 从 WinCC V6.0 开始，西门子公司不再提供三菱等 PLC 品牌的驱动程序，如果读者要用 WinCC 与非西门子的品牌的 PLC 通信，则要使用 OPC 软件，比较有名的软件是 KepServerEx，将在下节介绍。

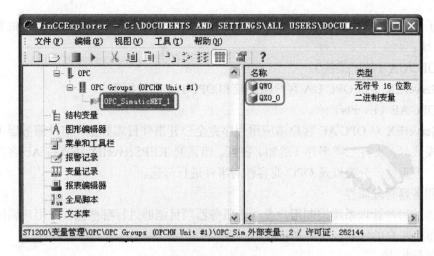

图 10-74　显示变量

10.4　用 KepServerEX 组建 OPC 通信

10.4.1　KEPServerEX 简介

KEPServerEX 是凯谱华（Kepware）通信技术的下一代产品，历经了十多年的发展，在结构和功能上都得到了增强。KEPServerEX 是市场上先进的通信技术和 OPC 服务器，而且将继续作为未来 Kepware 发展的基础。Kepware 可以提供应用于各种工业领域的驱动包，其中包括楼宇自动化、石油及天然气、水和废水等。

KEPServerEX V5.8 是目前的最新版本，充分利用了新技术，从头进行了重新设计，它在移植到新的自动化平台时也提供对旧系统的兼容，它具有如下特点：

（1）OPC 连接安全性

默认功能安全使用户能够选择在 DCOM 配置实用程序中服务器是否遵从 DCOM 安全设置。当此设置被启用时，用户可以通过 DCOM 配置实用程序选择认证、启动和访问安全性要求。这要求用户指定他们想要实现的安全等级，而且还要限制某些用户或应用程序的访问。

当此设置被禁用时，服务器将覆盖对于应用程序的 DCOM 设置，并且对于来自客户端应用程序的命令将不执行任何身份认证。当代表客户端应用程序执行任何操作时，服务器将模拟客户端的安全性。

（2）过程模式

KEPServerEX 运行过程中的特点在于指定服务器运行模式将如何操作和利用 PC 资源。它用于指定服务器是否作为系统服务或交互服务来运行。

KEPServerEX 还允许设置它的进程优先级，给服务器访问资源优先权。

（3）处理器关联

当服务器运行的 PC 包含不只一个 CPU 时，这个参数可以让用户指明服务器在哪一个 CPU 上执行。

（4）主机名称解析

KEPServerEX 允许主机名称解析，即分配一个别名来确定一个 TCP/IP 主机或其接口。

主机名用于所有的 TCP/IP 环境中，且用户在使用 KEPServerEX V5 时可以指定主机名而不是一个 IP 地址。

（5）OPC UA（统一架构）

KEPServerEX 支持 OPC UA 客户端连接和 OPC DA 的数据集。

（6）OPC AE（Events）

KEPServerEX 对 OPC AE 客户端应用程序完全公开事件日志数据。事件服务器工作在运行和服务模式时，支持三类事件（通知、警告、错误）。KEPServerEX 还支持 AE 客户端通过事件类型、严重性、分类以及 OPC 兼容性对事件进行筛选。

（7）服务器管理属性

服务器的用户管理系统控制用户在一个服务器项目能够进行哪些操作。用户属性对话框用于配置每个账户的姓名、密码和特权。

（8）其他特点

① 自动降级功能；

② 自动生成数据库获取标签；

③ 以太网封装；

④ 支持调制解调器；

⑤ 应用程序连接；

⑥ OPC Quick Client；

⑦ 提供 2 小时的试用版。

10.4.2　安装 KEPServerEX V5 的要求

（1）操作系统的要求

以下操作系统的任何一个都符合要求。

① Windows 2000 SP4

② Windows XP SP2

③ Windows 7

④ Windows Server 2003 SP2

⑤ Windows Vista Business/Ultimate

⑥ Windows Server 2008 / 2008 R2

（2）最低系统硬件要求

① 2.0 GHz 处理器

② 1 GB 内存

③ 180 MB 可用磁盘空间

④ 以太网卡

⑤ 超级 VGA (800x600)或更高分辨率的视频

⑥ CD-ROM 或 DVD 驱动

10.4.3　WinCC 与 S7-200 的通信

WinCC 中没有提供 S7-200 系列 PLC 的驱动程序，要用 WinCC 对 S7-200 PLC 进行监控，必须使用 OPC 通信，以下用一个简单的例子，讲解这个过程。

【例 10-4】 WinCC 对 S7-200 PLC 进行监控,在 WinCC 画面上启动和停止 S7-200 PLC 的一盏灯,并将灯明暗状态显示在 WinCC 画面上。

【解】

要完成 WinCC 与 S7-200 的通信可以用 PC-ACCESS 软件作为 OPC 服务器,在前面已经讲叙过,以下用 KEPServerEX 作为 OPC 服务器。

(1)所需要的软硬件

① 1 套 KEPServerEX;

② 1 套 STEP 7-Micro/Win V4.0 SP7;

③ 1 套 SIMATIC NET V7.1;

④ 1 套 WinCC V7.0 SP1;

⑤ 1 台 S7-200 CPU;

⑥ 1 台 EM243-1;

⑦ 1 根网线;

⑧ 1 台个人计算机(具备安装和运行 WinCC V7.0 SP1 的条件,带网卡)。

(2)OPC 通信的创建过程

① 打开 KEPServerEX 软件,添加一个新通道。先打开 KEPServerEX 软件,单击 "click to add a channel" 选项,如图 10-75 所示,弹出新通道界面如图 10-76 所示,可以修改 "channel name"(通道名称),也可使用默认值,单击 "下一步" 按钮。

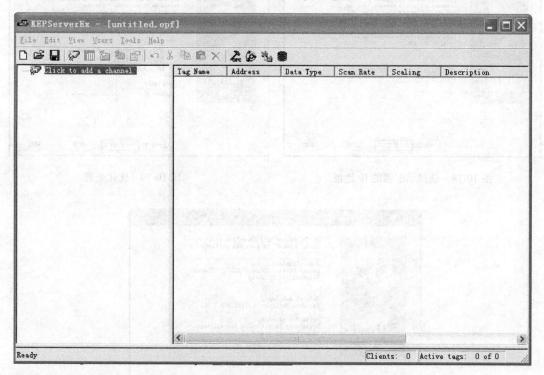

图 10-75 添加一个新通道(1)

② 添加驱动。由于要用 WinCC 和 S7-200 进行以太网通信,所以选择驱动程序为 "Siemens TCP/IP Ethernet" 如图 10-77 所示,单击 "下一步" 按钮。

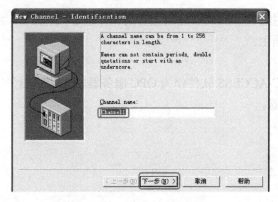

图 10-76　添加一个新通道（2）

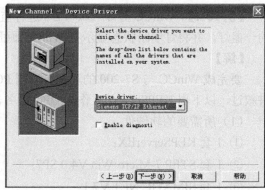

图 10-77　添加一个新通道（2）

③ 选择适配器的 IP 地址。网络适配器（网卡）的 IP 地址实际上是安装 WinCC 电脑的 IP 地址，其 IP 的设置方法在前面的章节已经讲述过。如图 10-78 所示，本例设置 IP 为 "192.168.1.98"，要注意此 IP 地址与 EM243-1 的 IP 地址必须在同一个网段，EM243-1 的 IP 地址的设置方法在前面的 S7-200 的以太网通信章节中已经讲解过。

④ 完成添加新通道。如图 10-79 所示，单击"下一步"按钮，弹出如图 10-80 所示的界面，单击"完成"按钮即可。

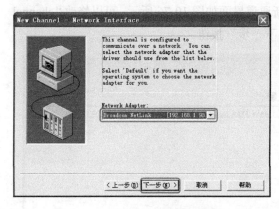

图 10-78　选择适配器的 IP 地址

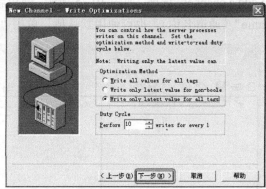

图 10-79　优化处理

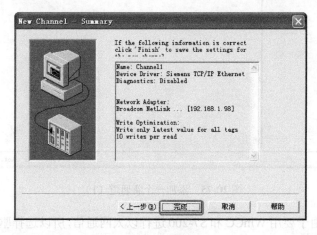

图 10-80　完成

⑤ 添加设备。单击"click to add a device",弹出"新设备-名称"界面如图 10-81 所示,可以不更改名称,单击"下一步"按钮。弹出如图 10-82 所示的界面,选择"S7-200",单击"下一步"按钮,弹出如图 10-83 所示的界面,在"Device ID"中输入 S7-200 的 IP 地址,本例为"192.168.1.18"(此地址用 STEP7-Micro/WIN 设置,前面的章节已经介绍过),单击"下一步"按钮,弹出如图 10-84 所示的界面,单击"下一步"按钮,弹出如图 10-85 所示的界面,单击"下一步"按钮,弹出如图 10-86 所示的界面,单击"完成"按钮,完成设备添加。

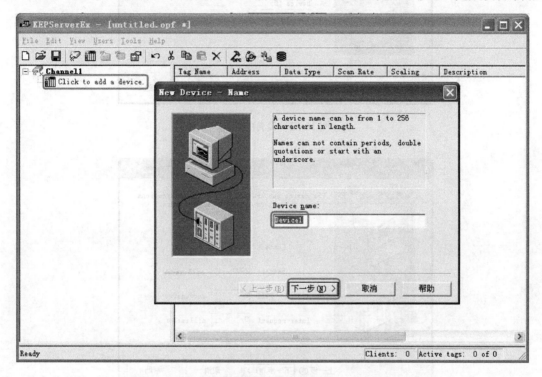

图 10-81　添加设备

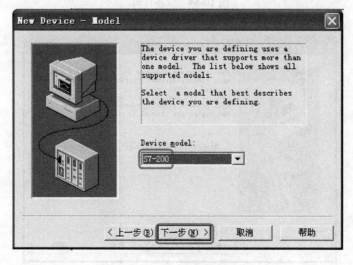

图 10-82　设备种类

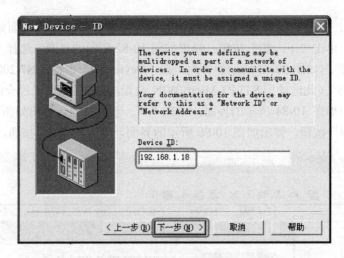

图 10-83　设备的地址

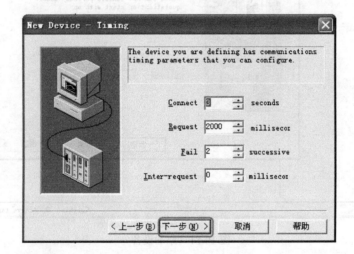

图 10-84　设备计时

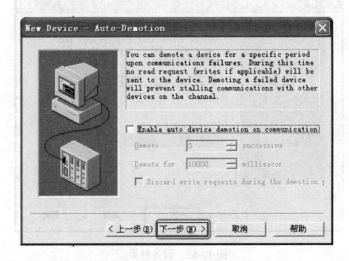

图 10-85　Auto-Demotion

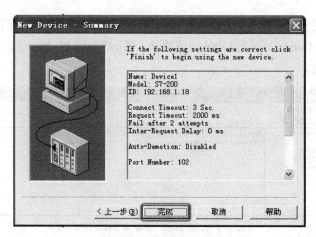

图 10-86　完成设备添加

⑥ 创建变量。如图 10-87 所示，单击 "click add a static tag " 选项，弹出 "变量属性"
界面如图 10-88 所示，变量名为 "QB0"，变量的地址也为 "QB0"，单击 "确定" 按钮。

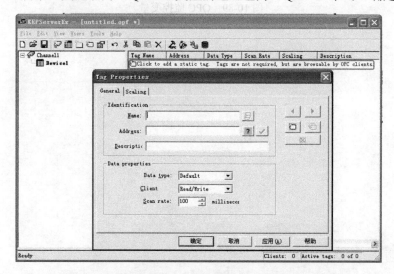

图 10-87　创建变量（1）

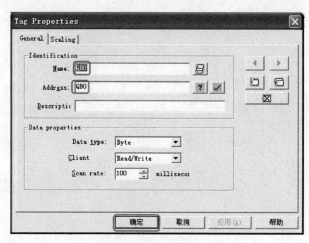

图 10-88　创建变量（2）

⑦ 用 OPC 监控变量。单击 "Channel.Device"，如图 10-89 所示，可以看到变量 "QB0" 为 1，监控质量为 "Good"，说明 OPC 创建成功。WinCC 与 S7-200 通信部分与【例 10-1】类似，在此不再赘述。

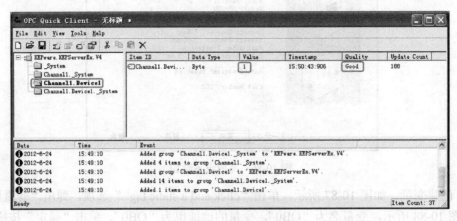

图 10-89 OPC 监控变量

第11章

工业物联网及其应用

11.1 物联网简介

11.1.1 物联网的概念

物联网的英文名称是 The Internet of Things（简称 IOT），其概念的由来，当前有 2 种说法。较早的说法是：物联网是 1999 年由美国麻省理工大学提出，主要指采用射频识别技术（RFID）用于物流网络管理。

另一种国内普遍公认的说法是：物联网最早由 MIT Auto-ID 中心 Ashion 教授于 1999 年在研究射频标签（RFID）技术时提出。定义为：把所有的物品通过射频识别和条码信息传感设备与互联网连接起来，实现智能化识别和管理。

目前物联网的定义很多，国际电信联盟和欧盟等权威都给出各自的定义，以下的定义是较多采用的定义。

物联网指的是将无处不在（Ubiquitous）的末端设备（Devices）和设施（Facilities），包括具备"内在智能"的传感器、移动终端、工业系统、楼控系统、家庭智能设施、视频监控系统等和"外在智能"(Enabled)的，如贴上 RFID 的各种资产（Assets）、携带无线终端的个人与车辆等"智能化物件或动物"或"智能尘埃"（Mote），通过各种无线/有线的长距离/短距离通讯网络实现互联互通（M2M）、应用大集成（Grand Integration)以及基于云计算的 SaaS 营运等模式，提供安全可控乃至个性化的实时在线监测、定位追溯、报警联动、调度指挥、预案管理、远程控制、安全防范、远程维保、在线升级、统计报表、决策支持、领导桌面（集中展示的 Cockpit Dashboard)等管理和服务功能，实现对"万物"的"高效、节能、安全、环保"的"管、控、营"一体化。

物联网技术被称为是信息产业的第三次革命性创新。物联网的本质概括起来主要体现在三个方面：

一是互联网特征，即对需要联网的物一定要能够实现互联互通的互联网络；

二是识别与通信特征，即纳入物联网的"物"一定要具备自动识别与物物通信（M2M）的功能；

三是智能化特征，即网络系统应具有自动化、自我反馈与智能控制的特点。

11.1.2 物联网的技术特点

（1）物联网的技术构架
从技术架构上来看，物联网可分为三层：感知层、网络层和应用层，如图 11-1 所示。
① 感知层由各种传感器以及传感器网关构成，包括二氧化碳浓度传感器、温度传感器、

湿度传感器、二维码标签、RFID 标签和读写器、摄像头、GPS 等感知终端。感知层的作用相当于人的眼耳鼻喉和皮肤等神经末梢，其主要功能是识别物体，采集信息，并且将信息传递出去。

② 网络层由各种私有网络、互联网、有线和无线通信网、网络管理系统和云计算平台等组成，相当于人的神经中枢和大脑，负责传递和处理感知层获取的信息。

③ 应用层是物联网和用户（包括人、组织和其他系统）的接口，它与行业需求结合，实现物联网的智能应用。

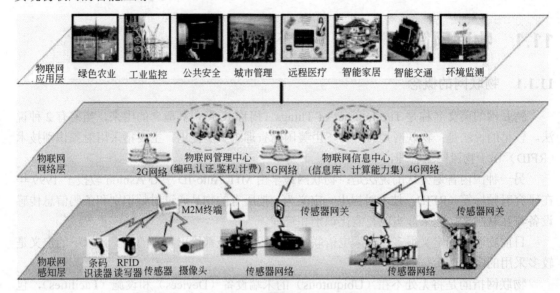

图 11-1　物联网的技术构架

（2）物联网系统的构成

目前最具代表性的物联网系统是 EPC 物联网。1999 年由麻省理工学院的 Auto-ID 中心在美国统一代码委员会（UCC）的支持下，将射频（RFID）技术和 Internet 结合，提出了产品电子代码（Electronic Product Code，EPC）概念，旨在搭建一个可以识别任何事物，同时可以识别这个事物在物流链中的位置的开放性全球网络，即 EPC 物联网。

物联网内每个产品都有唯一的产品电子代码 EPC，通常 EPC 代码被存入芯片做成的电子标签内，附在被标识的产品上，用以获取感知性息，当这些经传输的感知信息，被高层的信息软件识别、传递、整合，进而利用互联网的强大处理能力，进行整合处理后，形成对管控信息的有效管控能力，以满足用户的多种需求。

物联网系统由 EPC 编码体系、射频识别系统及网络信息系统三大部分组成，具体见表 11-1。

表 11-1　EPC 物联网系统的构成

系统构成	主要内容	注释
EPC 编码体系	EPC 代码	标识目标的特定代码
射频识别系统	EPC 标签	贴在物品上或者内嵌在物品中
	读写器	识读 EPC 标签
网络信息系统	EPC 中间件	EPC 的软件支持系统
	对象名称解析服务（ONS）	
	实体标记语言（PML）	
	EPC 信息服务（EPCIS）	

（3）物联网系统的工作流程

EPC 物联网的工作流程如图 11-2 所示。读写器扫描到标签后，从 EPC 标签上读取产品电子代码 EPC，然后将读取的产品电子代码送到 EPC 中间件进行处理，中间件根据 EPC 数据信息在 ONS 服务器上查找 EPC 代码所对应的 EPCIS 服务器上的 IP 地址，继而在 EPCIS 服务器找到保存产品信息的 PML 文件。

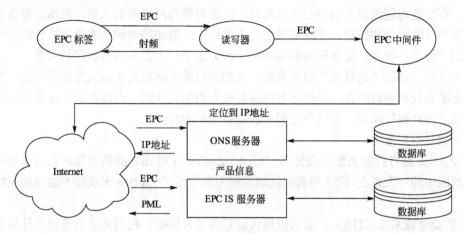

图 11-2　EPC 物联网的工作流程

（4）物联网系统的主要特点

① 开放的体系结构　物联网系统是基于全球最大的公用的 Internet 网络系统，拥有开放结构的特性。这样就避免了系统建设的重复性，有效地节约了系统投资，大大降低了系统的成本，并且实现了各节点的相互操作和资源共享，有利于系统增值。

② 平台的独立性　对于物联网系统而言，物质世界丰富多彩，EPC 系统所需要识别的对象十分广泛，不可能有哪一种技术适用所有的识别对象。同时，不同地区、不同国家的射频识别技术标准也不相同。因此各个 EPC 系统平台具有相对的独立性。

③ 高度互动性　物联网系统是基于 Internet 网络的一个全球的大系统，可以与 Internet 网络上不同对象的识别系统、不同地区和国家的网络系统协同工作，具有高度的互动性。

④ 可持续发展的系统　EPC 系统具有开放结构体系，可在不替代原有体系的情况下就可以做到系统升级，使得系统易于实现灵活的、开放的可持续发展。

11.1.3　物联网的应用范围

（1）物联网的应用范围

物联网用途广泛，遍及智能交通、环境保护、政府工作、公共安全、平安家居、智能消防、工业监测、环境监测、老人护理、个人健康、花卉栽培、水系监测、食品溯源、敌情侦查和情报搜集等多个领域。

国际电信联盟于 2005 年的报告曾描绘"物联网"时代的图景：当司机出现操作失误时汽车会自动报警；公文包会提醒主人忘带了什么东西；衣服会"告诉"洗衣机对颜色和水温的要求等等。物联网在物流领域内的应用则比如：一家物流公司应用了物联网系统的货车，当装载超重时，汽车会自动告诉你超载了，并且超载多少，但空间还有剩余，告诉你轻重货怎样搭配；当搬运人员卸货时，一只货物包装可能会大叫"你扔疼我了"，或者说"亲爱的，

327

请你不要太野蛮，可以吗？"；当司机在和别人扯闲话，货车会装作老板的声音怒吼"笨蛋，该发车了！"

物联网把新一代 IT 技术充分运用在各行各业之中，具体地说，就是把感应器嵌入和装备到电网、铁路、桥梁、隧道、公路、建筑、供水系统、大坝、油气管道等各种物体中，然后将"物联网"与现有的互联网整合起来，实现人类社会与物理系统的整合，在这个整合的网络当中，存在能力超级强大的中心计算机群，能够对整合网络内的人员、机器、设备和基础设施实施实时的管理和控制，在此基础上，人类可以以更加精细和动态的方式管理生产和生活，达到"智慧"状态，提高资源利用率和生产力水平，改善人与自然间的关系。

毫无疑问，如果"物联网"时代来临，人们的日常生活将发生翻天覆地的变化。然而，不谈什么隐私权和辐射问题，单把所有物品都植入识别芯片这一点现在看来还不太现实。人们正走向"物联网"时代，但这个过程可能需要很长的时间。

（2）成功应用案例

① ZigBee 路灯控制系统点亮济南园博园　ZigBee 无线路灯照明节能环保技术的应用是此次园博园中的一大亮点。园区所有的功能性照明都采用了 ZigBee 无线技术达成的无线路灯控制。

② 智能交通系统（ITS）　是利用现代信息技术为核心，利用先进的通讯、计算机、自动控制、传感器技术，实现对交通的实时控制与指挥管理。交通信息采集被认为是 ITS 的关键子系统，是发展 ITS 的基础，成为交通智能化的前提。无论是交通控制还是交通违章管理系统，都涉及交通动态信息的采集，交通动态信息采集也就成为交通智能化的首要任务。

11.2　工业物联网的应用案例

工业物联网实际就是物联网技术在工业自动化领域的应用。工业物联网是物联网技术的一个重要的应用领域。以下用一个例子介绍工业物联网在电动机试验机中的应用。

11.2.1　电动机试验机功能描述

此系统通过西门子 S7-200 系列 PLC 控制变频器的运行，从而控制测试电动机的转速，从而测试电动参数，具体要求如下：

① 系统能控制电动机测试机的启动、停止、调速和给定的逻辑运行，并且可以在有互联网节点的地方进行远程控制。

② 电动机的默认运行逻辑是：正转 20 秒，停止 2 秒，再反转 20 秒，运行时间是 1000 小时，而且以上参数都可以修改。

③ 系统能够实时监测电动机的实际转速、发热温度和运行时间，这些参数存储在试验机的电脑中，同时也实时发送到远程终端。

④ 极端情况，试验机可以向实验员发送短信报警。

⑤ 要求电动机的电流值、温度值要有实时曲线进行显示。

11.2.2　控制系统方案

（1）系统的总体方案

本系统由 SINAUT MD720-3 GPRS 调制解调器、天线和 GPRS 通讯管理软件 SINAUT

MICRO SC （集成 OPC Server）等组成，实现 S7-200 PLC 的 GPRS（GSM 移动无线网络）无线连接，如图 11-3 所示。

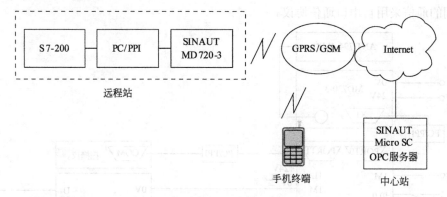

图 11-3　总体方案

SINAUT MICRO SC 软件是一种带有特殊通讯功能的 OPC 路由软件。它能使 SINAUT MICRO SC 同远程 S7-200 控制器连接和通讯。为此要使用 GSM 网络（全球移动通讯系统移动网）里的 GPRS（通用分组无线业务）。通过 GPRS 连接，远程 S7-200 控制器能和 OPC 路由软件或和其他与 SINAUTMICRO SC 相连接的 S7-200 控制器进行通讯。S7-200 控制器通过 GPRS 调制解调器 SINAUT MD720-3 和 GPRS 服务建立连接。

（2）控制系统的软硬件配置

① STEP7-MicroWIN V4.0 SP7 一套；

② WinCC V7.0 SP1 一套；

③ SINAUT MICRO SC 一套；

④ 花生壳动态域名一套；

⑤ 个人计算机（具备安装以上软件的条件）一台；

⑥ CPU226CN 一台；

⑦ EM231 一台；

⑧ MD720-3 一台（含 GPRS 手机 SIM 卡一块）；

⑨ PC/PPI 串口电缆一根；

⑩ 条形码扫描器一台；

⑪ ANT 794-4MR 天线一根；

⑫ MM440 变频器一台；

⑬ 条形码扫描仪一台；

⑭ EM232 一台；

⑮ 温度传感器（含变送器）一台。

（3）远程站

远程站的原理图如图 11-4 所示。以下详细说明各硬件的作用。

CPU226CN 是 PLC，它是远程站的核心。MD720-3 模块与 CPU226CN 通过 PC/PPI（COM口）电缆连接在一起，MD720-3 MD720-3 中要安装 GPRS 的 SIM 卡（手机卡），其作用是将 CPU226CN 中指定的信息发送到 GSM 网络上。ANT 794-4MR 天线与 MD720-3 MD720-3 相连，便于接收和发送信息。EM232 是模拟量输出模块，用于对变频器进行模拟量调速。EM231

模块是模拟量输入模块用于对电动机的温度信号和电动机的速度信号进行数模转换。条形码扫描仪主要用于扫描试件的条形码信息，它通过 PC/PPI 电缆与 CPU226CN 的 PPI 口相连，两者之间的通信采用自由口通信协议。

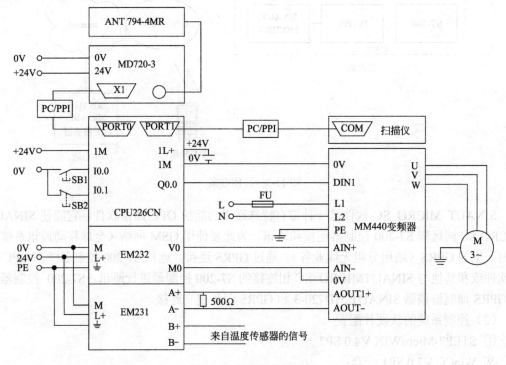

图 11-4　远程站的原理图

【关键点】 GPRS 手机 SIM 卡要开通上网功能；PC/PPI 串口电缆应为正版电缆，且必须是 COM 口的电缆，不可以用 USB 接口的电缆。

（4）中心站

本方案中，中心站主要的硬件是个人计算机，其中要安装 SINAUT MICRO SC 和 WinCC V7.0 SP1 软件，一般要求中心站有固定 IP 地址。中心站通过 Internet 和 GSM 网络对远程站进行监控。

11.2.3　硬件组态和程序的编写

（1）建立 Internet 连接

一般的公司都有固定 IP 地址，但通常这个资源是有限的，如果没有固定的 IP，则可以用域名解析的方法获得一个 IP 地址，这个 IP 地址和固定 IP 地址有相同的功能。域名解析实际就是把申请到的域名通过域名解析软件，生成一个 IP，这个生成的 IP 与先前申请得到的域名绑定到一起。

首先到花生壳的官网（http://myoray.cn/）上，注册一个域名（例如 wangyang.vicp.net，假设此域名没有被注册），再免费下载一个花生壳动态域名软件，安装在电脑中，运行此软件，并登录，弹出如图 11-5 所示的界面，在右下角就是域名解析的结果，即获得的 IP 地址 "60.55.47.174"，这个 IP 地址就相当于固定 IP 地址，就是中心站的 IP 地址。在后续程序中要用到。

（2）配置 SINAUT MICRO SC

① 打开 SINAUT MISRO SC 组态界面如图 11-6 所示。

图 11-5　获得 IP 地址

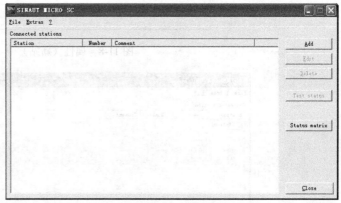

图 11-6　SINAUT MISRO SC 组态

② 选择菜单"Extras"→"Setting"，弹出如图 11-7 所示的界面，设置语言为英语，设置 Server 端口为 26862，最后单击"OK"按钮。

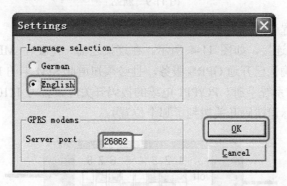

图 11-7　设置

③ 添加一个远程站。做完以上设置后，回到主窗口，点击"Add"（添加）按钮，添加一个远程站，如图 11-8 所示。设置站名为：Station1，选择 PLC 的的监控状态为：Status monitoring by value updates，最后单击"OK"（确定）按钮。之后弹出如图 11-9 所示的界面，新建的远程站前有一个红色差号，这是因为远程站还不在线，没有配置完成。此时，完成了对 SINAUT MICRO SC 的全部设置。

331

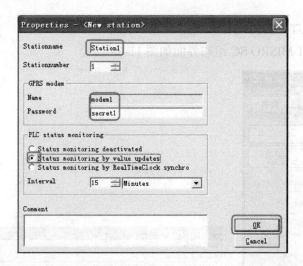

图 11-8　属性（新站）

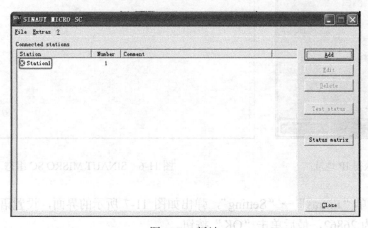

图 11-9　新站

（3）远程站的配置

① 首先完成硬件连接，如图 11-4 所示。在连接之前一定要在 MD720-3 里插入移动的 SIM 卡（向移动公司确认已开通 GPRS 服务，且必须知道此 SIM 卡的 PIN 码），插入的方法可以参考 MD720-3 的系统手册。PC/PPI 电缆的拨码开关应设置为 11100110，如图 11-10 所示（图中白色的部分标识拨码开关拨到了那个位置）。

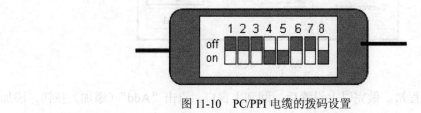

图 11-10　PC/PPI 电缆的拨码设置

【关键点】 有的公司生产的 PC/PPI 电缆上没有拨码，以及西门子公司生产的 USB 接口形式的 PC/PPI 电缆都不能在远程站中用于连接 PLC 和 MD720-3 模块。

② 添加 GPRS 通讯的库程序。

a. 首先在系统的任务栏里，单击"开始"→"所有程序"→"SIMATIC"→"STEP

7-MicroWIN",启动 STEP 7-MicroWIN 软件。

b.添加库程序。先选中"库",单击右键,弹出快捷菜单,如图 11-11 所示,单击"添加/删除库"选项,弹出如图 11-12 所示的界面,点击"添加"按钮,在弹出的"选择要添加库"的窗口,选择后缀名为.mwl 的文件,对于 GPRS 的通讯的库文件名为"sinautmicrosc.mwl"(在购买 SINAUT MICRO SC 软件的 CD 上找到该文件)。最后单击"确定"按钮。展开"库",可以看到有三个库文件已经添加到库中了,如图 11-13 所示。

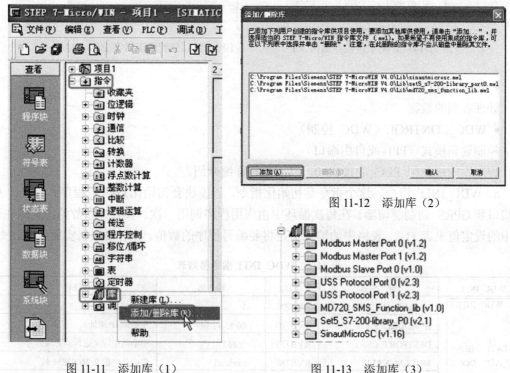

图 11-11 添加库(1)　　　图 11-12 添加库(2)　　　图 11-13 添加库(3)

③ 分配库函数存储区。先选中库,单击鼠标右键,弹出快捷菜单,如图 11-14 所示,单击"库存储区",弹出如图 11-15 所示的界面,单击"建议地址"按钮,最后单击"确定"按钮。注意库存储区的地址(本例为 VB0~VB656),在后续编程中尽量不要使用。此外,不进行库存储区分配操作,后续编写的程序,在编译时会报错,因此分配库函数存储区是必不可少的步骤。

(4)编写远程站程序

远程站的程序比较复杂,编写完整的程序篇幅较大,以下将分成三个重要部分分别说明,即远程站与中心站的通信、远程站与手机的通信、远程站与条形码扫描仪的通信。完整程序的编写,请读者自行完成。

1)远程站与中心站的通信

① 指令模块介绍　PLC 程序库提供以下模块,用于进行 GPRS 通讯。

• WDC_INIT(WDC_初始化)
设置调制解调器参数

• WDC_SEND(WDC_发送)
执行发送任务

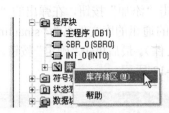

图 11-14　分配库函数存储区（1）　　　图 11-15　分配库函数存储区（2）

- WDC_RECEIVE（WDC_接收）

处理收到的数据

- WDC_CONTROL（WDC_控制）

控制通讯模式（PPI 或自由端口）

程序库始终使用 PLC 的接口 0。以下分别详细介绍。

a. WDC_INIT 指令　这个指令是初始化指令，该模块会初始化 GPRS 程序库、PLC 串行接口和 GPRS 调制解调器。在每次循环中由应用程序调用一次。其各个参数的含义和在程序中的设定值见表 11-2。表格中的输入值是将要编写程序的数值，读者要根据实际情况改变。

表 11-2　WDC_INIT 指令参数表

WDC_INIT	输入参数	地址	输入值	注释
WDC_INIT	STATION_NUMBER	&VB700	1	远程站地址
EN	IP_ADDRESS_CS	&VB710	60.55.47.147	中心站 IP 地址
STATI⁻ BUSY	DESTPORT_CS	&VB720	26862	中心站中定义远程站的端口号
IP_AD⁻ DONE	MODEM_NAME	&VB730	modem1	中心站中定义 MODEM 名
DESTP⁻ ABOR⁻	MODEM_PASSWORD	&VB740	secret1	中心站中定义 MODEM 密码
MODE⁻ ERROR	PIN	&VB750	1234	SIM 卡的 PIN 码
MODE⁻	APN	&VB760	CMNET	移动的无线接入点
PIN	AP_USER	&VB770		移动接入点登陆用户名（这里为空）
APN	AP_PASSWORD	&VB780		移动接入点登陆密码（这里为空）
AP_US⁻	DNS	&VB790		移动域名服务器名（这里为空）
AP_PA⁻	CLIP	&VB809		允许拨入的号码（这里为空）
DNS				
CLIP				

b. WDC_SEND 指令　WDC_SEND 指令是用于处理通过应用程序进行初始化的发送任务（通过 START 开始发送）。在此只有没有激活其他任务（BUSY 必须为 0）时，才能接受新的发送任务。在发送任务范围内可以将应用数据块通过指定的起始指针和长度发送到远程工作站或 OPC 服务器。其各个参数的含义和在程序中的设定值见表 11-3。

c. WDC_RECEIVE 指令　WDC_RECEIVE 指令是监控接收缓冲器。并在收到新的电报时对其进行评估。收到的数据会直接复制到指定地址。数据接收会通过 DATA_START 和 DATA_LENGTH 信号来传递给应用程序。其各个参数的含义和在程序中的设定值见表 11-4。

d. WDC_CONTROL 指令　WDC_CONTROL 指令是该程序模块显示 GSM/GPRS 调制解调器和程序库的当前运行模式。

表 11-3　WDC_SEND 指令参数表

WDC_SEND	输入参数	地址	输入值	注释
WDC_SEND EN START REMO⁻　BUSY DATA_⁻　DONE DATA_⁻　ABOR⁻ COMM⁻　ERROR⁻ CURR⁻	START	VW814	M10.0	发送的触发条件（每 30S 发送一次）
	REMOTESTATIONADDRESS	VW816	0	发送目的站地址，服务器的地址为 0
	DATA_START	VW818	3000	发送缓冲区的起始地址（VB 区）
	DATA_LENGTH	VW820	10	发送缓冲区的长度
	COMMAND		1	1 发送数据到其他站；2 从其他站取数据
	CURRENTTIME		0	存放本地 PLC 时间的缓冲起始地址

表 11-4　WDC_RECEIVE 指令参数表

WDC_RECEIVE	输入参数	地址	输入值	注释
WDC_RECEIVE EN NEWTI⁻　REMO⁻ RECVB⁻　DATA_⁻ RECVB⁻　DATA_⁻ NEWTI⁻	NEWTIME		0	接收到其他站发来的系统时间，0 为不接收
	RECVBUFFER_START	VW824	5000	接收缓冲区的起始地址
	RECVBUFFER_LENGTH	VW826	10	接收缓冲区的长度

该程序模块使调制解调器能在 AT 指令模式中进行切换，从而能通过应用程序中的 AT 命令直接对调制解调器进行存取（通过上升沿来调用 ACT_AT_MODE）。通过 GPRS 调制解调器上的 CSD 拨叫，该模块在远程编程后能复位到"正常运行"（通过上升沿调用 ACT_GPRS_SERVICE）。

随着 CSD 连接的断开，GPRS 调制解调器将自动转换回 GPRS 模式。但是控制器不能识别选择连接是否结束。因此，为了再次返回 GPRS 通讯，必须在连接结束前通过 MicroWin 变量表的 WDC_CONTROL 模块在自由端口模式里激活时延开关。在此必须由 DELAY_TIME_GRPS 指定时延，并在 ACT_GPRS_SERVICE 上激活开关。其各个参数的含义和在程序中的设定值见表 11-5。

表 11-5　WDC_CONTROL 指令参数表

WDC_CONTROL	输入参数	地址	输入值	注释
WDC_CONTROL EN ACT_G⁻ ACT_A⁻ DELAY⁻　INT_M⁻ MAX_T⁻　BUSY DONE ABOR⁻ ERROR	ACT_GPRS_SERVICE		SM0.0	这里不需要在两者之间切换，所以条件一直不成立
	ACT_AT_MODE		SM0.0	这里不需要在两者之间切换，所以条件一直不成立
	DELAY_TIME_GPRS		0	自由口和 GPRS 模式切换的延迟时间
	MAX_TIME_AT		10	自由口模式下，延迟这个时间必须返回 GPRS 模式

② 编写程序　主程序如图 11-16 所示，数据块中的程序如图 11-17 所示。

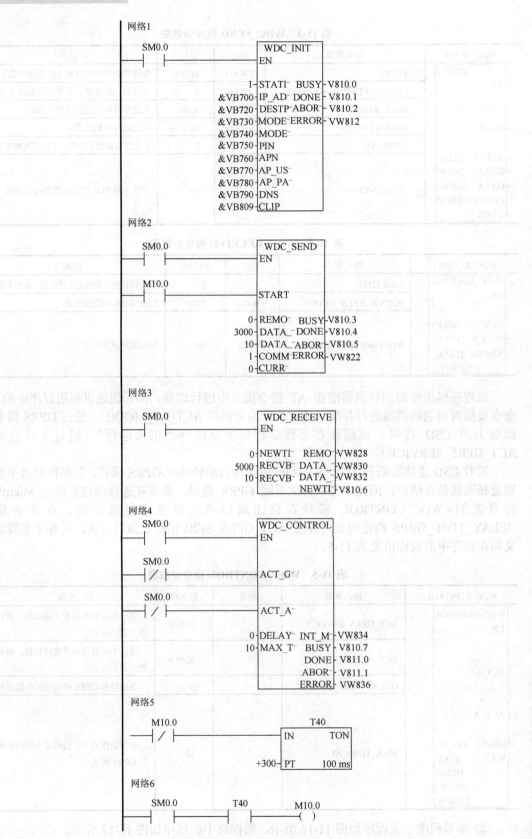

图 11-16　主程序

编写完上面的程序后，下载到 S7-200 的 PLC 中，重新启动 PLC，此时 S7-200 中的程序会对 MD720-3 的 Modem 进行初始化，一切正常后。可以从 SINAUT MICRO SC SERVER 的组态上监控到 1 号远程站已经在线，如图 11-18 所示。

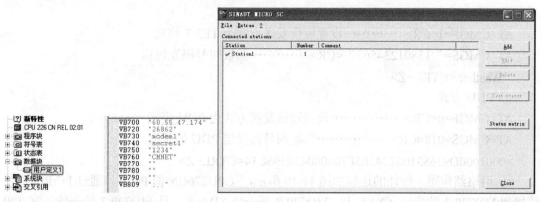

图 11-17　数据块程序　　　　　　　　图 11-18　SINAUT MICRO SC SERVER 监控 1 号远程站

之后，在中心站中，可以用 WinCC 软件，采用 OPC 通信的方式监控到远程站的数据，WinCC 的 OPC 通信方式在上一章已经讲述，在此不再赘述，请读者自行完成。

2）远程站与手机终端的通信

① SMS 基础知识介绍　SMS（Short Messaging Service）是最早的短消息业务，也是现在普及率最高的一种短消息业务。目前，这种短消息的长度被限定在 140 字节之内，这些字节可以是文本的。SMS 以简单方便的使用功能受到大众的欢迎，却始终是属于第一代的无线数据服务，在内容和应用方面存在技术标准的限制。

一个 SMS 消息最长可包括 160 个字符（偶数二进制）。

SMS 是一种存储和转发服务。也就是说，短消息并不是直接从发送人发送到接收人，而始终通过 SMS 中心进行转发的。如果接收人处于未连接状态（可能电话已关闭），则消息将在接收人再次连接时发送。

SMS 具有消息发送确认的功能。这意味着 SMS 与寻呼不同，用户不是简单地发出短消息然后相信消息已发送成功；而是短消息发送人可以收到返回消息，通知他们短消息是否已经发送成功。

SMS 消息的发送和接收可以和 GSM 语音同步进行。

SMS 消息按消息收费，因此要比通过基于 IP 的网络（例如，使用 GPRS[通用分组无线业务]）发送的数据昂贵得多（每字节）。

要使用 SMS，用户需要预订支持 SMS 的移动网络，并且必须为该用户启用 SMS 的使用。用户需要有发送短消息或接收短消息的目的地。该目的地通常是其他的移动电话，但也可以是服务器。最后，用户还需要有支持 SMS 的移动电话，并需要了解如何使用其特定型号的移动电话发送或阅读短消息。

SMS 发送的模式分有两种：Text 模式和 PDU 模式。

使用 Text 模式收发短信代码简单，实现起来十分容易,但是最大的缺点是不能收发中文短信，PDU 模式完全可以解决这个问题，PDU 模式不仅支持中文短信,也能发送英文短信，PDU 模式收发短信可以使用三种编码：7-bit、8-bit 和 UCS2 编码。7-bit 编码用于发送普通的 ASCII 字符，8-bit 编码通常用于发送数据消息，UCS2 编码用于发送 Unicode 字符。我们要实现中文短信的发送，所以选择 UCS2，即中文 Unicode 码。下面是关于两种方式发送的示例 AT 指令：

范例：向手机号码 13801234567 发送短信"Weather"

① TEXT 方式

AT+CMGF=1<CR> …………设置短信发送方式为 TEXT 模式

AT+CMGS="13801234567"<CR> …………向被叫号码发短信

> Weather <CTRL+Z>

② PDU 方式

AT+CMGF=0<CR> …………设置短信发送方式为 PDU 模式

AT+CMGS=018<CR> …………向被叫号码发送 PDU 的长度

>0001000D91683108214365F700080459296C14<CTRL+Z>

② 网络结构图　硬件的连接如图 11-19 所示，CPU226CN 的 Port0 口通过 PC/PPI 电缆连接到 MD720-3 的串口（X1）上，MD720-3 插一块 SIM 卡，且 MD720-3 接天线。PC/PPI 电缆的拨码开关设置为 11100110，这些与上面章节讲述的一致。

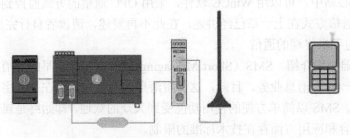

图 11-19　远程站与手机的通信的网络配置

③ 以 TEXT 的方式发送 SMS

a．下载和安装库程序　前面介绍了用自由口编程的方式编写 AT 的指令来发送 SMS，而采用西门子提供库功能块来编写程序则更加简单。Port0 口的库程序的下载链接地址如下：

http://support.automation.siemens.com/WW/llisapi.dll/csfetch/21063345/set5_s7-200-library_port0.zip?func=cslib.csFetch&nodeid=32210511

Port1 口的库程序的下载链接地址如下：

http://support.automation.siemens.com/WW/llisapi.dll/csfetch/21063345/set5_s7-200-library_port1.zip?func=cslib.csFetch&nodeid=32210527

上面两个库程序是压缩文件，先解压缩到一个目录下，然后打开 STEP 7 Micro/WIN 软件导入此目录下的文件。在 STEP 7-Micro/WIN 中，导入库的方法与库指令的导入方法一样，在此不作赘述。

b．指令介绍

SMS_init：SMS 初始化块

SMS_xmt_rcv_manage：SMS 收发处理执行块

SMS_send：SMS 发送信息功能块

SMS_receive：SMS 接受信息功能块

SMS_tele_handle：SMS 远程访问处理块

c．程序编写　主程序如图 11-20 所示，数据块的程序如图 11-21 所示。

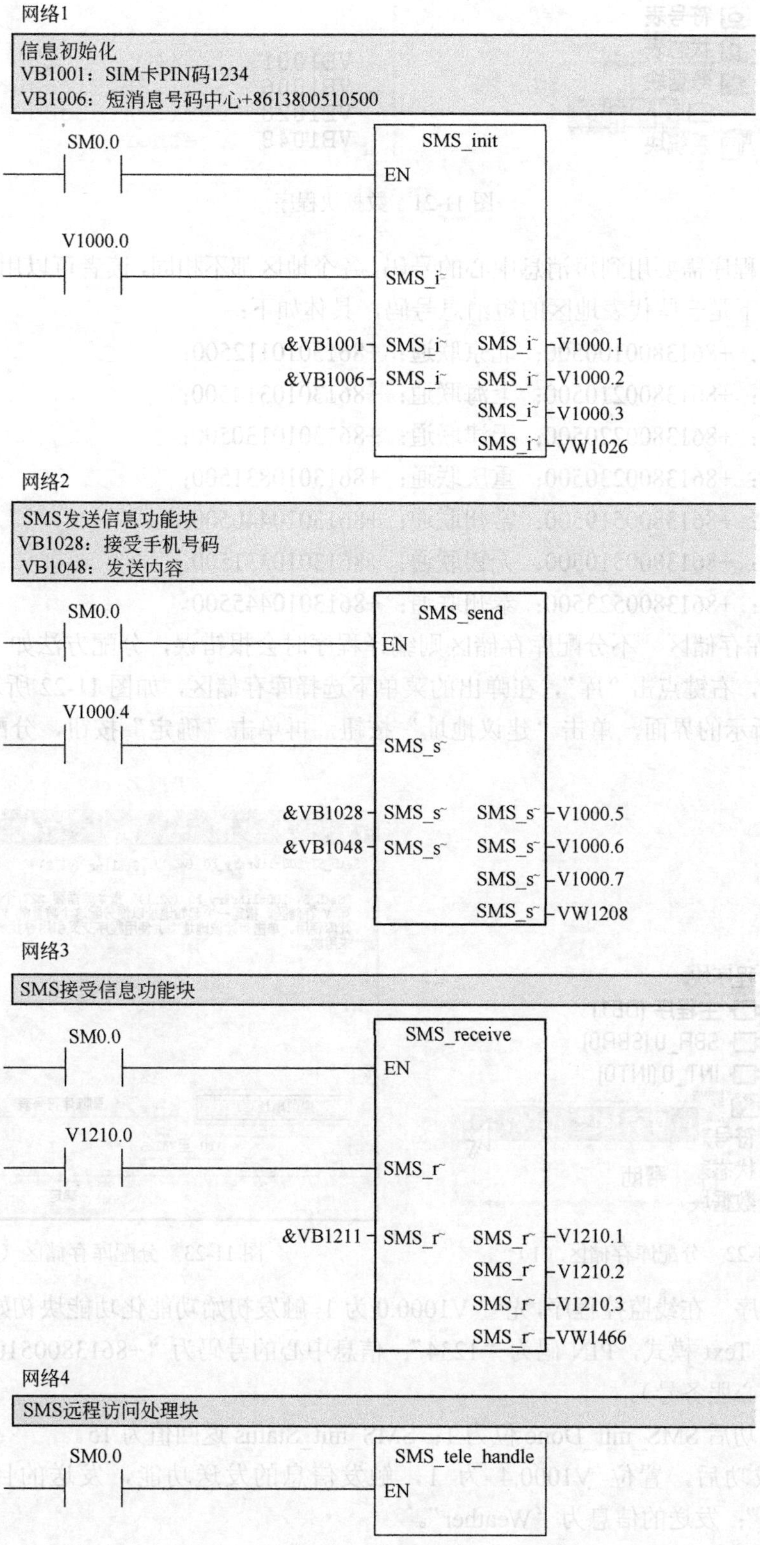

网络1

信息初始化
VB1001：SIM卡PIN码1234
VB1006：短消息号码中心+8613800510500

```
    SM0.0                          ┌──────────────┐
 ───┤ ├──────────────────────────┤   SMS_init    │
                                   ┤EN            │
    V1000.0                        │              │
 ───┤ ├──────────────────────────┤              │
                                   │              │
                                   ┤SMS_i         │
                                   │              │
                          &VB1001─┤SMS_i   SMS_i ├─V1000.1
                          &VB1006─┤SMS_i   SMS_i ├─V1000.2
                                   │        SMS_i ├─V1000.3
                                   │        SMS_i ├─VW1026
                                   └──────────────┘
```

网络2

SMS发送信息功能块
VB1028：接受手机号码
VB1048：发送内容

```
    SM0.0                          ┌──────────────┐
 ───┤ ├──────────────────────────┤   SMS_send    │
                                   ┤EN            │
    V1000.4                        │              │
 ───┤ ├──────────────────────────┤              │
                                   │              │
                                   ┤SMS_s         │
                                   │              │
                          &VB1028─┤SMS_s   SMS_s ├─V1000.5
                          &VB1048─┤SMS_s   SMS_s ├─V1000.6
                                   │        SMS_s ├─V1000.7
                                   │        SMS_s ├─VW1208
                                   └──────────────┘
```

网络3

SMS接受信息功能块

```
    SM0.0                          ┌──────────────┐
 ───┤ ├──────────────────────────┤  SMS_receive  │
                                   ┤EN            │
    V1210.0                        │              │
 ───┤ ├──────────────────────────┤              │
                                   │              │
                                   ┤SMS_r         │
                                   │              │
                          &VB1211─┤SMS_r   SMS_r ├─V1210.1
                                   │        SMS_r ├─V1210.2
                                   │        SMS_r ├─V1210.3
                                   │        SMS_r ├─VW1466
                                   └──────────────┘
```

网络4

SMS远程访问处理块

```
    SM0.0                          ┌──────────────────┐
 ───┤ ├──────────────────────────┤  SMS_tele_handle  │
                                   ┤EN                │
                                   └──────────────────┘
```

图 11-20 主程序

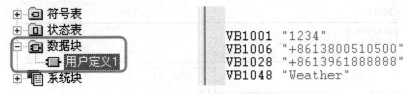

```
VB1001  "1234"
VB1006  "+8613800510500"
VB1028  "+8613961888888"
VB1048  "Weather"
```

图 11-21   数据块程序

编写以上程序需要用到短消息中心的号码，各个地区都不相同，读者可以用搜索引擎"百度"搜索，以下是一些代表地区的短消息号码，具体如下：

北京移动：+8613800100500；北京联通：+8613010112500；

上海移动：+8613800210500；上海联通：+8613010314500；

天津移动：+8613800220500；天津联通：+8613010130500；

重庆移动：+8613800230500；重庆联通：+8613010831500；

常州移动：+8613800519500；常州联通：+8613010440500；

无锡移动：+8613800510500；无锡联通：+8613010331500；

泰州移动：+8613800523500；泰州联通：+8613010445500。

d. 分配库存储区   不分配库存储区则编译程序时会报错误，分配方法如下：打开指令库下的程序块，右键点击"库"，在弹出的菜单下选择库存储区，如图 11-22 所示。之后弹出如图 11-23 所示的界面，单击"建议地址"按钮，再单击"确定"按钮，分配库存储区为 VB0~VB226。

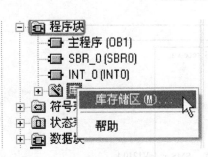

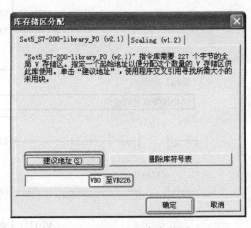

图 11-22   分配库存储区（1）   图 11-23   分配库存储区（2）

e. 调试程序   在线监控程序，先置 V1000.0 为 1，触发初始功能化功能块初始化 MD720-3 为发送短信为 Text 模式，PIN 码为"1234"；信息中心的号码为"+8613800510500；"（江苏无锡的短信中心服务号）。

初始化成功后 SMS_init_Done 位为 1；SMS_init_Status 返回值为 15。

初始化成功后，置位 V1000.4 为 1，触发信息的发送功能，发送的目的手机号为"13961888888"；发送的信息为"Weather"。

发送成功后 SMS_send_done 位为 1；SMS_send_status 返回值为 6，这样就完成了信息的发送。

参 考 文 献

[1] 向晓汉等. 西门子 PLC 工业通信网络应用案例精讲. 北京：化学工业出版社，2011.2.

[2] 向晓汉等. 西门子 PLC 高级应用实例精解. 北京：机械工业出版社，2010.1.

[3] 向晓汉等. PLC 控制技术与应用. 北京：清华大学出版社，2010.12.

[4] 向晓汉等. 电气控制与 PLC 技术. 北京：人民邮电出版社，2009.4.

[5] 蔡行健. 深入浅出西门子 S7-200 PLC. 北京：北京航空航天大学出版社，2003.12.

[6] 杨光. 深入浅出西门子 S7-300 P LC. 北京：北京航空航天大学出版社，2004.8.

[7] 苏昆哲. 深入浅出西门子 Wincc V6. 0. 北京：北京航空航天大学出版社，2004.5.

[8] 吕景泉. 自动生产线的安装与调试. 北京：中国铁道出版社，2008.12.

[9] 廖常初. 西门子人机界面组态与应用技术. 北京：机械工业出版社，2007.5.

[10] 严盈富. 监控组态软件与 PLC 入门. 北京：人民邮电出版社，2006.11.

[11] 张志柏等. 西门子 S7-300PLC 应用技术. 北京：电子工业出版社，2007.5.

[12] 张运刚. 从入门到精通西门子 S7-300/400 P LC 技术与应用. 北京：人民邮电出版社，2007.8.

[13] 张运刚. 从入门到精通西门子工业网络通信实战. 北京：人民邮电出版社，2007.6.

[14] 刘光源. 电工实用手册. 北京：中国电力出版社，2001.

[15] 龚中华等. 三菱 FX/Q 系列 PLC 应用技术. 北京：人民邮电出版社，2006.

[16] 张春. 深入浅出西门子 S7-1200 PLC. 北京：北京航空航天大学出版社，2009.11.

[17] 严盈富. 触摸屏与 PLC 入门. 北京：人民邮电出版社，2006.

[18] 崔坚. 西门子工业网络通信指南. 北京：机械工业出版社，2009.1.

[19] 王汝林等. 物联网基础及应用. 北京：清华大学出版社，2011.10.

[20] 廖常初. 小型 PLC 的发展趋势. 电气时代. 2007.1.

相关图书推荐

书名	定价/元	书号
西门子 S7-200PLC 完全精通教程（附光盘）	49	978-7-122-13836-1
三菱 FX 系列 PLC 完全精通教程（附光盘）	48	978-7-122-13007-5
就业金钥匙——PLC 技术一点通（图解版）	26	978-7-122-13560-5
就业金钥匙——变频器技术一点通（图解版）	29	978-7-122-15257-2
电工电子技术全图解丛书——电工识图速成全图解	39	978-7-122-10812-8
电工电子技术全图解丛书——家电维修技能速成全图解	46	978-7-122-10807-4
电工电子技术全图解丛书——变频技术速成全图解	46	978-7-122-10808-1
电工电子技术全图解丛书——电工技能速成全图解	39	978-7-122-10827-2
电工电子技术全图解丛书——电子电路识图速成全图解	38	978-7-122-10818-0
电工电子技术全图解丛书——家装电工技能速成全图解	38	978-7-122-10811-1
电工电子技术全图解丛书——示波器使用技能速成全图解	38	978-7-122-10806-7
电工电子技术全图解丛书——电子技术速成全图解	46	978-7-122-10817-3
电工电子技术全图解丛书——PLC 技术速成全图解	38	978-7-122-12416-2
西门子 PLC S7-200/300/400/1200 应用案例精讲（附光盘）	56	978-7-122-10896-8
图解易学 PLC 技术及应用（双色版）	46	978-7-122-12185-8
图解易学变频技术（双色版）	48	978-7-122-13415-8
学频器实用手册	68	978-7-122-10333-8
西门子 S7-300/400PLC 快速入门手册	58	978-7-122-13854-5

以上图书由**化学工业出版社 电气分社**出版。如要以上图书的内容简介和详细目录，或者更多的专业图书信息，请登录 www.cip.com.cn。如要出版新著，请与编辑联系。

地址：北京市东城区青年湖南街 13 号（100011）

购书咨询：010-64518888（传真：010-64519686）

编辑电话：010-64519274

投稿邮箱：qdlea2004@163.com